普通高等教育"十三五"土木工程系列规划教材

土木工程CAD与计算软件的应用

第 2 版

主 编　周雪峰　陈　翔
参 编　乔艳妮　乔文靖　张　立

机械工业出版社

本书共8章，主要介绍 AutoCAD 2016 的基本操作和高级技能，特别推荐了当前土木工程学科常用的一系列设计软件，如建筑绘图 CAD 软件——天正建筑 T20，结构绘图 CAD 软件——探索者 TSSD，PKPM 系列设计软件，道路路线 HintCAD 系列设计软件，桥梁工程设计软件——桥梁博士，工程量清单计价软件——广联达计价软件。

本书可作为土木工程专业计算机制图的基础教程，也可作为工程设计人员自学的参考书以及各类培训教材。

图书在版编目（CIP）数据

土木工程 CAD 与计算软件的应用/周雪峰，陈翔主编. —2 版. —北京：机械工业出版社，2018.1

普通高等教育"十三五"土木工程系列规划教材

ISBN 978-7-111-58651-7

Ⅰ.①土⋯　Ⅱ.①周⋯　②陈⋯　Ⅲ.①土木工程-建筑制图-计算机制图-AutoCAD 软件-高等学校-教材　Ⅳ.①TU204-39

中国版本图书馆 CIP 数据核字（2017）第 298915 号

机械工业出版社（北京市百万庄大街 22 号　邮政编码 100037）
策划编辑：马军平　责任编辑：马军平　责任校对：张　薇
封面设计：张　静　责任印制：李　昂
河北鹏盛贤印刷有限公司印刷
2018 年 6 月第 2 版第 1 次印刷
184mm×260mm · 18 印张 · 438 千字
标准书号：ISBN 978-7-111-58651-7
定价：45.00 元

前　言

　　《土木工程 CAD 与计算软件的应用》出版多年，受到广大读者的关注。随着相关规范和软件版本的不断更新，同时为满足新时代对土木工程应用型人才培养的需要，《高等学校土木工程本科指导性专业规范》在专业知识体系中的知识领域中设置了计算机应用技术模块，有必要对第 1 版进行修订。

　　本书是针对土木工程专业学生和广大工程技术人员对工程结构计算机辅助设计学习和工作需要而编写的，全书共 8 章，主要介绍 AutoCAD 2016 的基本操作和高级技能，特别推介了当前土木工程学科常用的一系列设计软件，如建筑绘图 CAD 软件——天正建筑 T20，结构绘图 CAD 软件——探索者 TSSD，PKPM 系列设计软件，道路路线 HintCAD 系列设计软件，桥梁工程设计软件——桥梁博士，工程量清单计价软件——广联达计价软件。

　　编写队伍多为"双师型"教师，理论知识扎实，专业技能精通，具有丰富的教学和工程实践经验。本书由西安工业大学周雪峰、陈翔主编，具体编写分工如下：周雪峰编写第 1、4、5 章；陈翔编写 2、3 章，乔艳妮编写第 6 章，乔文靖编写第 7 章，张立编写第 8 章。

　　本书再版过程中紧密结合现行建筑、道路、桥梁设计规范和制图标准，循序渐进地对土木工程 CAD 与计算软件做了系统介绍。本书通俗易懂，方便自学，为学生步入工作岗位奠定良好基础。本书可作为土木工程专业计算机制图的基础教程，也可作为工程设计人员自学的参考书以及各类培训班教材。

　　本书编写过程中参考了大量同行出版的文献和资料，在此表示衷心的感谢。

　　由于编者水平有限，书中不足之处在所难免。敬请广大读者批评指正。

编　者

目　录

前　言

第1章　概论 ··· 1

1.1　CAD 的发展概况 ··· 1

1.2　CAD 在土木工程中的应用 ·· 4

1.3　CAD 硬件与软件系统 ·· 6

1.4　CAD 应用软件的发展、选配及设计 ···························· 11

1.5　计算机与建筑基础知识 ·· 15

1.6　土木工程 CAD 的学习方法 ······································· 24

第2章　AutoCAD 图形系统 ·· 25

2.1　AutoCAD 概述 ··· 25

2.2　AutoCAD 2016 基础知识和操作 ································· 27

2.3　AutoCAD 2016 绘图辅助设置与工具 ··························· 33

2.4　AutoCAD 2016 绘制二维图形 ···································· 45

2.5　AutoCAD 2016 编辑二维图形 ···································· 55

2.6　AutoCAD 2016 文本和尺寸标注 ································· 67

2.7　AutoCAD 的命令及简化 ·· 72

第3章　天正建筑软件 T20 ·· 80

3.1　天正建筑软件介绍 ··· 80

3.2　软件交互界面 ·· 81

3.3　软件基本操作 ·· 83

3.4　天正建筑综合实例 ··· 87

第4章　结构专业 CAD 软件——探索者 TSSD ······················· 124

4.1　TSSD 系列软件功能简介 ··· 124

4.2 柱、基础平面图 ·· 130

4.3 梁、板平面图 ·· 136

4.4 圈梁详图 ·· 143

4.5 图形接口 ·· 147

4.6 TSSD 比例设置 ·· 148

第 5 章　PKPM 系列设计软件 ·· 151

5.1 建筑结构设计与 CAD 系统 ·· 151

5.2 PKPM 系列软件简介 ·· 152

5.3 结构平面计算机辅助设计——PMCAD ·· 161

5.4 框排架计算机辅助设计——PK ·· 170

5.5 结构三维分析与设计软件——SATWE ·· 177

第 6 章　道路路线设计软件 ·· 183

6.1 道路路线设计介绍 ·· 183

6.2 HintCAD 辅助道路路线设计软件简介 ·· 184

6.3 HintCAD 辅助道路路线设计实例 ·· 186

6.4 其他辅助道路路线设计软件简介 ·· 211

第 7 章　桥梁工程设计软件 ·· 213

7.1 桥梁工程设计基本方法 ·· 213

7.2 桥梁工程计算机辅助设计软件桥梁博士简介 ·· 214

7.3 桥梁博士辅助设计实例 ·· 216

7.4 其他桥梁工程计算机辅助设计软件简介 ·· 241

第 8 章　工程量清单计价软件 ·· 244

8.1 广联达计价软件 GBQ4.0 简介 ·· 244

8.2 应用广联达计价软件 GBQ4.0 制作电子招标书 ·· 246

8.3 应用广联达计价软件 GBQ4.0 生成电子投标书 ·· 257

8.4 广联达图形算量软件 GCL2008 和钢筋抽样软件 GGJ2009 钢筋算量软件简介 ·········· 277

参考文献 ·· 279

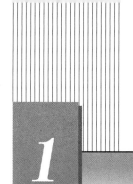

第1章

概　论

计算机辅助设计简称 CAD（Computer Aided Design），是指工程技术人员以计算机为工具，用各自的专业知识，对产品进行总体设计、绘图、分析和编写技术文档等设计活动的总称。

一般 CAD 工作内容主要有三方面。

（1）建立产品设计数据库　产品设计数据库用来存储设计某类产品时所需的各种信息，如有关标准、线图、表格、计算公式等。数据库可供 CAD 作业时检索和调用，也便于数据的管理及数据资源的共享。

（2）建立多功能交互式图形程序库　这个图形程序库可以进行二维、三维图形的信息处理，能在此基础上绘制二维设计图样、多种函数曲线，可进行图形变换和投影变换，可做三维几何造型和形体的真实感处理。

（3）建立应用程序库　编制及汇集解决某一类工程（或产品）设计问题的通用及专用设计程序，如通用数学程序、常规机械设计程序、优化设计程序、有限元计算程序等。

CAD 技术能实现将计算机高速而精确的计算能力、大容量的存储和处理数据的能力、直观而实时的图形显示能力与设计者的综合分析能力、逻辑判断能力、设计经验积累及灵感和创造性思维相结合，从而可以起到加快工程或产品设计过程，缩短设计周期，提高设计质量和效率，降低工程造价等作用。正由于如此，美国国家工程科学院将计算机辅助设计评选为当代（1964~1989 年）十项最杰出的工程技术成就之一。在我国，CAD 技术已经广泛应用于机械、航空、电子、土木建筑及轻工等行业，取得了长足的进步和迅猛发展。目前，CAD 技术作为现代计算机技术的一个重要组成部分，已经成为促进科研成果的开发和转化，促进传统产业和学科的更新与发展，实现设计自动化，增强企业及其产品在市场上的竞争力，促进国民经济发展和国防现代化的一项关键高新技术。CAD 技术的应用，使得产品和工程设计、制造的内容和方式都发生了根本性的变革。每一位学习和从事工程技术的人员，都应该学习、熟悉和掌握 CAD 技术。

1.1　CAD 的发展概况

1.1.1　CAD 技术的发展

自 1946 年第一台电子计算机 ENIAC（Electronic Numerical Integrator and Calculator）诞生以来，至今仅仅 70 多年，但计算机技术作为科技的先导技术得到了飞速的发展和广泛的应用,对人类社会产生了巨大影响,以至于改变了我们这个时代的生活方式,使人类文明进入了信息时代。目前,随着网络技术、多媒体技术、人工智能等技术的相互渗透,计算机成为更加得心应手、更加方便的工具,其踪影已无所不见,几乎渗透到人类生产、科研乃至生活的各个领域,改变着人们的生活方式及观察世界的方式,并成为人类离不开的帮手。

CAD技术是伴随着计算机软、硬件技术和计算机图形学技术的进步而迅速发展起来的,它是近代计算机科学、图形图像处理技术和现代工程设计技术的发展、交汇和融合的硕果。CAD技术的发展大致经历了如下四个阶段。

第一阶段是20世纪40年代末至50年代末,是孕育、形成阶段。这个阶段使用的是电子管式计算机,用户要用代码(机器语言)编写求解数学问题的程序,较难掌握,只有专家能够应用。计算机仅起解题中的数值计算作用。1950年,第一台图形显示器作为美国麻省理工学院"旋风"1号(Whirlwind 1)计算机的附件诞生了。1958年美国Calcomp公司将联机的数字记录仪发展成为滚筒式绘图仪;GerBer公司根据数控铣床原理研制出平板式绘图仪。20世纪50年代末期,麻省理工学院在"旋风"计算机上开发的SAGE空防系统中,第一次使用了具有控制功能的CRT显示器和光笔。少数大公司开始实际使用,美国通用电气公司曾用于变压器、电动机等的设计计算。后来类似的技术也在工程设计与生产过程中得到使用。以上种种,可算作是最早的CAD输入、输出设备和"交互式图形系统"的雏形。

第二阶段是20世纪50年代末至60年代中、后期,是成长阶段。晶体管成为电子计算机的基本元件,计算机的运算与存储功能有较大提高,陆续开发出一批高级程序设计语言,如FOR II(1958)、ALGOR-60(1960)、COBOL(1960)、FOR IV(1960)以及PL/I语言(1965),能通用于科学计算与事务管理,且较易为广大工程技术人员掌握和使用。1962年,美国麻省理工学院所属林肯实验室的学者Ivan E. Sutherland在他的博士论文中提出并阐述了交互式图形生成技术的基本概念与原理,研制了第一个人机通信图形处理系统SKETCHPAD,采用与计算机连接的阴极射线管CRT和光笔,在屏幕上显示、定位与修改图形,实现人机交互式工作。不久又出现了自动绘图机,解决了图形输出问题。在数据处理方面,由于直接访问设备——磁鼓和磁盘的出现及性能改进,出现了文件系统,到60年代中后期得到较大的完善,形成数据管理方法的雏形。在这个阶段后期,由于计算机软、硬件的迅速进展,CAD技术有很大飞跃,它从简单的零部件设计计算,推广应用于大型电站锅炉、核反应堆热交换器等成套设备的设计,其中美国通用汽车公司开发的DAC-I(Design Augmented by Computer)系统被用于汽车车身外形和结构设计,是这方面的先驱。此后,美国MIT、贝尔电话实验室、洛克希德公司和英国剑桥大学等先后展开了对计算机图形学和CAD理论与技术的大规模研究,从而使计算机图形学和CAD进入了迅速发展并逐步得到广泛应用的新时期。

第三阶段是20世纪70年代以后,是开发应用阶段。此时计算机已采用集成电路,计算速度与内存容量均有极大的增长,发展了"分时系统",使大型机可与几十个终端连接。图形输出输入设备也得到了进一步发展,质量不断提高,从CRT显示器发展出光栅扫描图形显示器、彩色图形终端等,使图形更加形象逼真,全电子式坐标数字化仪及其他图形输入设备(如Xerox公司的数字化鼠标器)取代了光笔并得到广泛应用,机控精密绘图机能高速高质量地绘制实用图纸。图形信息处理技术问题已基本解决。数据处理也从文件系统发展成为数据库系统,使数据管理更趋完善。与此同时,各种数值分析技术(偏微分方程的数值解

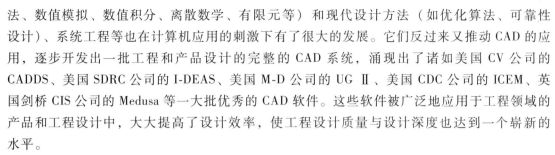

法、数值模拟、数值积分、离散数学、有限元等）和现代设计方法（如优化算法、可靠性设计）、系统工程等也在计算机应用的刺激下有了很大的发展。它们反过来又推动 CAD 的应用，逐步开发出一批工程和产品设计的完整的 CAD 系统，涌现出了诸如美国 CV 公司的 CADDS、美国 SDRC 公司的 I-DEAS、美国 M-D 公司的 UG Ⅱ、美国 CDC 公司的 ICEM、英国剑桥 CIS 公司的 Medusa 等一大批优秀的 CAD 软件。这些软件被广泛地应用于工程领域的产品和工程设计中，大大提高了设计效率，使工程设计质量与设计深度也达到一个崭新的水平。

第四阶段是进入 20 世纪 80 年代以来，电子器件的集成度迅速提高。芯片技术的发展使小型机与微型机的性能日益完善，专门的图形处理与数据库处理机的出现，软件方面虚拟存储操作系统、分布式数据库技术与网络技术的应用，都使 CAD 技术有了长足的发展。过去因设备价格过于昂贵，只有大型企业与公司才能使用的 CAD，现在移植到小型机与微型机上，已能为中、小企业甚至个人广泛使用，应用部门也从航空、汽车、机械制造行业扩展到电子电器、化工、土木、水利、交通、纺织服装、资源勘探、医疗保健等各行各业。CAD 步入广泛实用阶段。

20 世纪 80 年代中期以后是 CAD 向标准化、集成化、网络化、智能化方向发展的时期。标准化指研究开发符合国际标准化组织颁布的产品数据转换标准，制定网络多媒体环境下数据信息的表示和传输标准，制定统一的国家 CAD 技术标准体系。集成化包括软件硬件的集成、不同系统之间的集成，以及通过网络多媒体数据库实现异地系统协同共享信息资源等。网络化指充分发挥网络系统的优势，共享昂贵的设备；借助现有的网络，用高性能的 PC 机代替昂贵的工作站；在网络上方便地交换设计数据。智能化指将领域专家的知识和经验归纳成必要的规则形成知识库，再利用知识的推理机制进行推理和判断，以获得设计专家水平的设计结果。

CAD 技术的集成化主要体现在系统构造由原来单一功能变成综合功能，出现由 CAD/CAM/CAE/MIS 构成的计算机集成制造系统（CIMS，Computer Integrated Manufacturing System）、计算机辅助制造（CAM，Computer Aided Manufacture）、计算机辅助工程（CAE，Computer Aided Engineering）、管理信息系统（MIS，Management Information System）。集成化还体现在下列几个方面：一是 CAD 中有关软件和算法不断地被固化，即用集成电路及其功能块来实现有关软件和算法的功能；二是多处理机，并行处理技术用于 CAD 中，使工作速度成百倍增加；三是网络技术在 CAD 中被采用，这样近程和远程资源和成果都能即时共享。当前人工智能和专家系统技术已在 CAD 中逐步被应用，把工程数据库及其管理系统、知识库及专家系统、用户接口管理系统和应用程序系统集于一体，形成智能计算机辅助设计（ICAD，Intelligent CAD），大大提高了设计的自动化程度。

CAD 技术的进步与普及，大大促进了社会生产力的发展，正如美国科学基金中心指出的那样：对直接提高生产力而言，CAD 技术比电气化以来的任何发展，具有更大的潜力，它触发了新的产业革命。现时的 CAD 技术几乎已经到了"无所不能、无所不包"的程度，大到投资数十亿美元的全世界第一架无图纸生产的波音 777 飞机，小至夺得 2004 年雅典奥运会男子 110 米栏冠军的"中国飞人"刘翔的跑鞋，都是采用了现代先进的 CAD 技术才成为当时的世界之最，都是现代 CAD 技术应用的硕果。

1.1.2 CAD技术的主要应用领域

CAD目前应用的领域非常广泛，其中主要有航空航天工业、汽车工业、机械设计、建筑设计、工程结构设计、集成电路设计等。在这里仅做一些简单的介绍。

（1）在航空和汽车工业中的应用　在机械加工、制造过程中，与CAD技术相对应的技术是CAM，即计算机辅助制造技术。通常把CAD与CAM结合起来使用，称为CAD/CAM技术。利用它，可以将设计过程和制造过程通过计算机统一起来。飞机制造和汽车制造是最早应用CAD/CAM技术的两个行业。在飞机制造业中，利用CAD/CAM技术除了进行机械设计、加工外，还进行机体表面形状的定义，并根据定义进行数控制造。在汽车制造业中，CAD/CAM技术也为外观造型设计、制图等方面提供了经济而有效的途径。

（2）在电子工业中的应用　CAD技术在电子工业中的应用最早始于印刷电路板的设计。现在，设计半导体的逻辑电路及其布局，由于其复杂性的增加，已经到了非利用CAD技术不可的地步。据统计，现在75%的CAD设备是应用于电子工业的设计与生产中。

（3）在机械制造行业中的应用　目前，在发达国家的机械制造行业主要生产环节中已应用了CAD技术。近几年，在CAD/CAM技术的基础上又产生了CIMS技术，它使多品种、中小批量生产，实现总体利益的智能化制造成为可能。

（4）在土木工程中的应用　在土木工程中，CAD技术是发展最快的技术之一。传统的设计方法、设计手段、设计速度和设计质量已远不能适应土木工程的各种新的需要，现代CAD技术应用到土木工程的各个领域是必然的。土木工程CAD技术也不再只是局限于建筑设计、结构计算和绘制施工图，而是扩展到了包括从工程项目招投标到施工管理在内的几乎全部领域；土木工程CAD软件也从各分散功能程序进步到大型的集成化多功能建筑CAD软件系统。使用CAD的水平已成为企业技术水平的象征，也是对外竞争投标的重要手段。

（5）在其他行业中的应用　在模具行业，进行模具的自动设计和加工过程的仿真；在服装制作行业，根据体形自动设计剪裁形状、尺寸等；在化学行业，进行分子模型的表示等。

我国CAD技术的应用与研究始于20世纪60年代末。经过50多年的努力，我国目前在机械、电子、航天、化工、建筑、服装等行业，已广泛应用了CAD技术，取得了较好的发展并达到了较高的水平。

1.2　CAD在土木工程中的应用

在CAD技术出现以前，工程设计的全过程都是由铅笔、尺子、图板、计算器等工具来完成的。当然，在工程设计中包含着需要由人来完成的、创造性的工作，但是也确实包含了很多重复性高、劳动量大以及某些单纯靠人难以完成的工作，如单调的绘图、烦琐的计算等。这些重复性的工作现在可以由计算机更快、更好地去完成，这就是CAD技术的意义所在。

计算机的主要特点是运算速度快、存储数据多、精确度高、具有记忆和逻辑判断能力、可以处理图形。所有这些特点都可被用于辅助设计过程。一般地，利用CAD技术可以收到以下效果。

首先，可以缩短设计工期。由于计算机处理速度快，并能不间断地工作，因此可以大大地提高设计效率，缩短设计工期。因为缩短设计工期就意味着能早日推出新产品，设计工期的缩短意味着可以产生更多的设计方案，以便进行方案比较，选出最佳设计方案，从而更好地达到预期的目的。

其次，可以提高设计质量。使用自动化程度较高的 CAD 系统进行设计时，设计者只需输入一些设计有关的初始条件的数据，由计算机调用结构分析程序进行分析计算，就可得到设计结果。此外，利用计算机可以得到清晰、整齐、美观的设计图和文档，便于校核和修改，从而有效地防止了手工绘图过程中尺寸标注错误、不同图纸在表达同一构件时的不一致等错误的产生，提高了设计质量。

最后，可以降低设计成本。应用 CAD 技术可以帮助设计者提高设计效率，当设计劳务费较高而 CAD 系统的费用较低时，就会降低设计成本。工程设计中应用 CAD 技术已取得了明显的经济效益。

目前，CAD 技术在土木工程中的应用非常广泛，已经延伸到工程项目建设的各个阶段：从建设项目的规划、设计、施工几个阶段，到建成以后的维护管理阶段。

1. 在规划中的应用

对任何工程项目，规划工作都是十分重要的。一般土木建筑工程的规划都需要考虑众多的因素，如土地利用、经济、交通、法律、景观等有关社会经济的因素，气象、地质、地形、水等有关自然的因素，以及水质、噪声、土地污染、绿化等生活环境的因素。任何一项规划都是一项决策，其中人始终是主体。

对应于该阶段的 CAD 系统主要有三类：第一类是有关规划信息的存储和查询的系统，如土质数据库系统、地域信息系统、地理信息系统、城市政策信息系统等。这一类系统多采用数据库系统的形式。第二类为信息分析系统，如规划信息分析系统等。第三类为规划的辅助表现及作图系统，如景观表现系统、交通规划辅助系统等。这里特别说明如下两点。首先，有关规划信息的数据库，由于其公共性程度之高，应由政府或公共部门建立并提供服务。这类数据库是否健全，反映了一个国家的文明发展程度。其次，通过利用景观表现系统，可以在建造前就看到实物的形象及其和周围的协调情况，对于做出优秀的规划具有重要意义。

2. 在设计中的应用

一般土木建筑结构的设计都包含结构形式的选定、形状尺寸的假定、模型化、结构分析、验算、图面绘制、材料计算等过程。CAD 技术在土木建筑中最早的应用就是在结构设计中的。所以，设计 CAD 系统的历史较长，发展比较成熟。据有关资料，目前我国土木建筑领域各部级设计院 CAD 出图率一般都达到 100%。运用计算机进行分析计算达 98% 以上，进行方案设计已达 80% 以上。采用 CAD 技术进行设计，设计的出错率由手工设计的 5% 降低到 1%，提高工效一般为 6~8 倍，有的可达 20 倍。由于多方案优化，节省工程投资一般为 2%~5%，个别专业可达 10% 以上。

对应于设计的 CAD 系统也可分为三类：

第一类为对应于各个设计过程的系统，如结构形式选择系统、结构分析系统、设计系统、绘图系统、材料计算系统等。其中每个系统都可以处理多种结构形式。其缺点是，为完成一项设计需使用多个系统，不但需要掌握每个系统的使用方法，而且需要大量数据的重复输入。

与此相对,第二类系统为通用 CAD 系统,如 AutoCAD,这类系统只提供基本的图形处理功能,可用来绘制各个工程领域的设计图。

第三类系统为集成化设计系统,这类系统的自动化程度一般较高,只要输入少量的数据,只利用一个系统即可完成设计的全过程。设计时,只需输入基本的参数,如结构尺寸、截面尺寸、材料性质等。系统可自动进行结构分析,以至生成施工图。这类系统虽可减轻人们学习新系统的负担并避免数据的重复输入,但一般在使用时有一定的限制,是面向对象的专用软件,或是根据专业要求进行的二次开发的软件。与前面的两类系统相比,使用这类系统具有作业效率较高、专用性高、相关专业数据可共享等特点。例如,目前在我国建筑工程设计中应用最广泛的、由中国建筑科学研究院研制开发的、具有自主版权的集成化 PKPM 系列软件系统。

3. 在施工中的应用

一般的土木建筑工程的施工都包含以下过程,即投标报价→施工调查→施工组织设计→人员、器材和资金的调配→具体施工及项目工程管理→验收等。目前,CAD 技术在每个过程中均有应用。如投标报价与合同管理、工程项目管理、网络计划、质量和安全的评价与分析、劳动人事工资、材料物资、机械设备、财务会计和行政管理、施工图的绘制等系统。其中,应用计算机编绘网络计划图已成为参与国际投标的必要条件之一。CAD 技术的应用,有效地提高了施工企业的工作效率和管理水平。

现在国外已开发出一些建筑物和构筑物的集成化施工系统,如隧道的集成化施工系统。该系统包含隧道设计子系统、施工图及施工平面图绘制子系统、施工管理子系统、材料表生成子系统以及施工组织设计书生成子系统等。虽然开发这种集成化系统都伴随着极其庞大的工作量,但使用它极大地提高了工作效率。

4. 在维护管理中的应用

像人有生老病死一样,土木建筑结构物在使用期内也会出现老化、功能下降等,因此,对其必须进行适当的维护和管理。一般地,对土木建筑结构物的维护和管理包括定期检查、维修和加固等。

CAD 技术在维护管理中最早的应用是煤气、上下水管线图的计算机管理,其中包含管线的位置及管线的埋设条件,如管线的材质、管径、埋深等。这样的系统无疑对管路的分析、检查等提供了极大的方便。近年来,出现了以数据库为中心的道路设施的维护管理 CAD 系统。这种系统具有两种作用:一种是用于保存定期检查结果等信息,另一种是用于辅助维修和加固的规划设计。

当前,土木建筑"向空间要面积、向地下要根基"的势头日盛,而施工技术和建筑新材料的不断创新、智能型建筑的兴起等更是对土木工程设计提出了新的挑战。随着计算机技术和土木工程技术的飞速发展,现代 CAD 技术在土木工程中的应用也必将得到进一步的发展。

1.3 CAD 硬件与软件系统

与一般的微机系统一样,一个 CAD 系统也是由硬件系统和软件系统组成的,但它应具有较强的图形输入输出(硬件)设备和较强的图形处理软件。

1.3.1 CAD 硬件系统

CAD 硬件系统是一个能进行图形操作的具有高性能计算和交互设计能力的计算机系统。

CAD 系统对硬件的要求：强大的图形处理和人机交互功能；相当大的外存容量；良好的通信联网功能。它的具体配置随着系统设计目标和服务功能范围的不同而相异，并且随着计算机技术和性能的发展不断地提高。

按配置的不同，CAD 的硬件系统可分为大型机系统、小型机系统、工程工作站系统、微机 CAD 系统和网络分布式 CAD 系统。

硬件由计算机和外围设备组成，普通微机 CAD 硬件系统如图 1-1 所示。

1. 计算机

计算机是整个系统的核心，通过执行实际运算与逻辑分析，控制、指挥着整个系统进行有效的工作。它主要包括中央处理器 CPU 和内存储器（简称内存）。

2. 输入设备

输入设备是用于向计算机输入数据、程序及各种字符、图形等信息的设备。输入设备是用户和计算机系统之间进行信息交换的主要装置之一。

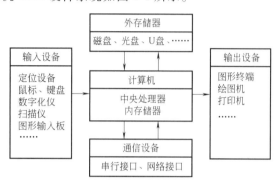

图 1-1 CAD 硬件系统的基本组成

专门用于图形、图像输入的设备有光笔、数字化仪、鼠标器、跟踪球、操纵杆及扫描仪等。

（1）光笔 对光敏感，外形像钢笔，多用电缆与主机相连，与显示器配合使用。可以在屏幕上进行绘图等操作，依靠计算机内的光笔程序向计算机输入显示屏幕上的字符或光标位置信息的光敏传感器。其结构简单、价格低廉、响应速度快、操作简便，常用于交互式计算机图形系统中。在图形系统中，光笔将人的干预、显示器和计算机三者有机地结合起来，构成人机通信系统。

通常，光笔有三种用途：①完成作图、改图、使图形旋转、移位放大等复杂功能，这在工程设计中非常有用；②进行"菜单"选择，构成人机交互接口；③辅助编辑程序，实现编辑功能。在计算机辅助出版等系统中，光笔是重要的输入设备。

（2）数字化仪 全称图形数字化仪，是将图像（胶片或像片）和图形（包括各种地图）的连续模拟量转换为离散数字量的装置，是在专业应用领域中用途非常广泛的一种图形输入设备，由电磁感应板、游标和相应的电子电路组成。当使用者在电磁感应板上移动游标到指定位置，并将十字叉的交点对准数字化的点位时，按动按钮，数字化仪则将此时对应的命令符号和该点的位置坐标值排列成有序的一组信息，然后通过接口（多用串行接口）传送到主计算机。对于输入大量精确图形的工作，这种设备较为适用。它广泛应用于数字制图、CAD 等行业。

（3）鼠标器、跟踪球和操纵杆 这三种设备都装有电位计，调整电位计可控制显示形态，如控制屏幕上的光标位置。目前，由于鼠标器操作灵活方便，应用较广泛。操纵杆和跟踪球虽比鼠标出现早，因它们只适用于自由格式的绘图，实际中不常用。

（4）扫描仪　利用光电技术和数字处理技术，以扫描方式将图形或图像信息转换成计算机可以显示、编辑、存储和输出的数字化输入装置。照片、文本页面、图纸、美术图画、照相底片、菲林软片，甚至纺织品、标牌面板、印制板样品等三维对象都可作为扫描对象，提取和将原始的线条、图形、文字、照片、平面实物转换成可以编辑及加入文件中的装置。

（5）三维扫描　是集光、机、电和计算机技术于一体的高新技术，主要用于对物体空间外形和结构及色彩进行扫描，以获得物体表面的空间坐标。它的重要意义在于能够将实物的立体信息转换为计算机能直接处理的数字信号，为实物数字化提供了相当方便快捷的手段。三维扫描技术能实现非接触测量，具有速度快、精度高的优点，而且其测量结果能直接与多种软件接口，这使它在 CAD、CAM、CIMS 等技术应用日益普及的今天很受欢迎。用三维扫描仪对手板、样品、模型进行扫描，可以得到其立体尺寸数据，这些数据能直接与 CAD/CAM 软件接口，在 CAD 系统中可以对数据进行调整、修补，再送到加工中心或快速成型设备上制造，可以极大地缩短产品制造周期。

（6）数码相机　又称数字相机，英文全称 Digital Still Camera（DCS），是集光学、机械、电子于一体的现代高技术产品。它主要由摄像机透镜、CCD（电荷耦合器件）或 CMOS（互补金属氧化物半导体）光电转换器件、仿真信号处理器、A/D 模数转换器、DSP 数字信号处理器、图像处理器、图像存储器和输出控制单元等组成。数码相机可直接与计算机相连，将拍摄的图像数据从相机存储器传送到计算机中处理，可以立刻看到数字图像。

3. 输出设备

输出设备是人与计算机交互的一种部件，用于数据的输出。它把各种计算结果数据或信息以数字、字符、图像、声音等形式表示出来。可分为两类：软拷贝与硬拷贝设备。软拷贝设备的特点是只产生暂时性的景象，不能永久保留，如显示器；硬拷贝的特点是将输出的信息转变成永久性的物理记录，如打印机和绘图机等。

（1）CRT 显示器　是一种使用阴极射线管（Cathode Ray Tube）的显示器，阴极射线管主要由电子枪（Electron Gun）、偏转线圈（Deflection coils）、荫罩（Shadow mask）、高压石墨电极和荧光粉涂层（Phosphor）及玻璃外壳组成。它是利用电磁场产生的经过聚焦的高速电子束，轰击屏幕表面的荧光材料而产生光亮点。通过控制电子束的强度而控制亮度，使图形更加丰富。CRT 纯平显示器具有可视角度大、无坏点、色彩还原度高、色度均匀、可调节的多分辨率模式、响应时间极短等 LCD 显示器难以超过的优点，而且现在的 CRT 显示器价格要比 LCD 显示器便宜不少，因此被广泛地应用在工程以及医疗等领域。

（2）液晶显示器（LCD）　英文全称为 Liquid Crystal Display，它是一种采用了液晶控制透光度技术来实现色彩的显示器。和 CRT 显示器相比，LCD 的优点是很明显的。由于通过控制是否透光来控制亮和暗，当色彩不变时，液晶也保持不变，这样就无须考虑刷新率的问题。对于画面稳定、无闪烁感的液晶显示器，刷新率不高但图像也很稳定。LCD 显示器还通过液晶控制透光度的技术原理让底板整体发光，所以它做到了真正的完全平面。一些高档的数字 LCD 显示器采用了数字方式传输数据、显示图像，这样就不会产生由显卡造成的色彩偏差或损失，并且完全没有辐射，即使长时间观看 LCD 显示器屏幕也不会对眼睛造成很大伤害。体积小、能耗低也是 CRT 显示器无法比拟的。如今的 LCD 显示器从普通用户的角度来看，几乎完全取代了 CRT，成为当下的主流显示设备。

（3）OLED 显示器　即有机发光二极管显示面板（Organic Light-Emitting Diode,

OLED），又称有机电致发光显示器（Organic Electro-Luminesence，OEL），是一门相当年轻的显示技术。它利用有机半导体材料和发光材料在电流的驱动下产生发光来实现显示。OLED 相比 LCD 有许多优势：超轻、超薄（厚度可低于1mm）、亮度高、可视角度大（可达170度）、由像素本身发光而不需要背光源、功耗低、响应速度快（约为 LCD 速度的 1000 倍）、清晰度高、发热量低、抗震性能优异、制造成本低、可弯曲等。它被业界普遍认为是最具发展前景的新一代显示技术。

（4）绘图机　是一种自动化绘图的设备，可使计算机的数据以图形的形式输出，有笔式绘图机、喷墨绘图机和静电绘图机等。笔式绘图通过矢量构成图像，将很短的矢量线段依次相接即可形成各种曲线。常用的又有平板式和滚筒式两种，此外还有喷墨式、热敏式、激光式绘图机。它们输出图形的质量都很高，目前也是较常用的。

（5）打印机　用于将计算机处理结果打印在相关介质上。按其工作原理分为击打式和非击打式两大类。点阵打印机、针式打印机是常用的一种击打式打印机，而非击打式打印机常用的有喷墨式、热敏式、静电式与激光式等。

4. 外存储器

外储存器是指除计算机内存及 CPU 缓存以外的储存器，此类储存器一般断电后仍然能保存数据。用来永久存放大量程序与数据。

（1）磁盘　是在金属盘片（硬盘）或聚脂薄膜片（软盘）表面涂覆一层磁性物质的存储介质。为了能在磁盘上指定区域写入或读出数据，要将磁盘划分为若干有地址编码的区域磁道与扇区，利用磁头感应来有序地读写数据。磁盘是目前应用最广泛的存储设备。

（2）光盘　即高密度光盘（Compact Disc），是近代发展起来不同于磁性载体的光学存储介质，用聚焦的氢离子激光束处理记录介质的方法存储和再生信息，又称激光光盘。利用激光照射在光盘片表面，使表面物质变化，而将"0"与"1"的数据记录下来，在读出数据时，也是利用激光在光盘片上产生不同强度的反射光，判断出"0"或"1"。由于其存储容量大，携带方便，因此，目前也得到广泛应用。

（3）U 盘　中文全称"通用串行总线接口的无须物理驱动器的微型高容量存储盘"，英文名"USB flash disk"。它是一个 USB 接口的无须物理驱动器的微型高容量移动存储产品，可以通过 USB 接口与电脑连接，实现即插即用。其最大的优点是：小巧便于携带、存储容量大、价格便宜、性能可靠。

1.3.2　CAD 软件系统

软件是控制、指挥计算机运行的各种程序和文档的总称。CAD 系统的软件是决定微机绘图系统的效率与使用是否方便的关键因素。CAD 系统中，软件大体上可分为三类：系统软件（一级软件）、支撑软件（二级软件）、（工程、产品）应用软件（三级软件），如图 1-2 所示。

1. 系统软件

系统软件直接配合硬件工作，是 CAD 系统软件中最低层次的软件，它为开发各类支撑软件和面向用户的应用软件提供了必要的基础和环境。系统软件主要负责管理硬件资源及各种软件资源，是应用和开发 CAD 系统的软件平台。

图 1-2　CAD 系统中软件
层次与关系

系统软件主要有操作系统、编译系统和图形接口标准等，如图 1-3 所示，用于计算机的管理、维护、控制和运行，提供了整个 CAD 系统内部的支持功能，控制着存储操作、指令执行与外围设备动作。

2. 支撑软件

CAD 支撑软件是在系统软件基础上开发的满足 CAD 用户一些共同需求的通用性软件，例如：

1）几何建模、计算分析和图形输出软件，辅助用户完成零部件或产品的结构设计和详细设计，输出产品的零件图、装配图或三维立体图。

2）产品数据管理软件，对 CAD 过程的图纸、文档、数据文件的电子化管理。

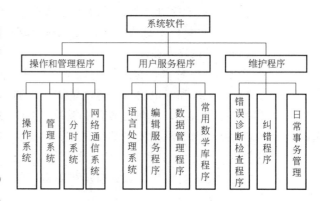

图 1-3　系统软件组成示意图

支撑软件是 CAD 系统的核心软件，它以系统软件为基础，是开发应用软件的基础。支撑软件可由 CAD 厂商提供（如 AutoCAD、SolidWorks、Pro/Engineer、Unigraphics），也可由用户自行开发。用户在组建 CAD 系统中，根据使用要求，选购支撑软件，在此基础上再做一些适配和补充，并和用户自己开发的应用程序相接，以实现预定的 CAD 系统功能。CAD 支撑软件是 CAD 软件系统的重要组成部分。随着 CAD 技术日新月异，支撑软件的内容与功能也在发展。一般来说包括图形设备驱动程序、几何造型系统、图形软件系统、真实图形生成系统、计算分析软件系统、优化算法软件系统、工程数据库及其管理系统、窗口管理系统、网络通信系统及汉字管理系统等。

3. 应用软件

CAD 应用软件是在系统软件的基础上，用高级语言编程，或基于某种支撑软件，针对特定领域、特定工程设计问题、特定产品等开发专用的软件，即面向用户的应用软件，如图 1-4 所示。

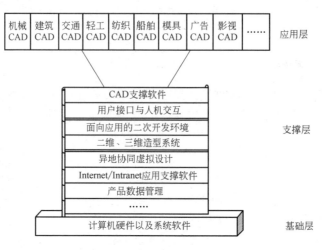

图 1-4　CAD 系统的三层结构

应用软件通常由用户结合当前设计工作需要自行或委托开发，可为一个用户或多个用户使用的软件。

1.4 CAD 应用软件的发展、选配及设计

1.4.1 CAD 应用软件的发展

CAD 是将人和计算机的最优特性结合起来，完成特定设计任务的一种技术。人具有逻辑思维、识别、判断、推理和自适应的能力，计算机则以运算速度快，存储量大，精确度高，能适应重复、烦琐的工作而见长。CAD 应用软件就是根据某一专业的特点和规定，将人和计算机有机地结合在一起，去完成该专业的设计任务而编写的专用软件。

结构分析与计算是工程设计行业应用计算机最早的领域。早期的结构分析程序，一般采用数据文件方式提供数据。输入数据文件一般由用户事先准备好，然后启动程序输入这些数据文件。这种方式容易产生数据错位或数据本身的错误，也不利于修改。目前国内外比较优秀的结构分析程序已不再采用这种方法，而是充分运用图形手段和人机对话技术，用友好的界面帮助用户在图形交互方式下输入数据。这种输入过程一般是由专门的前处理（Pre-processor）程序来完成。前处理程序一般具有相对的独立性，能对输入数据进行一些逻辑检查，对规则结构可以自动划分有限元网格，对用户输入的内容能用图形再现在屏幕上，一旦发现输入有误，就可以在图形状态下直接进行修改。这些手段的提供，大大提高了用户使用结构分析程序的可靠性和使用效率。

结构分析结果的输出，也从早期的数表形式过渡到数表加图形方式。图形输出一般有等值线、等高线、彩色区域图等，这些图与结构几何形状配合，非常直观。结构分析结果的图形输出一般是由专门的后处理（Post-processor）程序来完成的。

大型、复杂的结构一般是用结构有限元分析程序来计算，包括专用程序和通用程序。专用程序可以根据计算要求自行开发，也可以是为某一专题研制的商业软件。通用程序一般是大型程序，由一些专门从事有限元分析研制工作的公司提供，它们是一种通用性软件产品，其程序容量都很大，程序语句可以从几万行到几十万行。大型的有限元分析程序设有包含不同单元类型的单元库，如结构分析程序 SAP（Structural Analysis Program）系列的单元库中就包含了三维桁架杆件单元、三维梁单元、平面应力单元、平面应变单元、三维块体单元、薄板单元、薄壳单元、管道单元等多种单元。

虽然有限元方法从原理上来讲带有普遍性，但是不同的程序常常具有不同的解题范围，程序编制方法和技巧也不同。所以，几乎没有一个有限元分析的前后处理程序能包括品种繁多的有限元软件的输入输出。在一般情况下，前后处理程序只对应于功能较强、流行较广的有限元通用程序，如 ANSYS、ABAQUS、MSC/PATRAN、MSC/NASTRAN、MARC 等，这些程序都配有标准接口。

ANSYS 软件是融静力、动力、线性及非线性问题与结构、流体、电磁场、声场和耦合场等于一体的大型通用有限元分析软件，它能与多数 CAD 软件接口，实现数据的共享和交换，如 Pro/Engineer、NASTRAN、ALGOR、AutoCAD 等，是现代产品设计中的高级 CAD 工具之一。

ABAQUS 是大型通用有限元计算分析软件之一，具有惊人的广泛的模拟性能。它拥有大量不同种类的单元模型、材料模型、分析过程等。无论是分析一个简单的线性问题，或者是一个包括几种不同材料、承受复杂的机械和热载荷过程以及变化接触条件的非线性组合问题，应用该软件计算分析都会得到令人满意的结果。

MSC/PATRAN、MSC/NASTRAN、MARC 是较好的非线性分析的大型软件。

此外，有的软件公司或使用用户在结构分析程序和前、后处理程序的基础上，增加结构细部设计的内容，如钢筋混凝土构件设计与计算、结点大样设计与绘图等，逐渐达到或接近结构 CAD 系统的基本功能和要求。

建筑设计对计算机软硬件的要求较高。因此，计算机在建筑设计中的应用滞后于结构设计。20 世纪 80 年代后期，计算机技术的飞速发展，使得建筑师要求的三维造型、着色渲染、光影效果、质感纹理等能够在工作站或高档微机上实现，从而促进了建筑 CAD 技术的普及与推广。计算机绘图软件（Computer Aided Drafting）则大多是以绘图为目的的。它们一般具有生成基本图素如直线、曲线、圆弧、字符等功能和丰富的图形编辑功能，能对图形进行擦除、移动、镜像、拷贝、缩放和插入等操作。人们可以利用这些功能在计算机屏幕上画图，再用绘图仪输出屏幕上的图形。就基本图素的生成过程来讲，用计算机绘图比手工绘图又快又好，且计算机强大的图形编辑功能是手工绘图所不可及的，因此很快受到人们的喜爱而得到迅速推广与普及。

1.4.2　CAD 应用软件的选配

近几年来，CAD 技术在土木工程中的应用已经取得了长足的进步，CAD 应用软件的商品化程度也不断提高。建筑、道路、桥梁或水利都可以根据设计任务的分类，选购到一些相应的应用软件。

用户配置的 CAD 应用软件情况大致有以下几种：

（1）成套的或单一的商品 CAD 系统　成套系统一般是指由计算机公司提供全套软件或软硬件产品的 CAD 系统。有的计算机公司将自己的产品做成若干个子系统，用户既可以购买全套系统，又可以根据需要选择其中的一部分，还可以根据用户选择，提供独立的子系统。购买成套系统对于缺乏计算机专门人才的企业有较大的吸引力。这类产品可分可合，越来越受到用户的欢迎。但是，在购买成套系统时一定要注意销售方是否有良好的售后服务和稳定可靠的开发维护力量。

（2）自主开发的专业软件　对于专业性很强，规格要求比较严格的项目，有时很难买到完全对口的商品软件。此外，有的设计院根据多年积累的设计经验，形成了自己的惯例和规定，也对 CAD 应用软件提出了特殊的要求。此时，用户就需要自行开发一些应用软件。这种开发应选用一些比较通用的、开放性较好的支撑软件作为开发工具，常用的绘图支撑工具有 AutoCAD、MicroStation 和 Windows 等。自主开发软件应在对软件市场进行全面调查后，精心做好系统需求分析和系统设计。

（3）对商品化软件的二次开发　二次开发也叫应用开发。对商品化软件的二次开发有两种情况：一种是对从国外引进的专业软件的二次开发；另一种是在通用性软件基础上的二次开发。

我国前几年从国外引进了一些 CAD 应用软件，这些引进的软件常常是随计算机硬件设备一起引进的。在工业发达国家，由于使用 CAD 技术比较早，应用软件比较成熟，性能也比较可靠。但由于国情的不同，这些软件常常不能直接在国内工程上使用，而要进行所谓的二次开发。这时二次开发工作主要是对使用规范、材料规格、图例符号、工程习惯等的修改以及软件的汉化等，其工作量常常比较大，而且软件的可维护性一般都不大好。

在通用性软件基础上的二次开发主要是当某一专业尚无合适的专业软件时，对通用软件所做的专业加工。比如上面提到的大型有限元分析程序，常常包含各种单元，可分析多种结构类型。而这些程序针对某一专业问题的功能却很弱。这时，我们就可以选择一个合适的结构分析程序，以此为基础开发出适用于专业问题的应用软件。

购买一个可供二次开发的商品软件是昂贵的。因此，在选购时应事先做好充分的市场调查和论证。比如，选购一个结构有限元分析软件前，应充分了解软件的功能和解题范围，如单元库中包含哪些单元，分析类型是线性静力、线性动力还是非线性静力，能处理哪些荷载和结构的材料特性等。

二次开发同样要做好系统需求分析和系统设计。系统中自主开发部分和商品软件之间要有清晰的接口，便于拆卸。此外，接口部分要尽量标准化，便于该商品软件以后可被其他软件替代。

应用软件的配置对使用用户的工作效率和应用水平是举足轻重的，应根据工作需要进行全面考虑。在选择软件和配置 CAD 系统时，需考虑以下原则：①软件系统的选择应优于硬件且应具有优越的性能；②硬件系统应该选用当前主流产品，符合国际标准，具有良好的开放性；③整个软件系统运行可靠、维护简单、性能价格比优越；④系统的升级扩展能力，并具有良好的售后服务；⑤供应商应该有较好的信誉，可以提供培训、故障排除及其他增值服务。

近几年来，随着我国土木工程 CAD 应用领域的展开，有众多的高等院校、科研院所以及软件公司等从事着和已经研制出了不少的建筑、结构 CAD 软件，并得到普遍推广和应用，如清华大学建筑设计研究院的 TUS（Tsinghua University Structure）多高层空间结构设计 CAD 系统、浙江大学的 MSTCAD 空间网格结构 CAD 系统、中国建筑科学研究院的 PKPM 系列软件系统、北京探索者软件技术有限公司的 TSSD 系列软件、北京天正工程软件有限公司的天正系列软件等。这些软件已拥有很大的用户群，软件的功能越来越全面，售后服务也越来越完善。

1.4.3　CAD 应用软件的设计

借助计算机来完成某项工作，通常都要先编写相应的计算机程序，或叫程序设计。完成一个结构，CAD 系统也必然要经过程序设计才能实现。程序设计要使用专门的程序语言。我国结构程序设计中所采用的语言，在 20 世纪 60 年代和 70 年代初以 ALGOL 语言为主。此后逐步广泛使用的计算机语言主要是 BASIC 语言和 FORTRAN 语言。随着 CAD 和人工智能的发展，PASCAL、C、LISP、PROLOG、VB、VC、C++等有着各自特长的程序语言也逐步进入土木工程领域的计算机程序设计中。

过去人们通常认为，程序设计的中心问题就是学会使用一种程序语言。然而学会用程序语言编程只是整个程序设计中的一部分。据有关资料介绍，编写程序在整个系统的研制过程中仅占15%的工作量，一个大型程序设计系统在投入使用后的维护工作量大约为原来研制工作量的两倍。因此，我们必须注意在程序研制阶段就考虑后期的维护工作。

要编制一个好的程序系统并没有一种绝对的规则，就像工程设计没有一种绝对的规则一样。但关于程序设计的好坏，现在已逐渐形成了一套客观的评价标准。这些标准大致包括以下几个主要方面：①程序的可读性；②正确性与可靠性；③使用方便且效率高；④软件的可移植性；⑤易于调试与维护。

要开发一个优秀的结构CAD软件，除采用科学的软件工程方法外，还要有一批科学工作者的优良组合和他们长期不懈的努力，而且他们在结构理论、工程力学、结构设计、计算机科学和专业工程实践上都应该是有广泛和长期的工作经验的。

直到20世纪70年代中期，人们才认识到软件的维护是软件研究的一个关键领域。造成软件维护工作量大的原因之一是程序研制过程中采用的设计方法不够科学。为了解决这一问题，人们开展了对于程序设计方法论的研究与实践，其目标是使软件正确可靠和降低软件研制活动的费用。总的来说，程序设计已从强调灵活的技巧和局部效率向着强调程序结构化和整体集成功能的方向发展。这实际上是逐步发展起来的关于程序的设计编写与调试的一套方法论，其要点可归纳为以下几方面：

（1）编程结构化　为了使程序设计者能按照一定的结构形式，而不是随心所欲地设计编写程序，使编制的程序易读、易修改，以提高程序设计和维护工作的效率，荷兰Dijkctra提出了"结构化程序设计方法"。结构化程序规定了三种基本的结构，它们是顺序结构、分支选择结构和循环结构。编程结构化又称结构化程序设计，它可使编写的程序层次分明，逻辑清楚，容易阅读。

（2）分层处理技术　为了解决现实世界中的许多复杂问题，人们往往需要根据问题的内在联系将其分割成有层次的一系列问题来分别求解。一个大型程序系统设计也需采用分层的办法来处理，在每一层里集中解决一个问题，并为下一层的执行做好准备。分层处理技术的主要内容是将程序划分为多个层次的若干模块，每个模块完成一个或几个预定功能，如图1-5所示。为了保证模块的独立性，各模块之间只能通过接口与其他模块连接。另外，一个较大的软件系统要由多人合作才能完成，模块化也为此提供了较好的合作条件。

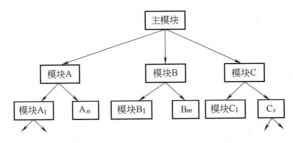

图1-5　多模块分层处理示意图

（3）避免过多使用GOTO语句，特别是逆转的GOTO语句　这是结构化程序设计的基本要求之一。对于应用软件，特别是大型的CAD软件，可移植性高低同样是衡量软件质量的重要指标。可移植性主要表现在软件对支撑环境的独立性和软件本身的封闭性。提高可移植性的办法是尽可能采用标准的高级语言文本编写程序。例如，用FORTRAN、VB、VC等语言编写，并尽量避免采用非标准语句和函数。此外，在软件中采用统一的I/O模块，也是提高可移植性的手段之一。

应当指出，程序设计方法论仍在发展探索之中，千万不能把上述有关内容当做一成不变的教条套用，而应当通过实践来发展和丰富其内容。程序设计发展到今天，已经奠定了很多必要的理论基础。我们正在达到一个可以认为程序设计是一门科学而不仅仅是一种技巧的阶段。

1.5 计算机与建筑基础知识

在学习 CAD 软件前，读者必须要具备一定的计算机基础知识，从而为充分使用 CAD 软件做好准备。在本节内容学习过程中，对计算机已经相当熟悉的读者可跳过前 5 小节，从第 1.5.6 节开始学习。

1.5.1 计算机的日常维护

在实际操作中，要想使计算机运行顺利，就要注意计算机的维护。计算机日常维护主要包括硬件设备的维护和软件系统的维护。

1. 硬件维护

所谓硬件设备的维护，其实就是平时用户要注意的使用习惯，具体包括如下几点。

1）在任何时候都应保证电源线、数据线的连接牢固和可靠。

2）经常清理计算机设备内的灰尘，擦拭机箱、显示器、键盘等设备的表面。

3）计算机不用时应盖上防尘罩，以便减少灰尘落入计算机内。

4）开机时应先给外部设备加电，再开主机电源；关机时相反，先关主机电源，再关外部设备电源。

5）计算机通电后，不要随便移动显示器、配件及机箱中的各个部件，也不要随便插拔各种非热拔插接口卡。

6）每次开关机时间间隔一般不能小于 10s。

7）在对键盘进行操作过程中，不要用力过猛，以免影响键盘的使用寿命。

2. 软件维护

软件维护是指用户可以正确使用现有的操作系统软件和应用软件，以使计算机安全、可靠地工作，避免不必要的损失。这种软件维护包括以下几部分。

1）备份软件——在计算机硬盘中对经常使用的软件（如操作系统软件、AutoCAD、工程软件、天正建筑软件等）留一个备份，以便维护和重新安装系统时所需。

2）防病毒——安装正版杀毒软件，及时升级，定时检测查杀计算机病毒。

3）清理文件——定时清理不要的垃圾文件，整理硬盘空间。

4）防黑客袭击——对经常上互联网的计算机，应定时利用工具软件检测计算机软件系统漏洞和各端口的安全性，以防止黑客的入侵和重要资料的泄露。

1.5.2 文件的管理

计算机的大部分操作是在磁盘上存储和寻找文件信息，为此 Windows 系列操作系统提供了用于文件和磁盘管理的重要程序，如"我的电脑"和"Windows 资源管理器"，从而用户能够有效地组织和管理磁盘上的文件。

　　文件是具有名字的一组信息的集合体，是磁盘上数据的最小组织单位。为了便于管理这些文件，操作系统规定可以把文件按照用户的意志分门别类地放在不同的地方，这个不同的地方叫目录，并具有相应的名称。Windows系统把目录称为文件夹，这样更形象具体了，文件夹中还可以包括文件和子文件夹。

　　根目录一般用于存放系统文件和子目录，应尽量少存放其他文件。

　　文件和文件夹的浏览、查找、删除、移动、复制、重命名等操作方式是一样的，所以在本节中将重点介绍"我的电脑"和针对文件管理的操作。

1. 我的电脑

　　双击桌面上的"我的电脑"图标，启动文件管理程序"我的电脑"，如图1-6所示。使用"我的电脑"可以查看计算机上的所有内容，如浏览文件和文件夹，建立快捷方式，新建、复制、移动、删除文件和文件夹，操作设置"打印机"，通过"控制面板"添加/删除程序，查看"网上邻居"上其他计算机磁盘中的内容等。

　　Windows窗口右上角有3个按钮："最小化"按钮 ▬ ，单击它可以使打开的窗口缩小到任务栏上；"最大化"按钮 ▢ ，其形状如"回"字，单击它窗口会扩大，当变为两个重叠方形 ❐ 时，再单击可以使窗口还原；"关闭"按钮 ✖ ，单击它可以关闭窗口。

　　目前，U盘具有携带方便，容量越来越大、价格却越来越低等特点，这非常有利于用户对信息的转移处理。U盘插入计算机后，一般会显示出"可移动磁盘"，如图1-6所示。

图1-6　我的电脑

> 提示：①U盘也是传播病毒的载体，应在计算机上安装正版杀毒软件，并及时更新、升级、查杀病毒，防止U盘在机器之间传播病毒，是保证正常工作、学习的前提。辛辛苦苦作出来的设计图一旦遭到病毒攻击，有时连系统都会给破坏了，损失巨大。②关机时要取下U盘，为避免忘记可以带上长长的挂绳，虽显累赘，但不容易丢失。③如果经常只是读出资料，可以选购带写保护开关的U盘，避免感染病毒。

2. 查找文件

　　目前，磁盘的容量越来越大，存放的数据文件也越来越多，通常一台计算机中有成千上万的文件，要寻找某一个文件可谓大海捞针，下面的方法可以轻松地对指定的文件进行查找。

　　1）单击Windows任务栏上的"开始"按钮，再依次选择"搜索→文件或文件夹"，弹出"搜索文件或文件夹"对话框。

　　2）在出现的文本框中输入要查找的文件名称，文件名称可以使用通配符"?"和"＊"（其中"?"代表一个字符，"＊"代表若干个字符）。

　　3）在"搜索范围"框中输入要搜索的磁盘驱动器，或者单击"浏览"按钮，选择要搜索的驱动器和文件夹。

　　4）然后单击"立即搜索"按钮。

　　5）找到指定的文件后，在窗口下方将出现一个文件清单窗口，列出了符合条件的所有文件。

6）使用高级搜索方式。单击"日期"标签页，可以查找在指定日期或指定日期间创建或修改的文件；单击"类型""大小""高级"标签页，可以查找指定类型或大小的文件或更多的条件选项。

7）在土木工程CAD设计中，用得最多的就是图形的.dwg文件，经常要找的也是图形文件，此时可以在名称中输入"＊.dwg"，再根据日期等查找。

1.5.3 硬盘的管理维护

1. 硬盘分区管理

在第一次使用硬盘时，要把硬盘按照用户自己的需要分区。根据硬盘大小，可分成3~5个分区，一般默认C区为系统区，在这个分区中除了必需的系统文件外，最好不要乱放文件，C区也不必分到20GB或以上。要把文件按类别存放，应对分区实行专区专用，C盘作为系统专用分区，不宜安装过多的应用程序，仅安装一些对盘符比较敏感的系统应用程序，而一些大型应用软件（如办公、CAD、图像、动画等）应安装到其他盘的软件专用分区，游戏软件则安装至游戏专用分区，读者自己的论文等资料建议放到另外的盘，这样做的好处是每个分区专区专用，互相之间的干扰可以降至最低，有利于硬盘的整理。另一方面也减少了以后备份系统分区时映像文件占用的硬盘空间。请大家养成给文件命名为易识别的名字的习惯，这样在文件多的时候，可以很快找到目标文件。

2. 硬盘的维护

1）对于硬盘中公用的软件，应分别建立子目录。这样既可以避免根目录下文件过多，不便管理，同时也可以避免破坏他人的文件或公用软件。

2）禁止随意在硬盘中安装软件、删除文件及对硬盘进行初始化等操作。

3）注意预防病毒，禁止在硬盘中存放了重要数据的计算机上运行游戏软件或使用未经检测的磁盘。

4）对硬盘中的重要文件及时备份数据，特别是建筑软件的图形数据等文件要按一定的策略进行备份工作，以免困于硬件故障、误操作等造成损失。

3. 磁盘碎片的整理

硬盘经过一段时间使用后，如果经常存盘和删除文件，那么文件的存放位置就可能变得七零八碎，不是连续在一起的，即形成碎片，另外软件运行后产生的各种垃圾文件也越来越多，占用了大量的磁盘有效空间，使硬盘读取文件速度变慢。

要注意经常清空"回收站"与".. \ WINDOWS \ TEMP"目录中的临时文件，及时删除不再使用的文件与各种垃圾文件，以扩大磁盘有效空间。

碎片积累过多不但访问效率下降，还可能损坏磁道，定期运行Windows的磁盘碎片整理程序对硬盘进行整理，重新整理硬盘上文件和未使用的空间，以提高硬盘的访问速度，是磁盘维护的重要手段。

使用"磁盘碎片整理程序"具体方法：通过单击"开始"→"程序"→"附件"→"系统工具"→"磁盘碎片整理程序"命令，即可启动"磁盘碎片整理程序"，开始整理选定的磁盘，如图1-7所示。

当运行磁盘整理程序时，若看到大片的红色，表明碎片太多，是危险的信号，必须要整理了；如果是成片的蓝色，表明你的磁盘维护得很好。

1.5.4 软件安装和使用

天正建筑软件是以 AutoCAD 作为开发平台，由我国自主开发出的软件。学习天正建筑软件前应先学习 AutoCAD。在建筑学院里，一般也是先学 AutoCAD 再学习天正建筑软件，本教程主要是针对大专院校土木建筑及相关专业学生的教学用书。

下面介绍 AutoCAD 软件。下文中的命令也可直接在天正软件下操作，所有命令均可直接执行，读者不必有任何担心。

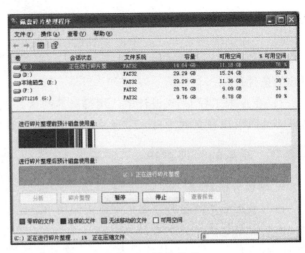

图 1-7　碎片整理

1. 工具条

进入 AutoCAD 软件的界面，将暂时不需要的工具条隐藏起来，最好屏幕上只有"绘图""编辑""尺寸标注"等几个工具条，需要的工具条可随时从"视图"（View）菜单中最后一项"工具条"（Toolbars）中选取。另外，工具条最好是放在屏幕的左右两边，尽量与图幅比较接近，由于整个屏幕比较宽，而高度不足，因此建议不要在系统界面的顶部或底部放工具条。

2. 调整存图时间

在停电或死机等情况较多时，要使自己的工作成果不至于损失得太多，可以调整存图时间。首先选取"工具"（Tools）菜单中的最后一项"选项"（Preferences），弹出"选项"对话框，如图 1-8 所示。然后打开"打开和保存"（Open and Save）选项卡，将自动存盘分钟数设定为 20，即每 20min 系统自动存盘一次。当然，如果停电频繁也可改成 10min，根据自己所处工作环境的情况确定。

这样计算机将按用户设置的时间间隔自动保存一个以 ac＄为扩展名的文件。这个文件系统默认存放在 C：\ Docume～1\Admini～1\Locals～1\Temp\（完整路径是 C：\ Documents and Settings \ Administrator \ Local Settings \ temp）这个临时文件夹里面，碰到断电等异常情况，可将此文件更名为 ＊.dwg文件，在 AutoCAD 软件中就可打开了。

如果觉得系统默认的文件夹太深不易查找，如加了保护卡的计算机，启动后临时文件也不存在了，在这样

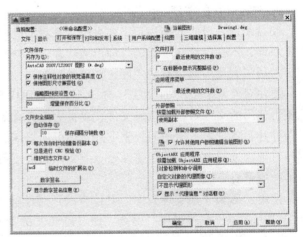

图 1-8　设置 AutoCAD 存图时间

的情况下也可自己设置一个子目录。具体设置是，在"选项"对话框中，选取"文件"标签，找到自动保存图形文件位置，单击加号，改成你设置的子目录。尤其是在学校机房中C区肯定加了保护，学生只能将自动保存图形文件位置设置在非保护区上。

一般建议将文件保存类型的版本选为 AutoCAD 2007 或更低，便于在其他的计算机上打开，因为很多用户并非安装 AutoCAD 高版本。

1.5.5 操作习惯

1. 左手键盘、右手鼠标

在所有计算机软件的操作过程中，尤其是对图形图像软件操作时，大力提倡左手控制键盘、右手用鼠标的方式。编者在教学中也建议学生养成这一良好习惯。

在 AutoCAD、天正建筑等软件中有许多简便的快捷键，用左手操作起来十分方便，如键盘上的空格键相当于回车键，左手大拇指对空格键的操作异常方便。

2. 快捷键

在软件的使用过程中，掌握快捷键将大大加快操作速度。有人会说"那么多快捷键，我怎么记得住？"其实只要多上机操作几次，很快就可以记住，在以后实践中再逐渐多记，不断巩固。

另外，要多进行对比记忆。对于众多软件通用的快捷键方式，需下功夫牢记，对学习其他软件是大有帮助的。编者在实践中总结出下面一些通用的快捷键，不论是在 AutoCAD、天正 CAD、Word、Excel 等软件中，还是在 Photoshop、PageMaker 等软件中，它们全部是通用的有效命令，一定要牢记于心（键盘上的"Ctrl"键在书写和记忆时用"∧"来表示）。

∧C—复制（Copy）　　∧V—粘贴（Paste）　　∧X—剪切（Cut）

∧A—全选（ALL）　　∧S—保存（Save）　　∧N—新建（New）

∧O—打开（Open）　　∧P—打印（Print）　　∧Z—撤销操作（Undo）

上面这些具有共同特性的通用型快捷键，其排列方式是按编者在实践中使用的频度而定的，几乎 Windows 系统下的各类软件均使用上面的快捷键，可以做到一通百通。在图像软件操作中，快捷键应用更加广泛，如果用户不用快捷键，只单纯控制图标、菜单，那么工作效率很难提高。

1.5.6 CAD 键盘操作技巧

1. <Shift>键+右键的应用

在 AutoCAD 的各个版本中均能使用<Shift>键+右键的功能，并会弹出物体捕捉菜单。因为它能跟随鼠标位置在其最近处弹出，所以使用起来方便快捷。

鼠标右键是作图过程中的好帮手。在 AutoCAD 200X 中，鼠标右键常被设置为回车和重复执行命令。安装天正建筑软件 TArch 后，鼠标右键成为激发智能化菜单的快捷键，如果要保留 AutoCAD 的设置，那么在"天正设置"中的快捷菜单项下选中"Ctrl+右键"，这样就两全其美了。具体的操作是，当执行某命令时，右击（单击鼠标右键）即为确认操作或回车响应。当需要重复刚才的操作命令时，再右击一次就可如愿以偿。当光标激活某图块后，按<Ctrl>键的同时右击，可弹出"通用编辑"菜单。当操作光标激活某图块，并使某控制夹点变为红色时，右击又可调出 AutoCAD 200X 的通用作图和修改命令。总之，鼠标右键大有作为，用户应尽快熟悉掌握它。

2. 重叠物体选择

使用<Ctrl>键+左键方法，在按住<Ctrl>键的同时左击（单击鼠标左键）挨在一起的几个物体，当不断单击时，还可以使被选择的物体状态在这几个物体之间切换（即打开"Cycle on"），直到欲选的物体周边显示成虚线为止。当在两个物体重叠之间由于显示顺序的原因而难以选中底层的物体时，或图形较大而物体拾取框尺寸设置得较小时，使用这个方法选择物体较为方便。

3. 按<Tab>键辅助捕捉

当需要捕捉一个物体上的点时，只要将光标靠近某个或某些物体，不断地按<Tab>键，这个或这些物体的某些特殊点（如直线的端点、中间点、垂直点，相交物体的交点，圆的4分圆点、中心点、切点、垂直点、交点）就会轮流显示出来，选择需要的点后左击即可以准确捕捉这些点。需要注意的是，当光标靠近两个物体的交点附近时，这两个物体的特殊点将先后轮流显示出来（其所属物体会变为虚线），因此在图形局部较为复杂时捕捉点很有用。

1.5.7 建筑基础知识

初学者刚刚接触天正 CAD 软件时，对"上下开间""进深"等术语不理解，难免会一头雾水，下面对常用建筑基础知识做一些简单介绍。

1. 开间/进深

对上下开间及左右进深可以按以下方式理解。

下开间：从下方分配房间的宽度尺寸，也可理解为从 x 轴方向划分房间的宽度尺寸。

上开间：从上方分配房间的宽度尺寸。

左进深：从左方分配房间的长度尺寸，也可理解为从 y 轴方向划分房间的深度尺寸。

右进深：从右方分配房间的深度尺寸。

如果用户经常和 xOy 平面直角坐标系打交道，对开间和进深还可以简化理解为分别对 x、y 轴方向分配尺寸。

2. 散水

从建筑物上边向下掉水时可以向外散水，"散水"是设在外墙四周的倾斜护坡，坡度一般为 3%~5%，其目的是迅速将地表水排离，避免勒脚和下部砌体受水。

更简单地讲，沿着建筑物首层地面外围做一圈斜面，迅速将地表水排离，从而将降水疏导至远处，称为散水。

散水另有保护墙基的作用，不做散水的房子墙壁容易出现裂缝。

3. 房屋的类型及组成

（1）房屋的类型　按使用功能可分为：①民用建筑，包括居住建筑和公共建筑（住宅、宿舍等称为居住建筑，办公楼、学校、医院、车站、旅馆、影剧院等称为公共建筑）；②工业建筑，如工业厂房、仓库、动力站等；③农业建筑，如畜禽饲养场、水产养殖场和农产品仓库等。

（2）房屋的构件及其作用　如图 1-9 所示为一幢 3 层楼的学生宿舍。楼房第一层为底层（或一层、首层），往上数为二层、三层、…、顶层（本例的三层即为顶层）。房屋由许多构件、配件和装修构造组成。它们有的起承重作用，如屋面、楼板、梁、墙、基础；有的起防风、沙、雨、雪和阳光的侵蚀干扰作用，如屋面、雨篷和外墙；有的起沟通房屋内外和上下楼即交通作用，如门、走廊、楼梯、台阶等；有的起通风、采光的作用，如窗；有的起排水作用，如天沟、雨水管、散水、明沟；有的起保护墙身的作用，如勒脚、防潮层。

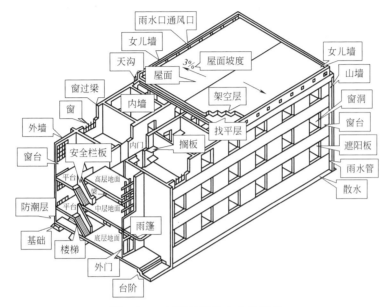

图 1-9　三层楼的学生宿舍示意图

（3）房屋组成的有关概念　各种不同功能的房屋，一般都由基础、墙（梁）或柱、地面楼面、屋面、楼梯和门窗6大部分组成。

1）基础。基础位于墙或柱的下部，属于承重构件，起承重作用，并将全部荷载传递给地基。

2）墙（梁）或柱。墙和柱都是将荷载传递给基础的承重构件。墙还能起围成房屋和内部水平分隔的作用。墙按受力情况可分为承重墙和非承重墙，按位置可分为内墙和外墙，按方向可分为纵墙和横墙。两端的横墙通常称为山墙。

3）地面楼面。楼面又叫楼板层，是划分房屋内部空间的水平构件，具有承重、竖向分隔和水平支撑的作用，并将楼板层上的荷载传递给墙（梁）或柱。

4）屋面。一般指屋顶部分。屋面是建筑物顶部承重构件，主要作用是承重、保温隔热和防水排水。它承受着房屋顶部包括自重在内的全部荷载，并将这些荷载传递给墙（梁）或柱。

5）楼梯。楼梯是各楼层之间垂直交通设施，为上下楼层之用。

6）门窗。门和窗均为非承重的建筑配件。门的主要功能是交通和分隔房间，窗的主要功能则是通风和采光，同时还具有分隔和围护的作用。

4. 建筑结构

建筑结构按照承重构件采用的材料不同，一般可分为钢结构、木结构、砖混结构和钢筋混凝土结构4大类。我国现在最常用的是砖混结构和钢筋混凝土结构。

一般民用建筑常采用砖砌筑墙体、钢筋混凝土梁和楼板的结构形式。这类结构形式习惯上叫混合结构或砖混结构。厂房和高层建筑常采用钢筋混凝土结构。除以上 6 大组成部分外，根据使用功能不同，还设有阳台、雨篷、勒脚、散水、明沟等。

5. 建筑规模

主要包括基底面积和建筑面积。这是设计出的图纸是否满足规划部门要求的依据。基底面积指建筑物底层外墙皮以内所有面积之和。建筑面积指建筑物外墙皮以内各层面积之和。

6. 标高

在房屋建筑中，规范规定用标高表示建筑物的高度。标高分为相对标高和绝对标高两种。以建筑物底层室内地面为零点的标高称为相对标高，以青岛黄海平均海平面的高度为零点的标高称为绝对标高。建筑设计说明中要说明相对标高与绝对标高的关系，例如"相对标高±0.000m 相当于绝对标高 150.200m"，这就说明该建筑物底层室内地面设计在比海平面高 150.20m 的水平面上。

标注标高要用标高符号，标高以 m 为单位，一般图中标注到小数点后第 3 位，也就是到 mm（毫米）。在总平面图中注写到小数点后第二位。零点标高的标注方式为 $\underline{\pm 0.000}$；正数标高不注写"+"号，例如+3m 的标注方式为 $\underline{3.000}$；−3m 的标注方式为 $\underline{-3.000}$。

7. 装修

装修方面的内容可谓包罗万象，主要包括地面、楼面、墙面等做法。首先，要掌握施工说明中的各种数字、符号的含义。例如"一般地面：素土夯实基层，70 厚 C10 混凝土垫层……"说明地面的做法：先将室内地基土夯实作为基层，在基层上做厚度为 70mm 的 C10 混凝土作为垫层（结构层），在垫层上再做面层。再如"一般楼地面：在结构层上做 25 厚 1：2.5 水泥砂浆找平层，素水泥浆结合层一道，15 厚 1：2 水泥瓜米石地面"，这里需要了解比例标注方法，如"1：2.5 水泥砂浆"是指水泥砂浆的配料比（按体积比计），即水泥占 1 份，砂子占 2.5 份，两者按此比例拌和。

8. 平面图

（1）平面图的形成　假想用一个水平平面沿门窗洞口将房屋剖切开，移去剖切平面以上部分，将余下的部分按正投影的原理投影，投影面上得到的图称为平面图。

（2）平面图的名称

1）底层平面图。沿底层门窗洞口剖切开得到的平面图称为底层平面图（图 1-10），又称为首层平面图或一层平面图。

2）二层平面图。沿二层门窗洞口剖切开得到的平面图称为二层平面图。

3）标准层平面图。在多层和高层建筑标准层平面图中，往往中间几层剖开后的图形是一样的，此时只需要画一幅平面图作为代表层，作为代表层的平面图称为标准层平面图。

4）顶层平面图。沿最上一层的门窗洞口剖切开得到的平面图称为顶层平面图。将房屋直接从上向下进行投射得到的平面图称为屋顶平面图。

综上所述，在多层和高层建筑中一般包括底层平面图、标准平面图、顶层平面图和屋顶平面图共 4 种。此外，有的建筑还包括地下层（±0.000 以下）平面图。

（3）门和窗　在平面图中只能反映出门、窗的平面位置，洞口宽窄及与轴线的关系（门窗应按常用建筑配件图例进行绘制）。在施工图中，门的代号是 M，窗的代号是 C，代号后面要写上编号，如 M1、M2、…和 C1、C2、…。同一编号表示同一类型的门窗，它们的

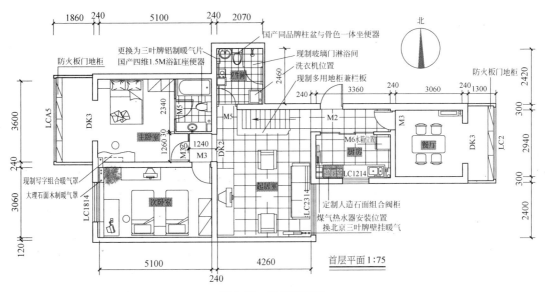

图 1-10　底层平面图

构造和尺寸都一样。

一般情况下，在首页图或平面图上附有门窗表，列出门窗的编号、名称、尺寸、数量及所选标准图集的编号等内容。另外，对门窗的制作、安装还需查找相应的详图。

（4）高窗　在平面图中窗洞位置若画成虚线，则表示此窗为高窗（高窗是指窗洞下口高度高于1500mm，一般为1700mm以上的窗）。按剖切位置和平面图的形成原理，高窗在剖切平面上方，并不能够投射到本层平面图上，但为了施工时阅读方便，国标规定把高窗画于所在楼层上并用虚线表示。

9. 立面图

一般建筑物都有前、后、左、右4个面。立面图是表示建筑物外墙面特征的正投影图。其中，表示建筑物正立面特征的正投影图称为正立面图；表示建筑物背立面特征的正投影图称为背立面图；表示建筑物侧立面特征的正投影图称为侧立面图，侧立面图又分为左侧立面图和右侧立面图。

在建筑施工图中一般都设有定位轴线，建筑立面图的名称又可以根据两端定位轴线编号来确定。立面图是设计师表达立面设计效果的重要图纸，同时也是施工中墙面造型、外墙面装修、工程概预算、备料等的依据。

立面图的主要内容如下。

1）表明建筑物外部形状，主要有门窗、台阶、雨篷、阳台、烟囱、雨水管等的位置。

2）用标高表示出各主要部位的相对高度，如室内外地面标高、各层楼面标高及檐口标高。

3）立面图中的尺寸。立面图中的尺寸是表示建筑物高度方向的尺寸，一般用三道尺寸线表示。其中，最外面一道为建筑物的总高（即从室外地面到檐口女儿墙的高度）；中间一道尺寸线为层高，即下一层楼地面到上一层楼面的高度；最里面一道为门窗洞口的高度及与楼地面的相对位置。

4）外墙面的分格。建筑外墙面的分格线以横线条为主，竖线条为辅；利用通长的窗台、窗檐进行横向分格，利用入口处两边的墙垛进行竖向分格。

5）外墙面的装修。外墙面装修一般用索引符号表示具体做法（具体做法还需查找相应的标准图集）。

10. 剖面图

剖面图是指房屋的垂直剖面图。假想用一个正立投影面或侧立投影面的平行面将房屋剖切开，移去剖切平面与观察者之间的部分，将剩余部分按正投影的原理投射到与剖切平面平行的投影面上，得到的图称为剖面图。用侧立投影面的平行面进行剖切，得到的剖面图称为横剖面图；用正立投影面的平行面进行剖切，得到的剖面图称为纵剖面图。其实，也可以简单理解为将墙面移开，看到房屋内部的结构。

剖面图同平面图、立面图一样，是建筑施工图中最重要的图纸之一，用于表示建筑物的整体情况。剖面图用来表达建筑物的结构形式、分层情况、层高及各部位的相互关系，是施工、概预算及备料的重要依据。

11. 图纸比例

房屋建筑平面图、立面图、剖面图是全局性的图纸，因为建筑物体积较大，所以常采用缩小比例的方式绘制。一般的建筑常用 1∶100 的比例绘制，对于体积特别大的建筑，也可采用 1∶200 的比例。

了解了上述建筑基础知识后，就可以轻松进入 AutoCAD 和天正建筑软件的学习了。

1.6　土木工程 CAD 的学习方法

CAD 技术是一项用于工程实际的计算机技术，涉及的知识领域相当宽广，其中尤为重要的是专业工程设计知识、计算机及计算机图形学的相关知识、相关英语等。CAD 技术又是一项实践性很强、与实际结合十分紧密的技术。所以要想学好土木工程 CAD，应当从以下几方面着手：

1）打好基础，领会计算机图形生成原理，熟悉 CAD 硬件设备和软件环境。

2）紧密结合相关专业设计理论和规范进行学习，学会如何在 CAD 系统执行国家规范。

3）理解和领会具体 CAD 软件的总体结构及操作流程，高屋建瓴地掌握采用 CAD 技术解决工程问题的整体思路和方法（参见后续章节的例子）。

4）多上机、多练习、多实践，是掌握 CAD 技术、提高 CAD 技能的必经之路。

第2章

AutoCAD图形系统

CAD 是 Computer Aided Design 的缩写，意思为计算机辅助设计。AutoCAD（Auto Computer Aided Design）是美国 Autodesk 公司推出的通用 CAD 软件，它提供了一个形象生动的操作环境，绘图方法也非常灵活。目前，AutoCAD 已渗透到土木建筑、装饰装潢、城市规划、电子电路、机械设计、航空航天、石油化工等诸多工程设计领域，极大地提高了工程设计人员的工作效率。

机械行业充分利用了 AutoCAD 的强大功能。建筑行业用到的只是 AutoCAD 的一部分。对于不追求准确建筑外观和室内效果的设计来说，三维软件（如 3D Studio Max 等）使用起来更为方便，但是对于追求精确尺寸的计算机辅助设计来说，没有其他软件可以比得上 AutoCAD。

天正建筑软件是在 AutoCAD 的平台上开发的，熟悉 AutoCAD 是学好天正软件的前提。本章将介绍在天正建筑软件使用中经常要涉及 AutoCAD 的主要内容，以供读者参考。对于已掌握 AutoCAD 的读者也可跳过本章。

本章除简单介绍 AutoCAD 的操作以外，重点在于讲解利用 AutoCAD 中提供的工具高效地组织、绘制图形，当然，建筑设计不能单凭操作 AutoCAD 来完成，最主要的是要靠人的思维。

2.1 AutoCAD 概述

AutoCAD 是由美国 Autodesk 公司于 20 世纪 80 年代初为微机上应用 CAD 技术而开发的绘图程序软件包，用于二维绘图、详细绘制、设计文档和基本三维设计。经过不断的完善，AutoCAD 现已成为国际上广为流行的绘图工具。

AutoCAD 具有良好的用户界面，通过交互式菜单或命令行方式便可以进行各种操作。它的多文档设计环境，让非计算机专业人员也能很快地学会使用。用户只有在不断实践的过程中才能更好地掌握它的各种应用和开发技巧，从而不断提高工作效率。

AutoCAD 具有广泛的适应性，它可以在各种操作系统支持的微型计算机和工作站上运行，并支持分辨率由 320×200 到 2048×1024 的各种图形显示设备 40 多种，以及数字仪和鼠标器 30 多种，绘图仪和打印机数十种，这就为 AutoCAD 的普及创造了条件。

2.1.1 AutoCAD 特点

1）具有完善的图形绘制功能。

2）有强大的图形编辑功能。

3）可以采用多种方式进行二次开发或用户定制。

4）可以进行多种图形格式的转换，具有较强的数据交换能力。

5）支持多种硬件设备。

6）支持多种操作平台。从 AutoCAD 2007 已经开始支持 Windows Vista。

7）具有通用性、易用性，适用于各类用户。

此外，从 AutoCAD 2000 版本开始，该系统又增添了许多强大的功能，如 AutoCAD 设计中心（ADC）、多文档设计环境（MDE）、Internet 驱动、新的对象捕捉功能、增强的标注功能、局部打开和局部加载功能，从而使 AutoCAD 系统更加完善。

2.1.2　AutoCAD 基本功能

1）平面绘图。AutoCAD 能以多种方式创建直线、圆、椭圆、多边形、样条曲线等基本图形对象。

2）绘图辅助工具。AutoCAD 提供了正交、对象捕捉、极轴追踪、捕捉追踪等绘图辅助工具。正交功能使用户可以很方便地绘制水平、竖直直线，对象捕捉可帮助拾取几何对象上的特殊点，而追踪功能使画斜线及沿不同方向定位点变得更加容易。

3）编辑图形。AutoCAD 具有强大的编辑功能，可以移动、复制、旋转、阵列、拉伸、延长、修剪、缩放对象等。

4）标注尺寸。可以创建多种类型尺寸，标注外观可以自行设定。

5）书写文字。能轻易在图形的任何位置、沿任何方向书写文字，可设定文字字体、倾斜角度及宽度缩放比例等属性。

6）图层管理功能。图形对象都位于某一图层上，可设定图层颜色、线型、线宽等特性。

7）三维绘图。可创建 3D 实体及表面模型，能对实体本身进行编辑。

8）网络功能。可将图形在网络上发布，或是通过网络访问 AutoCAD 资源。

9）数据交换。AutoCAD 提供了多种图形图像数据交换格式及相应命令。

10）二次开发。AutoCAD 允许用户定制菜单和工具栏，并能利用内嵌语言 Autolisp、Visual Lisp、VBA、ADS、ARX 等进行二次开发。

2.1.3　AutoCAD 应用领域

AutoCAD 广泛应用于土木建筑、装饰装潢、城市规划、园林设计、电子电路、机械设计、服装鞋帽、航空航天、轻工化工等诸多领域。

1）工程制图，如建筑工程、装饰设计、环境艺术设计、水电工程、土木施工等。

2）工业制图，如精密零件、模具、设备等。

3）服装加工，如服装制版。

4）电子工业，如印刷电路板设计。

在不同的行业中，Autodesk 开发了行业专用的版本和插件。AutoCAD 产品系列有：

- AutoCAD®　　　　　　　　——通用设计
- AutoCAD　　LT®　　　　　　——专业的二维绘图和详图设计

- AutoCAD®   Architecture   ——建筑设计
- AutoCAD®   MEP   ——水暖电设计
- AutoCAD®   Mechanical   ——机械设计与制造
- AutoCAD®   Electrical   ——电子电路设计、电气控制设计
- AutoCAD®   Map 3D   ——空间数据创建和管理
- AutoCAD®   Civil 3D®   ——土木工程和建筑信息模型（BIM）
- AutoCAD®   P&ID   ——工艺流程设计
- AutoCAD®   Plant 3D   ——工厂设计

在不同的应用领域，应选择适合所在行业和专业的 AutoCAD 软件。而在学校里教学、培训中所用的一般都是 AutoCAD Simplified 版本。一般没有特殊要求的服装、机械、电子、建筑行业的公司也都是使用 AutoCAD Simplified 版本，所以 AutoCAD Simplified 基本上算是通用版本。

2.2   AutoCAD 2016 基础知识和操作

2.2.1   AutoCAD 2016 的启动

安装 AutoCAD 2016 后，系统会自动在桌面上创建对应的快捷方式。同时在"开始"→"程序"菜单中也自动添加了"Auto desk"项。

AutoCAD 的启动与 Windows 环境下的其他应用程序一样，有多种途径来实现。通常用户可以在桌面上双击 AutoCAD 快捷图标，或者是在任务栏上单击"开始"→"程序"→"Autodesk"→"AutoCAD 2016"菜单项，启动 AutoCAD 2016。

图 2-1 所示为 AutoCAD 2016 的工作空间选项板，在其下拉列表中有"草图与注释""三维基础""三维建模""AutoCAD 经典"等选项。

1）草图与注释。创建二维图形时使用该工作空间，此时系统只会显示与二维绘图任务相关的菜单、工具栏和选项板，从而形成面向二维绘图任务的集成工作环境。

2）三维基础。只涉及简单的三维操作。

3）三维建模。在"三维基础"的功能上更加复杂化。

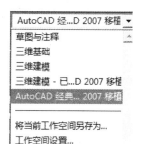

4）AutoCAD 经典。习惯于传统工作界面模式的操作人员可以   **图 2-1 工作空间打开界面**
使用该工作空间，以保持工作界面和旧版本一致。

本书的讲解过程在"AutoCAD 经典"空间中进行。

2.2.2   退出 AutoCAD

当要退出 AutoCAD 软件绘图环境时，可采用下列 4 种方法之一。

1）菜单形式：菜单浏览器→"退出 AutoCAD2016"。

2）单击标题栏右侧的控制图标 ×。

3）按快捷键 Alt+F4。

4）在命令行输入"quit"（或"exit"）后，按<Enter>键。

在退出 AutoCAD 软件应用程序时，如果有未保存的图形文件，会弹出图 2-2 所示的警告对话框。

其下部按钮的作用分别如下。

"是"按钮：在关闭 AutoCAD 之前，保存对图形所做的修改。

"否"按钮：放弃存盘，退出 AutoCAD。

"取消"按钮：取消当前操作，直接返回到 AutoCAD 绘图环境。

图 2-2 "AutoCAD"警告对话框

2.2.3 AutoCAD 2016 的工作界面

启动 AutoCAD 系统后，其工作界面如图 2-3 所示。

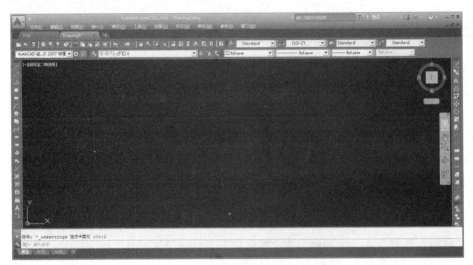

图 2-3 AutoCAD 2016 的工作界面

（1）标题栏 标题栏位于界面的顶部中间。在标题栏中，显示了系统当前正在运行的应用程序和用户正在使用的图形文件。在用户第一次启动 AutoCAD 时，在 AutoCAD 的标题栏中，将显示 AutoCAD 在启动时打开的图形文件名，默认为"Drawing1. dwg"。

（2）菜单栏 菜单栏位于标题栏的下方。AutoCAD 的菜单是下拉式的。菜单几乎囊括了所有 AutoCAD 的命令，用户可以运用菜单栏中的命令进行绘图。

（3）工具栏 工具栏是 AutoCAD 的重要组成部分，为用户提供另一种命令的执行方式。"标准"工具栏、"特性"工具栏、"绘图"工具栏、"修改"工具栏、"图层"工具栏和"特性"工具栏等是最常用的工具栏。工具栏上的每一个图标都形象地代表一个命令，用户只需单击图标按钮，即可执行该命令。

（4）绘图区 在 AutoCAD 软件界面中最大的空白区域为绘图区，也称为视图窗口。用户只能在绘图区内绘制图形，绘图区没有边界，可以利用"视图"中的缩放、平移命令使绘图区无限增大或缩小。绘图区左下角两个互相垂直的箭头组成的图形为 UCS 图标，不同的图标用于表示不同的空间或观测点。绘图区的左下方有 3 个标签，即"模型""布局1"

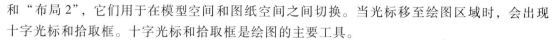

和"布局2"，它们用于在模型空间和图纸空间之间切换。当光标移至绘图区域时，会出现十字光标和拾取框。十字光标和拾取框是绘图的主要工具。

（5）命令窗口 命令窗口可分为两个部分，即由命令行和历史窗口组成。命令行用于显示用户从键盘输入的内容，历史窗口中含有 AutoCAD 软件启动后所用过的全部命令及提示信息。

（6）状态栏 状态栏用于显示当前十字光标位置处的三维坐标和 AutoCAD 绘图辅助工具的开关状态，包括"捕捉""栅格""正交""极轴""对象捕捉""对象追踪""线宽""模型"等开关按钮。这些开关按钮用于在精确绘图中对对象上特定点的捕捉，显示线宽，以及在模型空间和图纸空间之间转换等。同时，通过开关按钮可以随时观察或改变状态。

2.2.4 AutoCAD 中的鼠标操作

鼠标操作是 AutoCAD 中最基本的操作方法。除了具备单击菜单和工具栏图标等 Windows 标准操作外，鼠标左键还可以实现绘图中的定位、选取对象、拖曳对象等 AutoCAD 的基本操作。右键除了具备"确定"这种基本功能外，还可以和快捷菜单相联系，从而使某些操作更加方便。

1. 鼠标左键

鼠标左键通常具有如下几种功能：

1）拾取要编辑的对象。

2）确定十字光标在绘图窗口中的位置。

3）选择工具栏上的某个命令按钮，执行相应的操作。

4）对菜单和对话框进行操作。

其中，拾取编辑对象是鼠标左键最重要的功能。

2. 鼠标右键

从 AutoCAD 较早的版本开始，鼠标右键就具备"确定"的功能，实际上具备了<Enter>键的功能。新版本中右键功能更加强大，使得某些操作非常方便。考虑到个人绘图习惯的不同，AutoCAD 中右键功能可以进行调整。

（1）鼠标右键的设置方法

菜单："工具"→"选项"→"用户系统配置"选项卡，如图 2-4a 所示。

命令行：输入"OPTIONS"并回车打开"选项"→"用户系统配置"选项卡。

如果未运行任何命令也未选择任何对象，在绘图区域中右击并选择"选项"→"用户系统配置"选项卡，也可以进行鼠标右键的设置。

在打开的"用户系统配置"选项卡中，用户可以根据个人的绘图习惯设置右键功能。在"Windows 标准操作"选项组中选择"在绘图区域中使用快捷菜单"，然后单击"自定义右键单击"按钮进入到图 2-4b 所示的"自定义右键单击"对话框。

（2）"自定义右键单击"对话框

"打开计时右键单击"：控制鼠标右键单击操作，其功能见图 2-4b 中解释。

"默认模式"：没有选定对象且无命令运行时，在绘图区域中单击鼠标右键产生的结果，如图 2-4b 所示。

"编辑模式"：选中一个或多个对象且无命令运行时，在绘图区域中单击鼠标右键的结

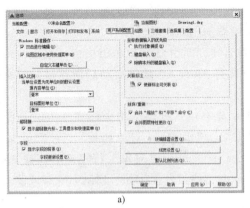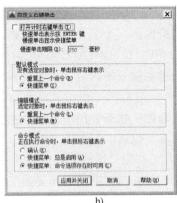

图 2-4　鼠标右键的设置

a)"用户系统配置"选项卡　b)"自定义右键单击"对话框

果。其中，"重复上一条命令"功能是选中了一个或多个对象且无命令运行时，在绘图区域中单击鼠标右键的功能同<Enter>键，即重复上一次使用的命令。

"命令模式"：当命令正在运行时，在绘图区域中单击鼠标右键所产生的结果。一是"确认"，功能同<Enter>键；二是"快捷菜单：总是启用"；三是"快捷菜单：命令选项存在时可用"，当正在执行命令时，如果该命令存在选项，单击鼠标右键弹出快捷菜单。

3. 中间滚轮

1）滚轮向前或向后：实时缩放（Rtzoom）。

2）按住滚轮不放并移动：实时平移（Pan）。

3）滚轮双击：缩放成实际范围（Zoom+E）。

4）<Shift>键+鼠标右键：弹出对象捕捉快捷菜单。

4. 各种鼠标光标形状及含义

在 AutoCAD 2016 版本绘图、编辑操作过程中，鼠标是必要的辅助手段。当鼠标移动时，状态行上的三维坐标值也随之发生变化，以反映当前十字光标的位置。通常情况下，鼠标在模型空间表现为十字光标，特殊情况下，光标形状也会相应改变。AutoCAD 中各种鼠标光标形状及含义见表 2-1。

表 2-1　各种鼠标光标形状及含义

	正常选择		调整垂直大小
	正常绘图状态		调整水平大小
	输入状态		调整左上-右下符号
	选择目标		调整右上-左下符号
	等待符号		任意移动
	应用程序启动符号		帮助跳转符号
	视图动态缩放符号		插入文本符号
	视图窗口缩放		帮助符号
	调整命令窗口大小		视图平移符号

2.2.5 AutoCAD 中命令调用

对于绘制图中某个特定点，用户可以用鼠标指定，也可以用键盘输入具体的坐标值。如果需要发出命令，用户可以使用菜单栏、工具栏，或者在命令行中输入命令。对于某些常用的命令，通过命令行输入会比较便捷。高效率的绘图方法是"左手输入，右手选择"，即左手在命令行中输入命令，右手控制鼠标选择对象。这种方式需要熟记大量的命令，在学习阶段，用户可以交替使用下文所述的方式。

1. 菜单操作

在菜单栏上单击鼠标左键可展开菜单，单击菜单中的命令选项即可执行该命令。另外，同时按下<Alt>键与一个适当的访问键可以展开菜单，再按下命令的访问键就可执行该命令了。例如，想启用"直线"命令，用户可同时按下<Alt>键和 D 键（此处 D 就是菜单名称括号内的字母），将打开"绘图"菜单，然后输入字母 L 就可以执行绘制直线的命令了。

2. 工具栏操作

工具栏上的命令按钮有两种形式，一种是以单个图标形式出现的，程序中大部分工具栏都是这种形式，如"标准"工具栏、"绘图"工具栏、"修改"工具栏中的各个命令按钮。单击图标按钮就可以执行相应的命令。另一种是以弹出式菜单的形式出现的，如"缩放"按钮。将鼠标移动至该按钮并按住鼠标左键不放，将弹出菜单，移动光标至所需的命令按钮，松开鼠标就可以激活命令。

3. 命令行操作

用户可以使用键盘在命令行中输入命令后按下确认键执行操作。大部分的 AutoCAD 命令都可以使用键盘进行操作。为提高输入速度，也可以使用快捷命令，如输入 L 来代替 LINE 用以绘制直线。

操作时需注意 AutoCAD 命令行中的提示，这些提示至关重要。如 AutoCAD 定义了多种方法创建圆，包括圆心和半径、圆心和直径、两点定义直径、三点定义圆周等方法，默认选项是指定义圆心和半径。如果想用圆心和直径法绘制圆形，用户就需要根据提示进行修改。

> 命令：Circle ⏎
>
> 指定圆的圆心或［三点(3P)/两点(2P)/相切、相切、半径(T)］:0,0⏎//（默认模式为指定圆心,不改变模式,输入"0,0"为圆心并回车）
>
> 指定圆的半径或［直径(D)］:D ⏎//（默认模式是指定圆半径,此处采用圆心和直径绘制圆,需改变当前模式,故输入 D 并回车）
>
> 指定圆的直径:100 ⏎//（输入直径并回车）

> 提示：1. 命令行有时出现如下内容："指定圆的半径或［直径（D）］<50.000>:"，此处<50.000>是上一次操作时程序记录的数据。直接按下确认键表示采用<50.000>作为半径输入。
>
> 2. ⏎符号代表确认键（即按空格键或<Enter>键），下同。

"动态输入"命令可以使"命令行"中的内容在绘图窗口中显示，用户可以在绘图窗口中进行命令行的操作。单击"DYN"（动态输入）启动动态输入。右键单击"DYN"可以进到"草图设置"→"动态输入"选项卡，选中"动态提示"选项，这样将在动态输入时显示命令行中的提示。

4. 快捷菜单操作

右击将显示快捷菜单，这是一种特殊的菜单操作。快捷菜单功能取决于右击时光标所处的位置、是否在执行 AutoCAD 命令以及右键功能的设置。

（1）快捷菜单通常选项

1）重复执行上一个命令。

2）取消当前命令。

3）显示用户最近输入的命令列表。

4）剪切、复制及从剪贴板粘贴。

5）选择其他命令选项。

6）显示对话框，如"选项"或"自定义"对话框。

7）放弃输入的上一个命令。

（2）快捷菜单其他功能

1）对象捕捉的功能。用户同时按下鼠标右键和<Shift>键或<Ctrl>键就可以显示对象捕捉功能快捷菜单。

2）夹点编辑操作时的功能。选中夹点时右击，将弹出夹点编辑时的快捷菜单。

右键快捷菜单的功能非常强大，用户可以参照本节所讲的内容对鼠标右键其他功能进行设置并操作，这里不再赘述。

5. 删除和撤销命令

1）撤销正在执行的命令。按<Esc>键即可删除正在执行的命令，或者从正在执行的命令中跳出。

2）放弃操作。如果想放弃单次操作，最简单的恢复方法是单击"标准"工具栏上的按钮（放弃）进行操作，或者从命令行输入 U 命令。许多命令自身包含 U（放弃）选项，因此无须退出此命令即可放弃上一次操作。例如，创建直线或多段线时，输入 U 即可放弃上一个线段的操作。连续单击"放弃"按钮或者在命令行输入 U 以后，连续按确认键或空格键可以执行放弃多次操作命令，用户也可以按下"放弃"按钮右侧的黑色按钮展开下拉列表，一次放弃前几步的操作。组合键<Ctrl+Z>也具有回退的功能，按一次表示放弃前一次操作，按多次表示放弃前面的多次操作。

3）取消放弃。如果想取消放弃，可以在使用 U 或 Unod 后立即使用 Redo 以取消放弃，还可以使用"标准"工具栏上的"重做"按钮进行单次或多次放弃，也可以使用放弃列表进行放弃操作。

2.2.6 AutoCAD 常用的功能键和快捷键

普通的键盘上都有一组从<F1>~<F2>键的字母数字键，软件公司通常为这些键设置一些特殊功能以帮助用户使用软件，AutoCAD 的功能键主要是开关键，即打开和关闭某些功能。<F1>~<F2>键的功能见表 2-2。

AutoCAD 的快捷键是指用于启动命令的键或键组合。例如，可以按<Ctrl+O>打开文件，按<Ctrl+S>保存文件，效果与从"文件"菜单中选择"打开"和"保存"命令相同。表 2-2 介绍了部分常用的功能键和快捷键。

表 2-2　AutoCAD 的功能键和快捷键

功能键	作用	功能键	作用	功能键	作用
F1	显示帮助	F10	切换极坐标模式	Ctrl+Y	取消前面的"放弃"动作
F2	打开/关闭文本窗口	F11	切换对象捕捉追踪	Ctrl+X	将对象剪切到剪贴板
F3	对象捕捉切换	F12	切换动态输入	Ctrl+C	将对象复制到剪贴板
F4	数字化仪模式切换	Ctrl+N	创建新图形	Ctrl+V	粘贴剪贴板中的数据
F5	切换等轴侧面模式	Ctrl+O	打开现有图形	Ctrl+1	对象特性管理器
F6	切换坐标显示	Ctrl+S	保存当前图形	Ctrl+2	AutoCAD 设计中心
F7	切换栅格显示	Ctrl+P	打印当前图形	Esc 键	命令撤销
F8	切换正交模式	Ctrl+R	在布局视口之间循环	Del 键	删除对象
F9	切换光标捕捉模式	Ctrl+Z	撤销上一个操作	空格键	命令确认

运用这些常用的功能键和快捷键能提高绘图效率，希望用户熟记。

2.3　AutoCAD 2016 绘图辅助设置与工具

2.3.1　AutoCAD 2016 坐标系

在绘图过程中要精确定位某个对象时，必须以某个坐标作为参照，以便精确拾取点的位置。利用 AutoCAD 的坐标系，可以按照非常高的精度绘制图形。

1. 世界坐标系

AutoCAD 的默认坐标系是世界坐标系，由两两相互垂直的三条轴线构成。x 轴水平向右，y 轴铅垂向上，xOy 平面是绘图平面，z 轴垂直于 xOy 平面并向外，三条轴线的方向符合右手定则，三条轴线的交点为坐标系原点。

当启动 AutoCAD 开始绘新图时，系统提供的坐标系是 WCS——世界坐标系。绘图平面的左下角为坐标系原点（0，0，0），水平向右为 x 轴的正向，垂直向上为 y 轴的正向，由屏幕向外指向用户为 z 轴正向。

对于二维图形，点的坐标可用（x，y）表示，当 AutoCAD 要求用户键入 x，y 坐标而省略了 z 值时，系统将以用户所设的当前高度（xOy 平面为当前高度）的值作为 z 坐标值。

2. 用户坐标系

世界坐标系是固定的，不能改变，绘图中有时会感到不便。为此 AutoCAD 为用户提供了可以在 WCS 中任意定义的坐标系，称为用户坐标系（UCS），以方便用户绘制图形。在默认状态下，用户坐标系与世界坐标系相同，用户可以在绘图过程中根据具体情况来定义 UCS。

单击"视图"→"显示"→"UCS 图标"命令，可以打开和关闭坐标系图标。UCS 的原点及 x、y、z 轴方向都可以移动或旋转，甚至可以根据图中某个特定对象确定坐标系，以便更好地辅助绘图。

3. 坐标的表示方法

AutoCAD 的坐标分为两类：绝对坐标和相对坐标。

（1）绝对坐标 指相对于当前坐标系原点的坐标。当用户以绝对坐标的形式输入点时，可以采用直角坐标或极坐标。

1）绝对直角坐标以（x，y，z）形式表示一个点的位置。当绘制二维图形时，只需输入 x，y 坐标，z 坐标可省略。AutoCAD 的坐标原点（0，0）默认在绘图窗口的左下角，x 坐标值向右为正，y 坐标值向上为正。当使用键盘输入点的 x，y 坐标时，二者之间用逗号隔开，不能加括号。坐标值可以为负值。

2）绝对极坐标以"距离<角度"的形式表示一个点的位置，以坐标系原点为基准，以原点到该点的连线长度为"距离"，连线与 x 轴正向的夹角为"角度"来确定点的位置。例如输入点的极坐标"50<30"，则表示该点到原点的距离为 50，该点到原点的连线与 x 轴正向夹角为 30°。

（2）相对坐标 使用相对于前一个点的坐标增量来表示的坐标称为相对坐标，它也有直角坐标和极坐标两种形式。

1）相对直角坐标在输入坐标值前必须加"@"符号。例如，已知前一个点（即基准点）的坐标为"20，20"，如果在输入点的提示后，输入相对直角坐标为"@10，20"，则该点的绝对坐标为"30，40"，即相对于前一点，沿 x 正方向移动 10，沿 y 正方向移动 20。

2）相对极坐标在距离值前加"@"符号。如"@10<60"，则输入点与前一点的连线距离为 10，连线与 x 轴正向夹角为 60°。通过鼠标指定坐标，只需在对应的绘图区坐标点上单击即可。

4. 控制坐标的方式

在绘图窗口中移动光标的十字指针时，状态栏上将动态地显示当前指针的坐标。在 AutoCAD 中，坐标的显示取决于所选择的模式和程序中运行的命令，一共有如下三种方式。

1）模式 0（关）：显示上一个拾取点的绝对坐标。此时，指针坐标将不会动态更新，只有在用光标拾取一个新点时，显示才会更新。

2）模式 1（绝对坐标）：显示光标的绝对坐标，该坐标值是动态更新的，会随着光标在绘图窗口的移动，实时显示光标所在点的绝对坐标，默认显示方式是打开的。

3）模式 2（相对坐标）：显示一个相对坐标。选择该方式时，如果当前处在拾取点状态，系统将显示光标所在位置相对于上一个点的距离和角度。当离开拾取点状态时，系统将恢复到模式 1，显示绝对坐标。

以上三种显示模式显示通过单击状态栏上的坐标区域、<F6>键或<Ctrl+D>组合键来进行切换。

> 提示：当选择模式 0 时，坐标显示呈现灰色，表示坐标当前的显示状态是关闭的，但是这时仍然显示上一个拾取点的坐标。

2.3.2 设置绘图环境

应用 AutoCAD 2016 绘制图形时，需要先定义符合要求的绘图环境，如设置绘图测量单位、绘图区域大小、图形界限、颜色、线型等。

1. 设置绘图单位

在 AutoCAD 中的图形都是以真实比例进行绘制，因此，无论是在确定图形之间缩放和标注比例，还是在最终出图打印都需要对图形单位进行设置。AutoCAD 提供了适合各种专业绘图的绘图单位，如英寸（1in = 25.4mm）、英尺（1ft = 0.3048m）、毫米、米、光年、秒差距等。新建图形文件时，用户需要设置相应的绘图单位，如设定绘图精度、角度类型和方向等，以满足使用的要求。

打开"图形单位"对话框的方式如下：

菜单："格式"→"单位"。

命令行：Units ↵，执行该命令后，弹出"图形单位"对话框，如图 2-5 所示。

2. 设置图形界限

AutoCAD 提供了无限大的绘图空间，这就是 AutoCAD 窗口中的绘图区，图形界限是绘图区的一部分，它用以标明用户的工作区域。

图形界限是一个用"图形界限"命令设置的假想矩形区域，可以任意移动和调整大小。图形界限是世界坐标系中的二维点，表示图形范围的左下基准线和右上基准线。图形界限限制显示栅格的图形范围，还可以指定图形界限作为打印区域，应用到图纸的打印输出中。

（1）图形界限的作用

1）打开界限检查功能之后，图形界限将该输入的坐标限制在矩形区域内。

图 2-5 "图形单位"对话框

2）决定显示栅格点的绘图区域。

3）决定 Zoom 命令相对于图形界限视图的大小。

4）决定命令中"全部（A）"选项显示的区域。

（2）使用图形界限命令设定绘图极限范围

具体操作步骤如下：选择"格式"菜单中"图形界限"命令，或在命令行中直接输入。

命令：Limits ↵

指定左下角点或[开（ON）/关（OFF）]<0.0000,0.0000>：↵//（输入左下角位置坐标）

指定右上角点<12.0000,9.0000>:420,297 ↵//（输入右上角位置坐标）

命令：Z ↵

指定窗口角点,输入比例因子(nX 或 nXP),或

[全部(A)/中心点(C)/动态(D)/范围(E)/上一个(P)/比例(S)/窗口(W)]<实时>:A ↵

表示绘图区域以最大化显示，图形界限设置完成。这样，所设置的绘图面积为 420mm×297mm，相当于 A3 图纸的大小。

3. 设置颜色

单击"格式"→"颜色"命令，打开"选择颜色"对话框。

选择颜色不仅可以直接在对应的颜色小方块上单击或双击，也可以在"颜色"文本框中键入英文单词或颜色的编号，在随后的小方块中即可显示相应的颜色。另外可以设定ByBlayer 或 ByBlock。如果在绘图时直接设定了颜色，不论该图线在什么层上，都具有设定

的颜色。如果设置为"随层"或"随块",则图线的颜色随所处的图层颜色而变或随插入块中的图线颜色而变。

4. 设置线型

单击"格式"→"线型"命令,打开"线型管理器"对话框。如果对话框列表中没有所需的线型,单击"加载"按钮,打开"加载或重载线型"对话框,从中选择绘制图形需要的线型,如虚线、中心线等。

5. 设置线宽

选择"格式"→"线宽"命令,打开"线宽设置"对话框。

该对话框中各选项意义如下。

线宽:拖动滑块可以选择列表中不同的线宽。

列出单位:选择线宽的单位为"毫米"或"英寸"。

显示线宽:控制绘制的图线是否按实际设置的宽度显示。单击状态栏的"线宽"按钮,也可以打开或关闭线宽的显示。

默认:设定默认线宽的大小。

调整显示比例:调整线宽显示比例。

当前线宽:说明当前线宽设定值。

6. 设置点样式

用户可以使用"点样式"对话框,修改点对象的大小和外观。改变点对象的大小及外观,将会影响所有在图形中已经绘制的点对象和将要绘制的点对象。

要显示"点样式"对话框,可以使用如下方法。

菜单:"格式"→"点样式"。

命令行:Ddptype ⏎,执行该命令后弹出"点样式"对话框,如图 2-6 所示。

点样式对话框中提供 20 种点样式可供用户选择。

点大小:设置点的显示大小。可以相对于屏幕设置点的大小,也可以用绝对单位设置点的大小。

相对于屏幕设置大小:按屏幕尺寸的百分比设置点的显示大小。当进行缩放时,点的显示大小并不改变。

按绝对单位设置大小:按"点大小"文本框指定的实际单位设置点显示的大小。当进行缩放时,显示的点大小随之改变。

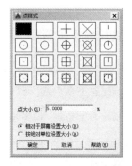

图 2-6 "点样式"对话框

2.3.3 图层特性管理

图层相当于图纸绘图中使用的重叠透明图纸,是 AutoCAD 中的主要工具。图层特性管理用于管理和控制复杂的图形。不同属性的图形对象可建立在不同的图层上,若要对实体属性进行修改,通过使用图层特性管理器对实体属性进行修改,即可达到快速、准确的效果。

1. 图层控制

图层是 AutoCAD 绘制图形的重要组织工具。启动该管理器的方法有如下 3 种:

菜单：单击"格式"→"图层"命令。

工具栏：单击"图层"按钮。

命令行：Layer ⏎。

启动图层特性管理器命令后，打开图 2-7 所示的"图层特性管理器"对话框。

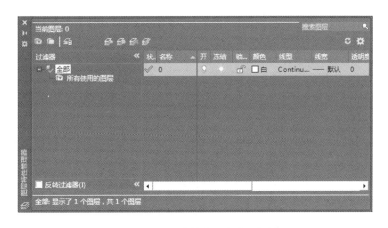

图 2-7 "图层特性管理器"对话框

命名图层过滤器（M）：用于确定图层列表中显示的图层。过滤条件可以是基于图层依赖外部参照或包含对象，也可以是图层的名称、可见性、颜色、线型、线宽、打印样式名、打印或者在当前视口或新视口中被冻结等条件过滤。

新建（N）：创建新图层，系统默认新创建的图层名为"图层×"。

删除：删除所选中的图层。

当前（C）：将选中的图层设置为当前图层。

状态：显示图层是否为当前图层。

名称：显示图层的名称。

开：用于控制图层上图形的显示或关闭。系统默认所有的图层显示状态都是打开状态 ，单击该按钮后，将显示关闭状态 ，图层将在绘图区内隐藏。

冻结：用于控制图层上图形的编辑状态。冻结图层后可以加快 Zoom、Pan 等操作的运行速度，增强对象选择的性能并减少复杂图形的重生成时间。显示 时，表示未冻结；显示 时，表示已冻结。

锁定：用于控制图层上图形处于非编辑状态。使用该功能将查看图层上的信息而不需要编辑图层中的对象。显示 时，表示未锁定；显示 时，表示已锁定。

颜色：为了区分不同图层上的实体，可以为图层设置颜色属性，所绘制的实体将继承图层的颜色。

线型：根据实际绘图的需要为每个图层设置不同的线型。

线宽：用户可以为各个图层设置不同的宽度。

打印样式：用于选择图层的打印样式。

打印：用于控制是否为可打印状态。

　　提示:1. 图层名称最多可采用 31 个字符,可以是数字、字母和 $（美元符号）、-（连字符）、_（下画线）等,但不能出现,（逗号）、<、>（小于、大于号）、╱、\（斜杠、反斜杠）、" "（引号）、?（问号）、*（星号）、l（竖线）及 =（等号）等。

　　2. 在新建图层前,如果在图层列表中选定一个图层,则新建的图层将自动继承该图层的所有属性。

　　3. 每个图形都包括名为 0 的图层,该图层不能删除或者命名。它有两个用途:确保每个图形中至少包括一个图层;提供与块中的控制颜色相关的特殊图层。在删除图层操作中,0 层、默认层、当前层、含有实体的层和引用外部参照的图层不能被删除。

　　4. 不能冻结当前层,也不能将冻结层设为当前层,否则将会显示警告信息对话框。冻结的图层与关闭图层的可见性是相同的,但冻结的对象不参加处理过程运算,关闭的图层则要参加运算。所以复杂的图形中冻结不需要的图层可以加快系统重新生成图形的速度。

2. 设置当前图层

当前层就是绘图层,用户只能在当前层上绘制图形。在当前图层绘制的图形对象将继承当前层的属性,当前图层的状态信息都显示在对象特性工具栏中。可以通过下述方法设置当前图层:

1）在"图层特性管理器"对话框中选择需设置为当前层的图层,单击"当前（C）"按钮。

2）单击"图层"工具栏的"图层控制"下拉列表,单击需设置为当前层的图层。

3）单击"图层"工具栏中　按钮,然后选择某个实体,则该实体所在图层被设置为当前层。

4）在命令行中使用 CLayer 命令设置当前图层,系统提示"输入 CLayer 的新值<"0">:"时,在该提示下输入要置为当前层的图层名称即可。

2.3.4　栅格、捕捉和正交

在绘图过程中,经常需要将图形进行定位。AutoCAD 提供了"栅格"命令,配合后面将要讲到的"捕捉"命令,用户可以像在坐标纸上一样精确地绘制图形,利于图形准确地定位在绘图区域中。

1. 栅格的设置

栅格是点或线的矩阵,遍布于指定为图形界限的整个区域内,可直观显示对象之间的距离。这些点的作用只是在绘图时提供一种参考,本身不是图形的组成部分,不会被输出和打印。

通常采用如下方法设置栅格点:

菜单:"工具"→"绘图设置"命令,打开"草图设置"对话框,单击"捕捉和栅格"选项卡,在其中选中"启用栅格"复选框,单击"确定"按钮结束,如图 2-8 所示。

状态栏:单击状态栏中的"栅格"按钮,使其呈现白色高亮状态;或右击"栅格"按钮,在"设置"快捷菜单中进行设置。

键盘中:按<F7>键（在显示与隐藏之间切换）。

命令行:Dsettings ↵,执行该命令后弹出"草图设置"对话框。

命令行:Grid ↵,在命令行出现如下命令:

指定栅格间距(X)或 [开(ON)/关(OFF)/捕捉(S)/主(M)/自适应(D)/界限(L)/跟随(F)/纵横向间距(A)]<0.0000>:

//输入 ON 或 OFF 将进行显示与隐藏之间切换。

注意:设置栅格时,栅格间距不要太小,否则将导致图形模糊及屏幕重画太慢,甚至无法显示栅格。使用栅格来定位时,需要对栅格进行重新设置,从而满足绘图时用户的需要。

2. 捕捉的设置

AutoCAD 提供了"捕捉"功能来配合栅格精确地定位点。"捕捉"用于设置光标移动的间距,使其按照用户定义的间距沿 x 轴或 y 轴进行移动。捕捉模式有助于使用箭头键或定点设备来精确地定位点,可以设定捕捉点为栅格点。当"捕捉"模式打开时,光标可以附着或捕捉不可见的栅格。

AutoCAD 提供了"栅格捕捉"和"极轴捕捉"两种类型:选择"栅格捕捉",光标只能在栅格方向上精确移动;选择"极轴捕捉",光标可以在极轴方向上精确移动。

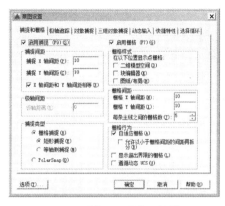

图 2-8 "草图设置"对话框

通常采用如下方法设置栅格点:

菜单:选择"工具"→"绘图设置"命令,打开"草图设置"对话框,单击"捕捉和栅格"选项卡,在其中选中"启用捕捉"复选框,单击"确定"按钮结束,如图 2-8 所示。

状态栏:单击状态栏中的"栅格"按钮 ,使其呈现白色高亮状态 。

键盘中:按<F9>键,打开或关闭"捕捉模式"。

命令行:Dsettings ,执行该命令后弹出"草图设置"对话框。

命令行:Snap ,在命令行出现如下命令:

指定捕捉间距或 [开(ON)/关(OFF)/纵横向间距(A)/样式(S)/类型(T)] <2.0000>:

3. 正交模式

"正交"模式表示用户只能绘制平行于 x 轴或 y 轴的直线,图形的移动、复制等也只能沿 x 轴或 y 轴方向。

调用"正交"模式的方法:

状态栏:单击状态栏中的"正交"按钮 ,使其呈现白色高亮状态 。

键盘中:按<F8>键,打开或关闭"正交"模式。

命令行:Ortho ,在命令行出现如下命令:

输入模式 [开(ON)/关(OFF)] <关>://开(ON):打开正交模式;关(OFF):关闭正交模式。

2.3.5 对象捕捉

在绘图过程中,需要指定图形中已有的点,AutoCAD 提供了用于精确定位点的强大工具：对象捕捉。该功能是将十字光标强制性地准确定位在已存在的实体特定点或特定位置上。利用这一功能，可以绘制出很精确的工程图。需要强调的是，在发出对象捕捉和对象追踪命令前，首先要执行绘画或修改命令，然后才能使用对象捕捉命令精确定位点。

1. 对象捕捉模式的打开及设置

使用"对象捕捉"功能实现对图形某些特殊点进行捕捉，就需要打开"对象捕捉"模式并对其进行设置。

（1）命令调用方式

菜单："工具"→"绘图设置"命令，打开"草图设置"对话框，单击"对象捕捉"选项卡，在其中选中"启用对象捕捉（F3）"复选框，单击"确定"按钮结束。

状态栏：单击状态栏中的"对象捕捉"按钮，使其呈现白色高亮状态；或右击"对象捕捉"按钮，在弹出快捷菜单中选择"设置"选项，将打开"草图设置"对话框。

键盘中：按<F3>键，快速启动或关闭"对象捕捉"。

命令行：OSnap ⏎，出现"对象捕捉"选项卡，如图2-9所示。

（2）对象捕捉设置 对象捕捉是捕捉绘图区中对象实体的特征点，如端点、圆心点、交叉点等。启用"对象捕捉模式"的方法：单击"对象捕捉"工具栏上的各项按钮；在命令行中输入相应的"对象捕捉"方式的名称；按住<Shift>键或<Ctrl>键，在绘图窗口中右击，显示"对象捕捉"菜单；右击状态栏上的"对象捕捉"按钮。

"对象捕捉"工具栏和"对象捕捉"快捷菜单如图2-10和图2-11所示。

图2-9 "启用对象捕捉"复选框

各种捕捉方式的功能如下：

临时追踪点（K）：提供临时替代作用的点。当捕捉操作完成后，临时追踪点自动消失。

自（F）：提示用户指定基点，并用这个基点使用相对坐标输入确定下一点或距离，因

图2-10 "对象捕捉"工具栏　　　　图2-11 "对象捕捉"快捷菜单

此该命令不是捕捉方式，却经常与"对象捕捉"命令配合使用。

端点（E）：捕捉直线、圆弧、多边形等实体的端点。

中点（M）：捕捉直线、圆弧的中点。

交点（I）：捕捉对象之间的交点。

外观交点（A）：捕捉同一平面内没有相交对象的延长线交点，或捕捉对象投影的交点。

延长线（X）：捕捉延长线上的交点，圆弧也适用，即沿着圆弧的曲率拉出弧形虚曲线，在适当位置单击确定，拾取适当位置的点。

圆心（C）：用于捕捉圆、圆弧、椭圆的圆心。

象限点（Q）：捕捉圆、圆弧和椭圆的象限点（四分点），即在 0°、90°、180°、270°方向上的点。

切点（G）：捕捉对象间相切的点。

垂足（P）：捕捉指定点到其他对象的垂足。

平行线（L）：捕捉与选取对象平行线上的点。

节点（D）：捕捉单点、多点、定数等分、定距等分命令创建的点和尺寸线的定位点。

插入点（S）：捕捉文字、块、属性等对象的插入点。

最近点（R）：捕捉距离指定点最近的点。

无（N）：取消当前执行的对象捕捉。

对象捕捉设置（O）：启动"对象捕捉"，对捕捉选项进行设置。

（3）对象捕捉标记的显示　在设置好对象捕捉后，为了更精确地选择点，可对对象捕捉标记的显示进行设置。

菜单："工具"→"选项"，打开"选项"对话框，单击"绘图"选项卡，如图 2-12 所示。

命令行：OSnap ┛，出现"对象捕捉"选项卡，单击"选项（T）"按钮。

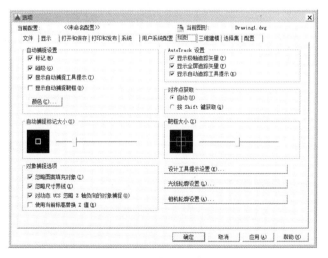

图 2-12　"草图"选项卡

用户可使用"自动捕捉标记大小"和"靶框大小"选项分别设置捕捉标记和靶框的大小。"自动捕捉设置"选项区中，4 个复选框的作用如下：

标记（M）：设置捕捉到的特定点是否用方框标记显示。

磁吸（G）：设置当光标靠近特征点时是否自动吸附到特征点。

显示自动捕捉工具栏提示（T）：设置是否显示特征点的类型。

显示自动捕捉靶框（D）：设置是否显示捕捉靶框。

2. 运行捕捉模式

使用在"草图设置"对话框的"对象捕捉"选项卡中相应命令进行捕捉的模式，其特点是设置后操作始终处于对象捕捉运行状态。

在绘图过程中，有时不仅要指定点，还要确定其他图形的相对位置关系等。AutoCAD中提供了自动追踪功能，包括对象捕捉追踪和极轴追踪两种。对象捕捉追踪是按照将要绘制的图形与已知图形的某种关系来实现追踪。极轴追踪是指定极轴的角度增量来实现追踪。

命令调用方式如下：

状态栏：单击"对象捕捉追踪"按钮 ，使其呈明亮状态。

键盘中：按<F11>键，快速启动或关闭"对象捕捉追踪"。

菜单："工具"→"绘图设置"，在打开的"草图设置"对话框中单击"对象捕捉"选项卡，选中"启用对象捕捉追踪"复选框，如图2-13所示；单击"极轴追踪"选项卡，如图2-14所示。

"极轴追踪"选项卡中"对象捕捉追踪设置"选项含义如下：

仅正交追踪（L）：可以在捕捉点的正交方向追踪目标点。

用所有极轴角设置追踪（S）：可以在捕捉点的已设定的极轴角增量方向追踪目标点。

图2-13 "启用对象捕捉追踪"复选框

图2-14 "极轴追踪"选项卡

提示：1. 对象捕捉追踪在使用时需要打开"对象捕捉"模式和"对象追踪"模式后才能实现。

2. "正交模式"对"极轴追踪模式"的影响：若打开了正交模式，极轴追踪模式将被自动关闭；反之，打开了极轴追踪模式，正交模式将被关闭。

2.3.6 图形显示控制

在AutoCAD中，为了绘图方便，经常需要控制图形显示，就是对所绘的图形进行缩放、移动、刷新和重生成。通过图形的显示控制，可以更准确、更具体地绘图。

1. 视窗缩放（命令方式、工具按钮、滚轮鼠标）

在绘制图形的局部细节时，需要放大图形的某个局部以便操作，而当图形绘制完成时，可以缩小图形以观察整体效果，这需要频繁地进行视窗缩放。缩放视窗，不会改变对象的真实尺寸。

调用该命令的方式如下：

菜单："视图"→"缩放"下的子菜单。

标准工具栏："缩放"按钮及弹出式菜单。

工具栏："缩放"工具栏上各按钮。

命令行：Zoom ⏎

指定窗口的角点,输入比例因子(nX 或 nXP),或者

[全部(A)/中心(C)/动态(D)/范围(E)/上一个(P)/比例(S)/窗口(W)/对象(O)]<实时>:

命令行提示用户可以直接进行确定窗口的角点位置或输入比例因子的操作，如需进行其余的操作则需输入各选项前字母以进行操作。

如果直接指定窗口的一个角点，则命令行提示如下：

指定对角点:在该提示下可以确定另一个角点,AutoCAD 则把在这两个对角点确定的矩形窗口内的图形放大到整个绘图区域。

在第一行的提示后也可以直接输入比例因子。

第二行提示中各选项意义如下：

全部（A）：在当前视口中显示整个图形，无论对象是否超出设定的绘图界限。其范围取图形所占空间和绘图界限中较大的一个。该选项能将绘图界限全部显示。

中心（C）：指定一个中心点，将该点作为视口中图形显示的中心。在随后的提示中，要求"指定比例或高度"<2.000>。命令行默认的数值是上一次操作输入的数值，本次缩放是新输入数值除默认数值的商。

动态（D）：动态缩放视图。使用该选项时，系统显示一个平移观察框，可以拖动它到适当的位置并单击，此时出现一个向右的箭头，可以调整观察框的大小。如果再左击，还可以移动观察框。如果回车或按空格键，在当前视口中将显示观察框中的这一部分。

范围（E）：将图形在当前视口中最大限度地显示。

上一个（P）：恢复上一个视口中显示的图形。

比例（S）：根据输入的比例来显示图形，显示的中心为当前视口中图形的显示中心。

窗口（W）：缩放由两个对角点定义的矩形区域确定的图形内容。

对象（O）：显示图形中的某一个部分，单击图形的某个部分，如一个圆或一个块，该部分将显示在整个图形窗口中。

实时：在该提示下直接回车，进入实时缩放状态，此时十字光标变成放大镜形状，按住鼠标左键向上拖动可放大图形显示，向下拖动则缩小图形显示。

提示：1. 缩放时更常采用"缩放"工具栏方式和 Microsoft 智能鼠标方式。

2. 在使用实时缩放时会出现不能继续放大或缩小的情况，此时放大镜附近的"+"或"-"消失，这表明在当前视图范围内不可继续放大或缩小。

2. 视窗平移

平移视图命令不改变图形的显示比例，只改变视图位置，相当于移动图纸。调用该命令的方式如下。

菜单："视图"→"平移"子菜单。

标准工具栏："标准"工具栏的按钮。

命令行：Pan ⏎

执行该命令后，光标变成一只手的形状，按住鼠标左键拖动，可以使图形一起移动。按<Esc>键或<Enter>键退出实时平移模式。使用"定点"平移，可以通过指定基点和位移值来平移视图。

> 提示：平移时更常用的方法是标准工具栏"平移"方式和 Microsoft 智能鼠标方式。

3. 重画功能

在绘图和编辑过程中，屏幕上常常留下对象的拾取标记，这些临时标记并不是图形中的对象，有时会使当前图形画面显得混乱，这时可以使用 AutoCAD 的"重画"与"重生成"功能清除这些临时标记。

在 AutoCAD 中使用"重画"命令。系统将在显示内存时更新屏幕，消除临时标记。使用"视图"菜单中"重画"命令（Redraw），可以更新当前视口，使用"全部重画"命令（Redrawall），可以同时更新多个视口。

在 AutoCAD 中，控制这种临时标记是否可见的变量是"Blipmode"。当其值为 0 时，屏幕上不显示标记，此时无须再执行重画的操作；当其值为 1 时，在删除对象、修改系统设置时会留下临时标记。"Blipmode"既是系统变量又是命令。

4. 图形的重生成

"重生成"与"重画"在本质上是不同的，利用"重生成"命令可以重新生成屏幕显示，此时系统从磁盘中调用当前图形的数据，比"重画"命令执行速度慢，更新屏幕花费时间较长。在 AutoCAD 中，某些操作只有在使用"重生成"命令后才生效，如改变填充模式等。如果一直使用某个命令修改编辑图形，但图形似乎看不出变化，此时可以使用"重生成"命令更新屏幕显示。

"重生成"命令有以下两种形式：使用"视图"→"重生成"命令（Regen）可以更新当前视口；使用"视图"→"全部重生成"命令（Regenall）可以同时更新多个视口。

在绘制圆形或弧线时，有时我们看到的图形不是光滑的，而是多边形，这是由于显示精度的系统变量"Viewres"值较小导致的。图形显示精度和显示速度是相互矛盾的，尤其是对于绘制大型的复杂图形或使用配置较低的计算机，如需捕捉屏幕图片或需要看到图像逼真的效果，可以将显示精度值设置得高一些。

用户可以在"工具"→"视图"→"显示"选项卡中修改"显示精度"。"显示精度"的有效取值范围为 1~20000，默认设置为 1000，该默认设置保存在图形中。用户可以通过调整"显示精度"的取值来观察图形在不同显示精度下的显示效果。

2.3.7 实体选择方式

在 AutoCAD 中绘图，编辑对象就必须借助于"修改"菜单中的图形编辑命令。在编辑

对象时必须要先选择对象，才能对其进行编辑。

用户可以在"工具"→"选项"→"选择"选项卡中设置对象选择模式及拾取框的大小。

（1）直接单击　用户直接单击某图形对象，如果该对象"高亮"显示，则表示它已被选中。使用该方式可以选择一个对象，也可以逐个选择多个对象。

（2）窗口方式　用户可以通过绘制一个矩形区域来选择对象，当指定了这个矩形窗口的两个对角点时，所有部分均位于这个矩形窗口内的对象被选中，不在该窗口内的或者只有部分在该窗口内的对象则不被选中。在"选择对象:"的提示下输入命令 Window，即可使用该选择方式。

（3）交叉窗口方式　使用交叉窗口选择对象，与用窗口选择对象的方法类似，但全部位于窗口之内或者与窗口边界相交的对象都将被选中。用户在定义交叉窗口的矩形窗口时，以虚线方式显示矩形，这区别于窗口选择方法。用户在"选择对象:"的提示下输入命令 Crossing，即可使用该选择方式。

（4）默认窗口方式　默认窗口方式是由"窗口"和"交叉窗口"组合而成的一个单独选项。用户从左上到右下单击拾取框的两角点，则执行"窗口"选项；从右下到左上单击拾取框的两角点，则执行"窗交"选项，这是选择对象的默认方式。

（5）扣除模式和添加模式　在已经确定了选择集的情况下，用户在"选择对象:"的提示后输入 R 并回车。此时，AutoCAD 转为扣除模式，命令行提示如下：

删除对象:（用户可以从原来的选择集中扣除一个或几个编辑对象）

在扣除模式下（删除对象:）在命令行中输入 A 并回车,命令行提示如下:

选择对象:（返回到了添加模式）。

2.4　AutoCAD 2016 绘制二维图形

利用 AutoCAD 绘图工具可以创建各类对象，包括简单的线、圆、样条曲线、椭圆，以及随边界变化而变化的填充区域等。结合实例操作，使读者能熟练掌握绘制和编辑基本图形实体的方法和技巧。

平面图形是由点、直线、圆、圆弧及其他一些复杂的曲线组成的。

2.4.1　使用线性命令

1. 绘制直线（L，Line）

执行绘制直线命令后，用户可以一次绘制一条线段，也可以连续绘制多条线段（各线段是彼此独立的实体）。直线是由起点和终点来确定的，用户可以通过鼠标或键盘来确定起点和终点。

如果要绘制一个闭合的图形，可以在提示符下直接输入"C"（Close），从而将最后确定的一点与最初起点的连线形成闭合的折线；若输入"U"（Undo），则取消上一步操作。

需要注意的是，在"指定第一点"提示符后直接按确认键，会将上次绘制的直线或圆弧的终点作为当前要绘制直线的起点。在 AutoCAD 中，几乎所有要指定的点都可以通过使用键盘输入坐标值，或用十字光标在屏幕上拾取的方法获得。

绘制如图 2-15 所示的线段。在命令行中输入 L 或单击"绘图"菜单中的 ⟋ 图标。

指定第一点：//(选择起点 A)

指定下一点或 [放弃(U)]:5 ⏎ //(选择第二点 B)

指定下一点或 [放弃(U)]:2 ⏎ //(选择第二点 C)

指定下一点或 [闭合(C)/放弃(U)]:3 ⏎ //(选择第二点 D)

指定下一点或 [闭合(C)/放弃(U)]:5 ⏎ //(选择第二点 E)

指定下一点或 [闭合(C)/放弃(U)]:8 ⏎ //(选择第二点 F)

指定下一点或 [闭合(C)/放弃(U)]:C ⏎ //(闭合图形)

2. 绘制矩形（REC，Rectangle）

从外观上看，矩形、正多边形和多段线等都有若干条边，但实际上它们只是一条多段线。与多条直线围成的图形不同的是，这类多段线形成的封闭图形可以在三维空间中进行实体拉伸。此外，这类多段线还可以通过分解命令使其分解成若干单条的线段。

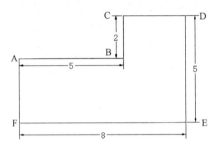

图 2-15　绘制直线

在 AutoCAD 中绘制矩形的命令为"Rectangle"，它是通过确定矩形对角线上的两个点来绘制的。使用该命令，除了能绘制常规的矩形之外，还可以绘制倒角或圆角的矩形。

当使用上述命令来创建"矩形"时，在命令行中显示如下选项：

指定第一个角点或 [倒角(C)/标高(E)/圆角(F)/厚度(T)/宽度(W)]：

指定另一个角点或 [面积(A)/尺寸(D)/旋转(R)]：

在命令行中各选项命令的含义如下：

倒角 （C）：确定矩形第一个倒角与第二个倒角的距离值，画出具有倒角的矩形。

标高 （E）：确定矩形的标高。

圆角 （F）：设置圆角半径，并绘带圆角的矩形。

厚度 （T）：设置矩形的厚度，即确定矩形在三维空间的厚度值。

宽度 （W）：设置矩形的线宽。如果该线宽为 0，则根据当前图层的默认线宽来绘矩形；如果该线宽>0，则根据该宽度而不是当前图层的默认线宽来绘矩形。

根据不同选项绘制的"矩形"如图 2-16a、b、c、d 所示。

3. 绘制正多边形（POL，Polygon）

在 AutoCAD 中，绘制正多边形的命令为"Polygon"。它可以精确地绘制边数为 3~1024 条的正多边形。执行"Polygon"命令后，AutoCAD 出现如下的提示：

输入边的数目<4>：

指定多边形的中心点或[边(E)]：

输入选项[内接于圆(I)/外切于圆(C)]<I>：

指定圆的半径：

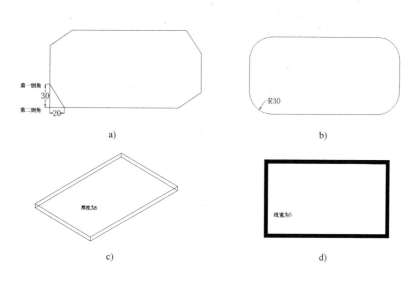

图 2-16 根据不同选项绘制的"矩形"

a）倒角（C）：输入 C，按照选项的设置第一与第二倒角距离值分别为 30 和 20

b）圆角（F）：输入 F，设置矩形的倒圆角半径值为 30

c）厚度（T）：输入 T，设置矩形的线型厚度为 5

d）线宽（W）：输入 W，设置矩形的线型宽度为 5

使用该命令后，可以通过指定圆心、半径绘制圆内接正多边形或圆外切正多边形，也可以通过指定边的数目和边长绘制正多边形。

1）运用"中心点"方式绘制正多边形，如图 2-17a 所示。

命令行：Polygon ↵

输入边的数目 <4>：6 ↵

指定正多边形的中心点或［边（E）］：//指定正多边形的中心

输入选项［内接于圆（I）/外切于圆（C）］<I>：↵//默认为内接于圆，也可以选择外切于圆的方式

指定圆的半径：20 ↵//输入或指定半径

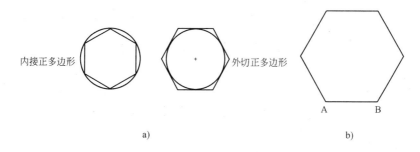

图 2-17 绘制"正多边形"

a）运用"中心点"方式绘制的"正多边形"   b）运用"边"的方式绘制的"正多边形"

2）运用"边"的方式绘制正多边形，如图 2-17b 所示。

命令行:Polygon ⏎

输入边的数目 <4>:6 ⏎

指定正多边形的中心点或 [边(E)]:E ⏎
指定边的第一个端点:指定 A 点
指定边的第二个端点:指定 B 点

4. 绘制多段线(PL,Pline)

多段线是由宽度不等的直线和圆弧组成的。整个多段线是由所绘制的一系列直线或圆弧顺序相连而成的一个实体。执行"Pline"命令后,AutoCAD 出现如下的提示:

命令:Pline ⏎
指定起点: //指定多段线的起点
当前线宽为 0.0000 //默认上次执行 Pline 命令设定的线宽值
指定下一点或[圆弧(A)/半宽(H)/长度(L)/放弃(U)/宽度(W)]:

1)可以在命令行的默认提示下连续输入一系列端点,按确认键或 C 结束,但创建的整个多段线为一个对象。各功能选项如下:

圆弧(A):将绘制直线的方式切换到绘制圆弧的方式。

封闭:当绘制两条以上的直线段后,此选项可以封闭多段线。

半宽(H):设置多段线的半宽度,即多段线的宽度为输入值的两倍。

长度(L):沿着上一段直线方向或圆弧的切线方向绘制指定长度的多段线。

放弃(U):删除刚刚绘制的多段线,用于修改多段线绘制中出现的错误。

宽度(W):设置多段线的宽度,可以输入不同的起始宽度和终止宽度。

2)AutoCAD 可以创建两端等宽度的直线段,也可以创建两端具有不等宽度的锥线段。指定多段线的起点后,选择指定宽度选项,输入直线段的起点宽度和端点宽度。要创建等宽度的直线段,在终点宽度提示下直接按确认键;要创建锥状线段,需要在起点宽度和端点宽度分别输入不同的宽度值。最后指定线段的端点,并根据需要,继续绘制多段线。

3)用户可以绘制由直线段和圆弧段组合的多段线。在选项中输入 A 可切换到"圆弧"模式;在绘制"圆弧"模式下输入 L 可以返回到"直线"模式。绘制圆弧段与绘制圆弧的命令相同。

指定起点://指定起点
指定下一点或[圆弧(A)/闭合(CL)/半宽(H)/长度(L)/放弃(U)/宽度(W):] A ⏎ //(输入 A,是转到圆弧方式,这时提示:)
指定圆弧的端点或[角度(A)/闭合(CL)/方向(D)/半宽(H)/直线(L)/半径(R)/第二点(S)/放弃(U)/宽度(W)]:

Line 也可归属到 Pline 中,Pline 涵盖的范围更广泛,Line 只是宽度为 0 时的 Pline,而 Pline 的功能十分强大。它可以提供单个直线所不具备的编辑功能,例如,它可以调整多段线的线宽和圆弧的曲率。

5. 绘制多线(ML,Mline)

在 AutoCAD 中,多线是一种由多条平行线构成的线型,可以是被填充为实心线或空心的轮廓线，多用于建筑设计施工图中绘墙体和窗体等。

在绘制多线图形前，通常要对系统默认的标准样式进行重新设置。单击"格式"→"多线样式"命令或在命令行中输入"Mline"，会弹出图2-18a所示的"多线样式"对话框。

新建（N）：单击新建将显示"创建新的多线样式"对话框，如图2-18b所示。

a)

b)

图2-18　多线样式设置

a)"多线样式"对话框　b)"创建新的多线样式"对话框

执行"Mline"命令后，AutoCAD出现如下的提示：

指定起点[对正(J)/比例(S)/样式(ST)]：

其中各选项的含义如下：

对正（J）：用于设置基准对正位置，包括以下3种方式。上——以多线的外侧线为基准绘多线。无——以多线的中心侧线为基准绘多线。下——以多线的内侧线为基准绘多线。

比例（S）：用于设置多线的比例尺，即两条多线之间的距离大小。

样式（ST）：用于输入所采用的多线样式名（默认为Standard）。

2.4.2　使用曲线命令

1. 绘制圆（C，Circle）

圆是工程图形中另一种常见的基本实体。绘制圆的基本命令是"Circle"，可以根据圆心、半径、直径和圆上的点等参数绘制，AutoCAD中提供了6种绘制圆的方法，命令调用方式：选择"绘图"→"圆"命令，从菜单中选择一种绘制圆的按钮，如图2-19所示。

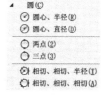

图2-19　"绘图"菜单中"圆"的选项按钮

在执行"Circle"命令后，命令行提示：

指定圆的圆心或[三点(3P)/两点(2P)/相切、相切、半径(T)]：

用户要根据不同的已知条件，指定一点确定所绘制圆的圆心位置或输入一个选项，再用AutoCAD提供的不同方法绘制圆。

三点（3P）：该命令是通过指定3个点来绘制圆。

两点（2P）：该命令是通过指定圆直径上的两个端点来绘制圆，且两点距离为圆的半径。

相切、相切、半径（T）：该命令是通过指定圆的半径，绘制一个与两个对象相切的圆。在绘制过程中，首先指定第一个对象的切点，再指定第二个对象的切点，输入与前两个选定对象相切圆的半径即可绘制一个与两个对象相切的圆。各种相切方式如图 2-20 所示。

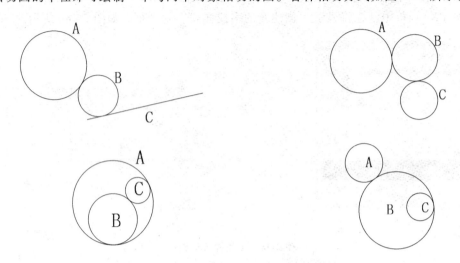

图 2-20 "相切、相切、半径"各种相切方式
注：A、C 代表两个对象，B 代表与两个对象相切的圆。

相切、相切、相切（A）：该命令是通过指定与圆相切的 3 个对象，确定相切于这 3 个对象的圆。首先指定第一个对象上的切点，再指定第二个对象上的切点，最后指定第三个对象上的切点，确定一个与前面 3 个对象相切的圆。各种相切方式如图 2-21 所示。

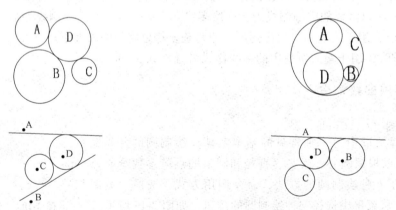

图 2-21 "相切、相切、相切"各种相切方式
注：A、B、C 代表 3 个对象，D 代表与 3 个对象相切的圆。

2. 绘制圆弧（A，Arc）
圆弧是工程图样中常见的实体之一，可以通过"圆弧"命令直接绘制，也可以通过打断圆成圆弧及倒圆角等方法获得。AutoCAD 中提供了 10 种绘制圆弧的方式，如图 2-22 所示，这些方式都需要输入相应的参数。

3. 绘制椭圆和椭圆弧（EL，Ellipse）
在 AutoCAD 中，绘制椭圆的命令为"Ellipse"。此外，该命令还可以绘制椭圆弧，方法是先绘制椭圆，然后给出起始角度和终点角度，不过一般的椭圆弧是从椭圆中修剪得到的。

使用"椭圆"命令绘制椭圆的方法很多，但都是以不同的顺序输入椭圆的中心点、长轴和短轴等参数。

4. 样条曲线（SPL，Spline）

样条曲线是两个控制点之间产生一条光滑的曲线，根据命令行提示指定一些数据点，最后指定起点切向和端点切向即可绘制样条曲线。

启动命令的方式如下：

菜单："绘图"→"样条曲线"。

命令行：Spline 或 SPL。

命令执行过程如下：

图2-22 绘制圆弧的方式

命令：Spline

指定第一个点或[对象(O)]： //(指定第一点)

指定下一点： //(指定第二点)

指定下一点或[闭合(C)/拟合公差(F)]<起点切向>： //(指定第三点)

制定下一点或[闭合(C)/拟合公差(F)]<起点切向>： //(指定第四点)

制定下一点或[闭合(C)/拟合公差(F)]<起点切向>： //(终止取点)

指定起点切向： //(使用捕捉或指定坐标方式来确定)

指定端点切向： //(使用捕捉或指定坐标方式来确定)

根据命令行提示进行操作，如图2-23所示。

命令行中各选项的含义如下。

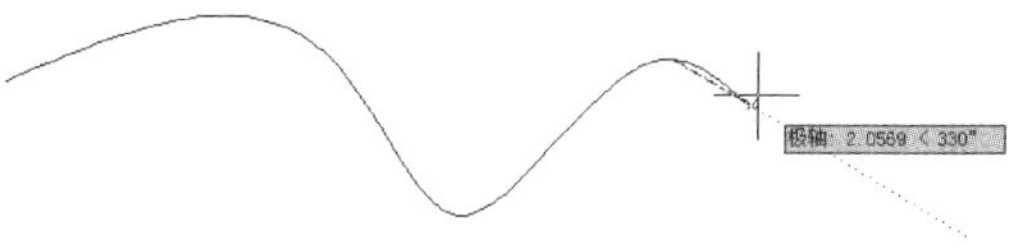

闭合（C）：将最后一点与第一点合并，并且在连接处相切，以使样条曲线闭合。

图2-23 绘制样条曲线

拟合公差（F）：给定拟合公差，控制样条曲线对数据点的接近程度，拟合公差大小对当前图形有效。公差越小，曲线越接近数据点。公差为0，样条曲线将通过数据点。图2-24a所示为拟合公差为0时的效果，图2-24b所示为拟合公差为60时的效果。

取消：该选项不在提示中出现，用户可在选取任一点后输入U取消该段曲线。

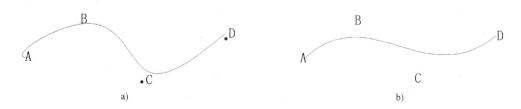

图2-24 样条曲线拟合公差取值

a）拟合公差为0　b）拟合公差为60

5. 徒手画线（Sketch）

在绘图中，有时需要绘制一些不规则的线，AutoCAD软件为用户提供了命令"Sketch"，该命令是通过记录光标的轨迹来绘徒手线的。用户可以用鼠标，也可以用数字化仪及光笔来完成。

"Sketch"命令所画的线条，实际上是由很多条短线段构成的，这些直线段的长度可以通过"记录增量"来控制，增量越小生成的曲线越光滑，但同时也会增加直线段的数量，从而导致图形文件过大。

在命令行中输入"Sketch"后按确认键，即可启动徒手画线的命令。

6. 绘制圆环（DO，Donut）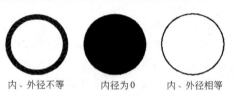

命令"Donut"是AutoCAD中提供的绘制圆环的命令。在绘制时，只需指定圆环的内径和外径等参数，然后连续地选取圆心即可绘出多个圆环。

（1）执行"Donut"命令后，AutoCAD出现如下的提示：

> 命令：Donut ⏎
> 指定圆环的内径 <0.0000>：
> 指定圆环的外径 <15.0000>：
> 指定圆环的中心点或 <退出>：

指定圆环内径为0，表示绘制的圆环是实心圆，反之，内径不为0时绘制图形为圆环。在不同的内、外径情况下绘制的圆环如图2-25所示。

（2）"Fill"填充模式，调用"Fill"命令操作如下：

内、外径不等　　内径为0　　内、外径相等

图 2-25　绘制圆环

> 命令：Fill ⏎
> 输入模式［开(ON)/关(OFF)］<关>：

输入模式为开（ON）时，填充对象；输入模式为关（OFF）时，不填充对象。因此当输入模式不同时产生不同效果，如图2-26所示。

Fill模式为关(OFF)的圆环

Fill模式为开(ON)的圆环

图 2-26　"Fill"命令产生不同的"圆环"

2.4.3　点对象

在AutoCAD中，点作为实体可以以不同的样式在图纸上绘出，如用作捕捉和偏移对象的节点或参考点等。

通过单击"格式"→"点样式"命令或在命令行中输入"Ddptype"，可以弹出"点样式"对话框。在该对话框中可以进行点的样式设置，设置好以后就可以绘制点了。

就其本身而言，点并没有多少实际意义，但它是绘图中重要的辅助工具，尤其是"定数等分"和"定距等分"，相当于手工绘图的分规工具，可以对图形对象进行定数等分或定距等分。

（1）定数等分　是将选定对象按指定数目等分，所得各部分长度相等，并将等分点或图块标记在所选对象上。

启动命令的方式如下：

菜单："绘图"→"点"→"定数等分"。

命令行：Divide(或者 Div)。

命令执行过程如下：

命令：Divide ⏎

选择要定数等分的对象：

输入线段数目或[块(B)]：

（2）定距等分　是从选定对象的一端出发，按用户指定的距离，在该对象上等间距的标记出等分点或图块的命令。除最后一段之外，所得各部分长度相等。

启动命令的方式如下：

菜单："绘图"→"点"→"定距等分"。

命令行：Measure（或者 ME）。

命令执行过程如下：

命令：Measure ⏎

选择要定距等分的对象：

指定线段长度或[块(B)]

2.4.4　图案的基本操作

1. 二维填充图形

AutoCAD 提供了一种系统变量，可以对三角形或多边形进行颜色填充设置，该命令为 Fillmode。当"Fillmode"设置为 1 时，填充图形为空心；当"Fillmode"设置为 0 时，填充图形为实心。

启动命令的方式如下：

菜单："绘图"→"曲面"→"二维填充"。

命令行：Solid。

使用该命令后命令行出现如下提示：

命令：Solid ⏎

指定第一点：

指定第二点：

指定第三点：

指定第四点或 <退出>：

以 A、B、C、D 4 点为例，如图 2-27 所示。

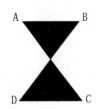
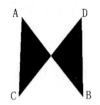

图 2-27　二维填充图形

2. 图案填充

在使用 AutoCAD 进行绘图的过程中，各种图形实体在材质、外观或表面的纹理与颜色上具有明显的区别。为了更好地表示这些区别，可以使用图案填充和渐变填充命令在一封闭的区域内填充各种简单或复杂的图案，如在建筑制图中表示混凝土的剖面、砖的剖面等。

启动命令的方式如下：

菜单："绘图"→"图案填充"。

命令行：Bhatch。

常用选项卡：在"绘图"面板中单击"图案填充"按钮 ⬚ 。

在图案填充命令中，用户可以使用由当前线型创建的简单图案填充当前区域，或者使用实体图案填充，甚至可以根据用户自定义的图形进行填充。对于如何控制这些填充图案的比例、角度、原点位置，就需要了解图案填充的选项卡的设置。

启动"Bhatch"命令后，AutoCAD 将打开"图案填充和渐变色"对话框，如图 2-28 所示。

3. 渐变色填充

渐变色填充可以使填充的图形出现颜色过渡效果，它是一种实体填充。可以用"渐变"色填充使图形模仿真实实体。

启动命令的方式如下：

菜单："绘图"→"图案填充"。

命令行：Bhatch。

在打开的对话框中单击"渐变色"选项卡，如图 2-29 所示。

图 2-28　"图案填充和渐变色"对话框

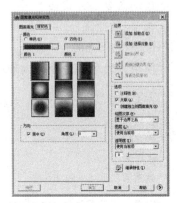

图 2-29　"渐变色"选项卡

2.5　AutoCAD 2016 编辑二维图形

AutoCAD 提供了强大的图形编辑工具，可对用基本绘图命令绘制出的图形进行编辑和修改，从而绘制各种复杂的图形。本章介绍常用的基本编辑命令，包括对图形进行删除、复制、移动、变形和修改等命令。

编辑操作通常需要先启动编辑命令，然后选择要编辑的图形，根据程序的提示进行操作。对于大多数命令，前两个步骤也可以按相反顺序进行操作，即"先选择，后命令"，但用户更习惯于"先命令，后选择"的方式。启动编辑命令方式包括直接输入命令，或选择"修改"工具栏中的按钮或"修改"菜单中的命令选项。

2.5.1　删除图形

1. 删除（E，Erase） 和恢复（Oops）

AutoCAD 的删除命令（Erase）可以将图形中不需要的对象实体清除干净。而恢复命令（Oops）是用来恢复误删除的实体，使用"Oops"命令只能恢复最近一次删除的实体。

> 提示：1. 也可按 Delete 键删除对象。
> 2. Oops 命令只能恢复最近一次 Erase 命令删除的对象。若已连续多次使用 Erase 命令，要恢复前几次删除的对象只能使用 Undo 命令。

2. 放弃（U，Undo）和重做（Redo）

在绘图过程中，AutoCAD 允许用户使用"放弃"命令（Undo）放弃用户的误操作。放弃命令可以逐步取消本次进入绘图状态后的操作，直至返回到初始状态。这样，用户就可以一步一步地找出错误所在，重新进行编辑修改。

AutoCAD 中"重做"命令（Redo）是用来撤销最近的一次放弃操作，它只能在 U 或 Undo 命令后才起作用。

2.5.2　复制图形

在绘图过程中有许多图形对象都是相同的，差别仅在于相对位置的不同。AutoCAD 提供了复制、镜像、阵列和偏移命令，以便于用户有规律地复制图形。

1. 复制（CO，Copy）

AutoCAD 的"复制"命令（Copy）可以将目标复制到另一位置，以减少大量的重复性工作。

启动命令后，AutoCAD 的命令行提示如下：

> 命令:Copy ↵
> 选择对象: //（选择要复制的对象）
> 选择对象: //（按确认键结束选择）
> 指定基点或[位移(D)]<位移>: //（指定基点或输入）

各选项含义如下：

基点：需要复制的图形的参照点（即位移的起点），通过目标捕捉或输入坐标确定后，

AutoCAD 继续提示如下：

> 指定第二个点或 <使用第一个点作为位移>：

指定位移的第二点（位移的终点），将按由基点到第二点指定的距离和方向复制对象；若按确认键，将按坐标原点到基点的距离和方向复制对象。

位移（D）：输入矢量坐标，坐标值指定相对距离和方向。

> 提示：1. 若已知位移量，则基点可以任意确定，在指定位移终点时，采用相对坐标即可；否则需要选择图形的某些特征点（如圆心、端点、交点等）作为基点，这样有利于图形的定位。
> 2. Copy 命令仅用于文档内部的复制。使用剪贴板则可以实现各应用程序之间的对象复制（剪贴板是 Windows 操作系统控制的内存中的临时存储区，它用来临时存放数据）。

2. 镜像（MI, Mirror）

在实际绘图中经常会遇到一些对称的图形，对于这些图形，只需绘制对称图形的对称部分，然后利用 AutoCAD 的图形"镜像"命令（Mirror）将对称的另一部分镜像复制出来。

启动命令后，AutoCAD 的命令行提示如下：

> 命令：Mirror
> 选择对象：//（可用前述多种选择方法选择要镜像的对象）
> 选择对象：//（按确认键结束选择）
> 指定镜像线的第一点：//（指定镜像线的起点）
> 指定镜像线的第二点：//（指定镜像线的终点并定义镜像线）
> 要删除源对象吗？[是(Y)/否(N)]<N>://（创建镜像图形同时是否删除源图形）

> 提示：1. 镜像线是辅助线，可定义任一角度，镜像后并不存在。
> 2. 镜像效果取决于系统变量 MIRRTEXT。若该变量取值为 1（默认值），则文本做"完全镜像"；取值为 0，则文本做"可读镜像"，仅仅是位置镜像，文本仍保持原方向。

3. 阵列（AR, Array）

在实际绘图中，对于一些呈阵列分布的图形，可以采用多重复制的方法绘制。阵列方式有矩形和环形，使用"矩形阵列"选项可以将选定对象按指定的行数和列数成矩形排列；使用"环形阵列"选项可以将选择的对象按指定的圆心和数目排成环形。

启动命令的方式如下：

菜单："修改"→"阵列"。

命令行：Array。

矩形阵列：阵列后的图形呈矩形分布。执行矩形阵列，还必须输入复制后的目标实体分为几行、几列，行间距、列间距等参数。对于行、列距，建议使用拉矩形方式，矩形的宽为列间距，高为行间距，在图上操作时十分方便。对于某些尺寸要求精确的阵列更能方便地达到要求。

矩形阵列的方式有如下三种：

菜单："修改"→"阵列"→"矩形阵列"。

工具栏："修改"工具栏中，鼠标左键长按"阵列"按钮，在下拉工具栏中单击"矩形阵列"按钮。

命令行：Array ↵。

> 选择对象：//（可用前述多种选择方法选择要阵列的对象）
>
> 选择对象：//（按确认键结束选择）
>
> 类型＝矩形　关联＝是
>
> 选择夹点以编辑阵列或［关联（AS）/基点（B）/计数（COU）/间距（S）/列数（COL）/行数（R）/层数（L）/
>
> 退出（X）］

　　环形阵列：图形复制后呈环形分布。执行环形阵列，若保持默认值（即360°），则环形阵列的图形分布在整个圆周上；如果用户输入某一角度，正值按逆时针方向环形阵列在该圆心角所对应的圆周上，负值顺时针分布。

　　菜单："修改"→"阵列"→"环形阵列"。

　　工具栏："修改"工具栏中，鼠标左键长按"阵列"按钮，在下拉工具栏中单击"环形阵列"按钮。

　　命令行：Array ↵。

> 选择对象：//（可用前述多种选择方法选择要阵列的对象）
>
> 选择对象：//（按确认键结束选择）
>
> 类型＝极轴　关联＝否
>
> 指定阵列的中心点或［基点（B）旋转轴（A）］
>
> 选择夹点以编辑阵列或［关联（AS）/基点（B）/项目（I）/项目间角度（A）/填充角度（F）/行数/（ROW）/
>
> 层数（L）/旋转项目（ROT）/退出（X）］

> 提示：环形阵列的项目数中含有源对象本身。

4. 偏移（O，Offset）

　　偏移命令（Offset）是在距现有对象指定的距离处创建与原对象形状相同或形状相似但缩放了的新对象。可对指定的线、圆、椭圆和弧等做同心偏移复制，偏移图形时需指定偏移的距离或通过指定点偏移。

　　启动命令后，AutoCAD 的命令行提示如下：

> 命令：Offset ↵
>
> 当前设置：删除源＝否 图层＝源　OFFSETGAPTYPE＝0　//（显示当前设置）
>
> 指定偏移距离或［通过（T）/删除（E）/图层（L）］<16.0000>：//（指定偏移距离或选择其他选项）

　　各选项含义如下：

　　偏移距离：默认选项，通过在绘图区拖引线或输入距离值（正数）指定偏移的距离后，AutoCAD 继续提示如下：

> 选择要偏移的对象，或［退出（E）/放弃（U）］<退出>：
>
> //（选择要偏移的图形）
>
> 指定要偏移的那一侧上的点，或［退出（E）/多个（M）/放弃（U）］<退出>://（相对源图形指定偏移方向）
>
> 选择要偏移的对象，或［退出（E）/放弃（U）］<退出>：
>
> //（可继续选取对象进行偏移或按确认键结束命令）

在上述操作中出现的选项意义如下：

退出（E）：输入 E 可退出当前命令，也可以直接回车退出当前命令。

多个（M）：输入 M 表示使用当前偏移距离重复进行偏移操作。

放弃（U）：输入 U 表示恢复前一个偏移。

通过：利用指定通过点的方式进行偏移。选择该选项后，AutoCAD 继续提示如下：

选择要偏移的对象,或[退出(E)/放弃(U)]<退出>：
//(选择要偏移的图形)
指定通过点或[退出(E)/多个(M)/放弃(U)]<退出>：//(指定通过的点)
选择要偏移的对象,或[退出(E)/放弃(U)]<退出>：
//(可继续选取对象进行偏移或按确认键结束命令)

删除：设置偏移后是否删除源对象。用户输入 E 表示删除源对象。

图层：确定将偏移对象创建在当前图层上还是源对象所在的图层上。

输入偏移对象的图层选项[当前(C)/源(S)]<当前>：//(输入选项)

提示：1. 只能以直接拾取方式选择要偏移的对象。

2. 不同的对象执行命令后有不同的结果。对圆弧的偏移，新旧圆弧有同样的包含角，但新圆弧的长度发生改变；对圆或椭圆的偏移，新旧圆或椭圆有同样的圆心，但新圆的半径或新椭圆的轴长发生改变；对线段、构造线、射线的偏移，实际上是平行复制；对多段线的偏移，是根据多段线的形状做对应的偏移。

3. 不能偏移文字、标注、三维面或三维体。

2.5.3 移动图形

1. 移动（M，Move）

在手工绘图时，若需要修改或移动图形位置，则必须先把原有图形擦掉，然后在新位置重新画图。AutoCAD 提供了一个更好的解决办法——移动图形对象。利用"移动"命令（Move）可以轻松快捷地选择一个或多个对象，将其从当前位置移动到新位置。

启动命令后，AutoCAD 的命令行提示如下：

命令：Move
选择对象： //(可用前述多种选择方法选择要移动的对象)
选择对象： //(按确认键结束选择)
指定基点或[位移(D)]<位移>： //(指定位移基点或选择位移)

各选项含义如下：

基点：需要移动的图形的参照点（位移的起点）。通过目标捕捉或输入坐标确定后，AutoCAD 继续提示如下：

指定第二个点或 <使用第一个点作为位移>：

指定位移的第二点（位移的终点），将使用由基点及第二点指定的距离和方向移动对象；若按确认键将按基点到坐标原点的距离和方向移动对象。

位移（D）：输入矢量坐标，坐标值指定相对距离和方向。

提示：操作过程同"复制"命令，不同之处仅在于操作结果，即"平移"命令是将原选择对象移动到指定位置，"复制"命令则将其副本放置在指定位置，而原选择对象并不发生任何变化。

2. 旋转（RO，Rotate）

AutoCAD 的"旋转"命令（Rotate）可以方便用户将某一对象旋转一个指定角度或参照一个对象进行放置，如图 2-30 所示。

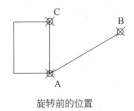

旋转前的位置　　　　　　　旋转 −30°　　　　　　相对AC方向旋转到AB上

图 2-30　旋转示例

启动命令后，AutoCAD 的命令行提示如下：

命令：Rotate ⏎

UCS 当前的正角方向：ANGDIR＝逆时针　　　　ANGBASE＝0（显示当前设置）

选择对象：//（选择要旋转的对象）

选择对象：//（按确认键结束选择）

指定基点：//（指定旋转的基点，即图形旋转时的参考点，图形将绕该点旋转）

指定旋转角度，或［复制（C）/参照（R）］<0>：//（指定旋转的角度或选择其他选项）

各选项含义如下：

指定旋转角度：默认选项，可在绘图区移动鼠标选定或输入旋转的绝对角度值，默认角度为正时按逆时针旋转，反之按顺时针旋转。

复制（C）：在旋转的基础上进行复制操作。

参照（R）：以相对参考角度方式设置旋转角度，旋转角度为输入的新角度和参考角度之差。此方法可免去烦琐的计算。AutoCAD 继续提示如下：

指定参照角<0>：指定第二点：//（通过输入值或指定两点来指定参照角度）

指定新角度或［点（P）］<0>：//（通过输入值或指定两点来指定新的角度）

2.5.4　变形图形

AutoCAD 可对已经绘制的图形对象进行变形，从而改变对象的实际尺寸大小或基本形状，包括缩放、拉伸、拉长命令。

1. 比例缩放（SC，Scale）

在绘制复杂图形过程中，当某一局部的结构表达不清楚时，可以用 AutoCAD 提供的"比例缩放"命令（Scale）绘制局部放大的图形。当然，也可缩小某局部图形。

启动命令后，AutoCAD 的命令行提示如下：

> 命令:Scale ┘
> UCS 当前的正角方向:ANGDIR＝逆时针　　　ANGBASE＝0（显示当前设置）
> 选择对象://（选择要缩放的对象）
> 选择对象://（按确认键结束选择）
> 指定基点://（指定基点,即图形缩放时的参考点,图形将基于该点缩放）
> 指定比例因子或[参照(R)]://（输入比例因子或选择其他选项）

各选项含义如下:

指定比例因子:默认选项,可在绘图区移动鼠标选定或输入比例值,如比例因子是小于1的正数则缩小图形,反之则放大。

参照（R）:以相对比例方式设置比例,比例为新长度和参考长度的比值可确定。Auto-CAD 继续提示如下。

> 指定参照长度 <l>:
> 指定参照长度 <l>:指定第二点　//（输入值（默认值为 1）或指定两点确定参照长度）
> 指定新的长度://（输入值或输入 P,指定两点确定新长度）

> 提示:通常将图形的实际长度或某两个特殊点之间的长度定义为参照长度。

2. 拉伸（S,Stretch）

拉伸是一种不定比例的对图形进行缩放的命令。使用 Stretch 命令可以重新定位选择范围内对象的节点,而其他节点保持不变,相连关系也不变,从而拉伸或压缩图形。若将对象全部选中,则该命令相当于平移命令。

1）启动命令后,AutoCAD 的命令行提示如下:

> 命令:Stretch ┘
> 以交叉窗口或交叉多边形选择要拉伸的对象　//（提示只能以此方式选择对象）
> 选择对象://（选择要拉伸的部分）
> 选择对象://（确认结束选择）
> 指定基点或[位移(D)]<位移>://（指定基点或选择"位移"选项）

2）Stretch 命令演示,用拉伸命令将图 2-31a 中的汽车水平拉长成加长汽车,如图 2-31b 所示。

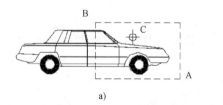
a)

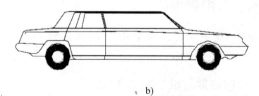
b)

图 2-31　拉伸车长实例

其操作步骤如下：

命令:S ↵　//（执行 Stretch 命令）
用相交窗口或相交多边形选择对象:单击点 A　//（指定窗选第一点）
另一角点:单击点 B//（指定窗选第二点）
选择集中的对象:48//（提示已选择对象数）
用相交窗口或相交多边形选择对象://（回车结束对象选择）
位移基点:单击点 C//（指定拉伸的基点）
位移第二点:@ 30,0//（输入拉伸的距离）

提示：操作时要以交叉窗口或交叉多边形选择拉伸的对象。

3）Stretch 命令操作要领。拉伸命令可以用于拉伸实体，也可移动实体。这取决于交叉窗口是否包含实体全部。拉伸时一定要使用交叉窗口或交叉多边形选择要拉伸的部分（包含节点），否则只做移动操作。对于直线、圆弧、多段线、轨迹线和区域填充等对象，若整个图形均位于选择窗口内，则实现移动；若图形的一端在选择窗口内，另一端在选择窗口外，即对象与选择窗口边界相交，则有以下拉伸规则：

线：位于窗口外的端点不动，而位于窗口内的端点移动，直线由此改变。

圆弧：与直线类似，但在改变过程中，圆弧的弦高保持不变，同时由此来调整圆心的位置和圆弧起始、终止角的值。

多段线：与直线或圆弧相似，但多段线两端的宽度、切线方向及曲线拟合信息均不改变。

轨迹线、区域填充：窗口外端点不动，窗口内端点移动。

其他对象：定义点若位于选择窗口内，则发生移动，否则，无任何改变。其中，圆、椭圆的定义点为圆心，形和块的定义点为插入点，文字和属性的定义点为字符串基线的左端点。

3. 拉长（LEN，Lengthen）

拉长命令（Lengthen）用来改变圆弧的角度或线的长度，包括直线、圆弧、非闭合多段线、椭圆弧和非闭合样条曲线。

启动命令后，AutoCAD 的命令行提示如下：

命令:Lengthen ↵
选择对象或［增量（DE）/百分数（P）/全部（T）/动态（DY）］://（选择对象或选择其他选项）

各选项含义如下：

选择对象：默认选项，显示所选对象的长度和包含角（如果对象有包含角）。

增量（DE）：根据指定的增量修改对象的长度和弧的角度。由该增量从距离选择点最近的端点处开始修改。正值拉长对象，负值缩短对象。

百分数（P）：以总长百分比的形式拉长对象。

全部（T）：输入图形的新绝对长度。

动态（DY）：打开动态拖动模式，通过拖动选定对象的其中一个端点来改变其长度，其他端点保持不变。

提示：1. 使用命令时需选择一种拉长的方式（增量、百分数、全部、动态），输入相关参数后，选择对象即可拉长或缩短其长度。

2. 只能用直接拾取的方式选择对象。

2.5.5 修改图形

利用修剪、延伸、打断、倒角、圆角和分解命令可方便地对图形作局部修改。

1. 修剪（TR，Trim）

AutoCAD 的"修剪"命令（Trim）是用一条边作为切边修剪其他对象。选择的被剪切对象，其超过指定切边的任何部分都将被剪掉，可修剪的图形有直线、开放的二维和三维多段线、射线、构造线、样条曲线、圆弧及椭圆弧。

启动命令后，AutoCAD 的命令行提示如下：

命令行：Trim ⏎
当前设置：投影＝UCS，边＝无
选择剪切边
选择对象或 ＜全部选择＞：//（选取剪切边）
选择对象：//（也可继续选取，确认结束选择）
选择要修剪的对象,或按住＜Shift＞键选择要延伸的对象,或［投影（P）/边（E）/放弃（U）］：//（选择要修剪或延伸的对象或选择其他选项）

各选项含义如下：

选择要修剪的对象，或按住＜Shift＞键选择要延伸的对象：默认选项，选择要修剪的对象，拾取点所在一侧被修剪；或按住＜Shift＞键选择要延伸的对象，将选定的对象延伸到修剪边界，同延伸命令。

投影（P）：确定延伸的空间。

边（E）：指定隐含边界修剪模式。

放弃（U）：撤销最近一次操作。

提示：选择剪切边，可以直接确认结束选择，即＜全部选择＞，然后用直接拾取的方式选择要修剪的对象。

2. 延伸（EX，Extend）

AutoCAD 的"延伸"命令（Extend）是用一条边作为延伸边界。延伸对象直至延伸到此边界为止，直线、弧、圆和多段线都可以作为延伸边界。提示选择对象时，先是选取边界，选完边界，按确认键后才开始选取要延伸的对象。

启动命令后，AutoCAD 的命令行提示如下：

命令行：Extend ⏎
当前设置：投影＝UCS，边＝无
选择边界的边
选择对象或 ＜全部选择＞：//（选取边界的边）
选择对象：//（也可继续选取，回车结束选择）
选择要延伸的对象,或按住＜Shift＞键选择要修剪的对象,或［投影（P）/边（E）/放弃（U）］：//（选择要延伸的对象或选择其他选项）

各选项含义同 Trim 命令。

选择要延伸的对象，或按住<Shift>键选择要修剪的对象：默认选项，选择要延伸的对象，离拾取点最近的一端被延伸；若延伸对象与边界边交叉，则按住<Shift>键选择要修剪的对象，将选定的对象修剪到最近的边界而不是将其延伸，同修剪命令。

3. 打断（BR，Break）

AutoCAD 的"打断"命令（Break）可以将一个对象打断为两个对象，对象之间可以有间隙，也可以没有间隙。可打断的对象包括直线、圆弧、圆、多段线、椭圆、样条曲线、参照线和射线等。

启动命令后，AutoCAD 的命令行提示如下：

命令：Break ↵
选择对象：//（选择要打断的对象）
指定第二个打断点或[第一点(F)]://（指定第二个打断点或选择"第一点"选项）

各选项含义如下：

指定第二个打断点：默认选项，以选择对象时的拾取点为打断的第一点，再指定第二个打断点（可通过鼠标点击或输入坐标），即可将两点之间的图形删除。

第一点（F）：重新指定第一个打断点，并指定第二个打断点，输入 F 执行该选项。命令行继续提示如下：

指定第一个打断点：
指定第二个打断点：

提示：1. 第二点也可以在直线外单击，其断点是该点到直线的距离。使用命令时需选择对象，选择打断的方式，并指定打断点即可。

2. 对圆的打断，将沿逆时针方向删除第一打断点到第二打断点间的圆弧。

3. 在指定第二个打断点时若输入@0，0，则将对象在第一打断点处一分为二。相当于"打断于点"命令，这是打断功能的特殊情况。在"修改"工具栏上单击"打断于点"命令，选择对象后只需选择一点，对象将在此点处直接被打断。

4. 倒角（CHA，Chamfer）

倒角命令（Chamfer）是在两相交的表面间形成一条有角度的边，是工程制图中的一种常见结构。用户可使用两种方法来创建倒角，一种是指定倒角两端的距离，另一种是指定一端的距离和倒角的角度，如图 2-32 所示。

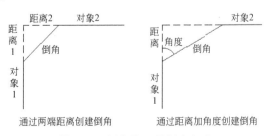

图 2-32　倒角的两种创建方法

启动命令后，AutoCAD 的命令行提示如下：

命令行:Chamfer ⏎

("修剪"模式)当前倒角距离 1 = 0.0000,距离 2 = 0.0000(显示当前模式和倒角距离)

选择第一条直线或[放弃(U)/多段线(P)/距离(D)/角度(A)/修剪(T)/方式(E)/多个(M)]:

各选项含义如下:

选择第一条直线:默认选项。选择要倒角的第一条直线,命令行继续提示如下:

选择第二条直线,或按住<Shift>键选择要应用倒角的直线://(将两条线段在相交处按距离或角度进行倒角)

放弃（U）:取消最近一次操作。

多段线（P）:可对整个多段线倒角,在提示下选择多段线即可。

距离（D）:确定两个倒角距离。输入 D 执行该选项,命令行继续提示如下:

指定第一个倒角距离 <30.0000>:
指定第二个倒角距离 <30.0000>:

角度（A）:确定第一个倒角距离和角度。输入 A 执行该选项,命令行继续提示如下:

指定第一条直线的倒角长度 <0.0000>:
指定第一条直线的倒角角度 <0>:

修剪（T）:确定倒角时是否对相应的对象进行修剪。输入 T 执行该选项,命令行继续提示如下:

输入修剪模式选项[修剪(T)/不修剪(N)]<修剪>://(修剪:倒角后对倒角边进行修剪;不修剪:倒角后对倒角边不进行修剪)

方式（E）:确定倒角方式。输入"E",执行该选项,命令行继续提示如下:

输入修剪方法[距离(D)/角度(A)]<角度>://(选择用哪种倒角方式)

多个（M）:为多组对象的边倒角。将重复显示主提示和"选择第二个对象"提示,直到用户按回车键结束命令。

提示:1. 操作过程为设置相关参数(距离、角度、修剪、方式、多个)后选择对象进行倒角。

2. 必须先启动命令,再选择要倒角的对象;当已启动该命令时,已选择的对象将自动取消选择状态。

3. 可进行倒角操作的对象包括直线、多段线、参照线、射线、矩形和正多边形等。

4. 在进行倒角操作时,设置的倒角距离或角度不能太大,否则无效。当两个倒角距离为 0 时,将使图形相交而不倒角。若两线平行或发散则不能进行倒角。

5. 圆角（F, Fillet）

圆角命令（Fillet）是用已知的圆弧来连接两实体,使其在两实体之间光滑过渡。

启动命令后,AutoCAD 的命令行提示如下:

命令行:Fillet ⏎

当前设置:模式 = 修剪,半径 = 0.0000

选择第一个对象或[放弃(U)/多段线(P)/半径(R)/修剪(T)/多个(M)]://(选择第一个对象或选择其他选项)

各选项含义如下：

选择第一个对象：默认选项。选择要圆角的两个对象中的第一个对象，命令行继续提示如下：

选择第二个对象,或按住<Shift>键选择要应用角点的对象：

//(选择第二个对象,将两个对象按半径进行倒圆角)

放弃（U）：取消最近一次操作。

多段线（P）：可对整个多段线倒圆角。在提示下选择多段线即可。

半径（R）：确定圆角半径。

修剪（T）：确定倒圆角时是否对相应的对象进行修剪。命令行继续提示如下：

输入修剪模式选项[修剪(T)/不修剪(N)]<修剪>：//(修剪表示倒角后对倒角的边进行修剪;不修剪表示倒角后对倒角的边不进行修剪)

两种模式的比较如图 2-33 所示。

多个（M）：为多组对象的边倒圆角。将重复显示主提示和"选择第二个对象"提示，直到用户按回车键结束命令。

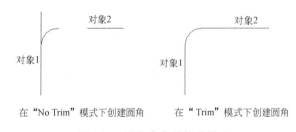

在"No Trim"模式下创建圆角   在"Trim"模式下创建圆角

图 2-33　圆角命令的修剪模式

提示：1. 在圆角操作中，圆角半径决定了圆角弧度的大小，如果圆角半径为 0，AutoCAD 将延伸或修剪所选直线相交，使之形成一直角；若圆角半径过大，则 AutoCAD 有可能无法对两实体进行圆角操作。

2. 有时两条直线并不相交，也可采用圆角命令使两直线成直角相交，此时只要设定 R=0 即可。

6. 分解（X，Explode）

AutoCAD 的"分解"命令（Explode）是将整体对象，如矩形、多段线、尺寸标注线、图块等分解成多个独立的实体。这些对象一旦分解后便无法复原。

在天正建筑软件中，也经常要用到分解命令，尤其是在尺寸标注和图块分解中，该命令非常有用。也有人干脆称之为"炸开"命令，其图标也很形象直观。

注意：如果分解有线宽的多段线后，可以发现原本有宽度的多段线，其宽度变为 0。

2.5.6　夹点编辑

夹点是图形对象上可以控制对象位置、大小的关键点。夹点编辑是一种集成的编辑模式，提供了一种方便快捷的编辑操作途径。选择对象时，在对象上将显示出若干个小方框，这些小方框用来标记被选中对象的夹点，夹点就是对象上的控制点。

夹点的启用、大小、颜色，以及选中后的颜色可以通过"工具"→"选项"→"选择"选项卡来设置。

1）使用夹点拉伸对象。夹点有两种状态：冷态和热态。当选中图形实体后，在实体出现的若干夹点为冷态夹点；若单击其上的某个夹点，则将看到该夹点高亮度红色显示，此时的夹点为热态，即进入编辑状态，如图 2-34a 所示。此时 AutoCAD 自动将其作为拉伸的基点，进入"拉伸"编辑模式，命令行将显示如下提示信息：

＊＊拉伸＊＊
指定拉伸点或［基点（B）/复制（C）/放弃（U）/退出（X）］：

使用夹点拉伸状态如图 2-34b 所示。

选中夹点，右击会弹出"夹点编辑"快捷菜单，用户可以进行其他 4 种夹点编辑，如镜像、移动、旋转、拉伸或缩放。

2）利用夹点创建镜像。在"夹点编辑"快捷菜单中选择"镜像"，或者在命令提示符后输入"Mirror"，则可对实体进行镜像。AutoCAD 的部分提示如下：

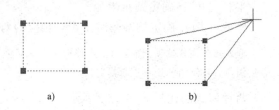

图 2-34　夹点编辑

a）夹点编辑状态图　　b）夹点拉伸状态图

＊＊镜像＊＊
指定第二点或［基点（B）/复制（C）/放弃（U）/退出（X）］：

3）利用夹点移动对象。在"夹点编辑"快捷菜单中选择"移动"，或者在命令提示符后输入"Move"，则可对实体进行移动。有的实体对象夹点中有一个移动夹点，当利用夹点移动对象时，只需选中移动夹点，所选对象就会和光标一起移动，在目标位置左击即可。

4）利用夹点旋转对象。在"夹点编辑"快捷菜单中选择"旋转"，或者在命令提示符后输入"Rotate"，则可对实体进行旋转。

5）利用夹点缩放对象。在"夹点编辑"快捷菜单中选择"缩放"，或者在命令提示符后输入"Scale"，则以选中基点作为比例缩放的基点对图形对象进行缩放。也可以选取对象的两侧夹点，该夹点随光标一起移动拉伸对象。如果想同时更改多个夹点，用<Shift>键配合选择多个夹点，再移动或拉伸。

2.5.7　特性编辑

每个图形对象都有自己的特性，如颜色、图层、线型、线宽、大小、位置、打印样式等。这些特性称为实体的属性，并存储于该实体所属的图形文件中。有时，在绘图时如果对象的颜色、线型，直线段的长度，或者圆和圆弧的半径值不正确时，没有必要删除这些对象再正确地重绘这些对象，用户可以通过编辑、修改这些对象的属性，以达到修改图形的目的。这种便捷的修改手段，也正是 AutoCAD 绘图的最大优势之一。

1. "特性"管理器

编辑图形实质就是对其属性进行修改。AutoCAD 中提供了一个专门进行图形实体属性编辑和管理的工具——"特性"管理器。在"特性"管理器中，图形实体的所有属性均一目了然，修改起来极为方便。

"特性"管理器如图 2-35 所示。如果选取了一个对象，则"特性"管理器窗口就显示该对象的全部属性；如果选取了多个对象，则"特性"管理器将显示这些对象的共有属性。

这些属性有些是可编辑的，有些是不允许编辑的。

2."特性"管理器使用

使用"特性"管理器编辑图形，就是修改图形对象的属性。修改图形对象的属性常用的方法是：输入一个新值，或者从列表中选择一个值，或者修改某一特性值。一般情况下这一过程是在"按分类"选项卡中进行的，这主要是由于实体的属性在其中是分类排列，易于查找。在 AutoCAD 中，图形属性一般分为基本属性、几何属性、打印样式、视窗属性等，其中以基本属性和几何属性最为重要。

图 2-35 "特性"
选项板

基本属性是实体最本质的属性。在 AutoCAD 中，基本属性包括颜色、图层、线型、线型比例、打印样式、线宽、超级链接和厚度等 8 项。具体各项功能如下。

颜色：指定对象的颜色。修改时将打开"选择颜色"对话框。

图层：指定对象当前的图层。打开下拉列表将显示当前文件中的所有图层。

线型：指定对象的当前线型。列表框中显示了当前图形的所有线型。

线型比例：指定对象的线型比例因子。

打印样式：对实体在打印输出时的选项进行设置。

线宽：指定对象的线宽。在下拉列表中显示当前图形的所有可用线宽。

超级链接：将所选实体链接至某一网址。

厚度：设置三维实体的厚度，即实体在 z 轴方向的高度。

不同的图形实体，其几何属性和其他设置属性不尽相同，在实际使用时有两种形式：修改单个目标实体的属性和修改多个目标实体的属性。

本节的编辑命令，在天正软件中会经常用到，特别是比例缩放、移动、断开等命令，夹点编辑也是高效率编辑方法。

2.6 AutoCAD 2016 文本和尺寸标注

在 AutoCAD 的图形文件中，绘制了几何图形之后，还需要进行文字和尺寸标注。文字标注是对图形做出必要的解释，增强图形文件的可读性。用文字标注能表示非图形信息，还可用特殊符号区别不同种类的对象，绘图中常用的标题栏和技术要求等就使用了文字标注。尺寸标注是工程制图中的一项重要内容，描述了机械图、建筑图等各类图形中物体各部分的实际大小和相对位置关系，是图形的测量注释。

2.6.1 文字的样式

文字样式是一组可随图形保存的文字设置的集合，这些设置可包括字体、文字高度及特殊效果等。在 AutoCAD 中所有的文字，包括图块和标注中的文字，都是同一定的文字样式相关联的。通常，在 AutoCAD 中新建一个图形文件后，系统将自动建立一个默认的文字样式"Standard（标准）"，并且该样式被文字命令、标注命令等默认引用。

更多的情况下，一个图形中需要使用不同的字体，即使同样的字体也可能需要不同的显示效果，因此仅有一个"Standard（标准）"样式是不够的，用户可以使用文字样式命令来创建或修改文字样式。

命令调用方式：

菜单："格式"→"文字样式"命令。

工具栏：单击"文字"工具栏中的 **A** 按钮。

命令行：Style（或 ST）⏎。

调用该命令后，系统弹出"文字样式"对话框，如图2-36所示。

该对话框主要分为4个区域，下面分别对其进行说明：

样式（S）：在该栏的下拉列表中包括了所有已建立的文字样式，并显示当前的文字样式。用户可单击 新建(N)... 按钮新建一个文字样式。

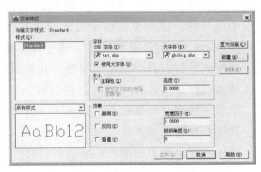

图2-36 文字样式对话框

> 提示："Standard（标准）"样式不能被重命名或删除。而对于当前的文字样式和已经被引用的文字样式则不能被删除，但可以重命名。

字体：在"字体名"选项组中显示所有AutoCAD可支持的字体，这些字体有两种类型：一种是带有 **图标**、扩展名为".shx"的字体，该字体是利用形技术创建的，由AutoCAD系统提供；另一种是带有 **T** 图标、扩展名为".ttf"的字体，该字体为TrueType字体，通常为Windows系统所提供。

某些TrueType字体可能会具有不同的字体样式，如加黑、斜体等，用户可通过"字体样式"列表进行查看和选择。而对于SHX字体，"Use Big Font"项将被激活。选中该项后，"字体样式"列表将变为"Big Font（大字体）"列表。大字体是一种特殊类型的形文件，可以定义数千个非ASCII字符的文本文件，如汉字等。

大小："高度"文本框用于指定文字高度。如果设置为0，则引用该文字样式创建字体时需要指定文字高度。否则将直接使用框中设置的值来创建文本。

效果：在该选项组中，"颠倒"复选按钮用于设置是否倒置显示字符；"反向"复选按钮用于设置是否反向显示字符。"宽度因子"文本框用于设置字符宽度比例。输入值如果小于1.0将压缩文字宽度，输入值如果大于1.0则将使文字宽度扩大。如果值为1，将按系统定义的比例标注文字。"倾斜角度"文本框用于设置文字的倾斜角度，取值范围为 $-85\sim85$。

预览：用于预览字体和效果设置，用户的改变（文字高度的改变除外）将会引起预览图像的更新。当用户完成对文字样式的设置后，可单击 应用(A) 按钮将所做的修改应用到图形中使用当前样式的所有文字。

置为当前（C）：把选中的文字样式作为当前的文字样式。

新建（N）：单击该按钮，打开"新建文字样式"对话框。在"样式名"文本框中输入新建文字样式名称后，单击"确定"按钮可以创建新的文字样式。新建文字样式将显示在"样式"下拉列表框中。

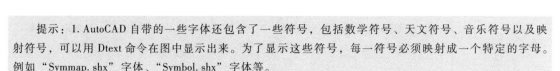

提示：1. AutoCAD 自带的一些字体还包含了一些符号，包括数学符号、天文符号、音乐符号以及映射符号，可以用 Dtext 命令在图中显示出来。为了显示这些符号，每一符号必须映射成一个特定的字母。例如"Symmap. shx"字体、"Symbol. shx"字体等。

2. 图形中的 TrueType 字体是以填充方式显示出来的，在打印时，Textfill 系统变量控制是否填充该字体。Textfill 系统变量的缺省设置为 1，这时打印出填充的字体。

2.6.2 文字的输入与编辑

1. 单行文字的输入与编辑

单行文字是文字输入中一种常用的输入方式。在不需要多种字体或多行文字内容时，可以创建单行文字。单行文字对于标签（也就是简短文字）非常方便，常用于标注文字、标注块文字等内容。

命令调用方法：

菜单："绘图"→"文字"→"单行文字"命令。

工具栏：单击"文字"工具栏中的 按钮。

命令行：Text。

单行文字的编辑主要包括两个方面：修改文字特性和文字内容。要修改文字内容，可直接双击文字，此时进入编辑文字状态，即可对要修改的文字内容进行修改。要修改文字的特性，可通过修改文字样式来获得文字的颠倒、反向和垂直等效果。如果同时修改文字内容和文字的特性，通过"特性"修改最为方便。

2. 多行文字的输入与编辑

单行文字比较简单，不便于一次性大量输入文字说明，用户经常需要用到插入多行文字命令。多行文字可以创建较为复杂的文字说明，如图样的技术要求等。在 AutoCAD 中，多行文字编辑是通过多行文字编辑器来完成的。多行文字编辑器相当于 Windows 的写字板，包括一个"文字格式"工具栏和一个文字输入编辑窗口，可以方便地对文字进行录入和编辑操作。

多行文字又称为段落文字，是一种更易于管理的文字对象，它由两行以上的文字组成，而且各行文字都是作为一个整体来处理。

命令调用方式：

菜单："绘图"→"文字"→"多行文字"命令。

工具栏：单击"绘图"工具栏中的 按钮。

命令行：Mtext（或 MT、T）。

编辑多行文字的方法比较简单，可在图样中双击已输入的多行文字，或者选中在图样中已输入的多行文字并右击，从弹出的快捷菜单中选择"编辑多行文字"，打开"文字格式"编辑器对话框，然后编辑文字。

值得注意的是，如果修改文字样式的垂直、宽度比例与倾斜角度设置，将影响到图形中已有的用同一种文字样式书写的多行文字，这与单行文字是不同的。因此，对用同一种文字样式书写的多行文字中的某些文字的修改，可以重建一个新的文字样式来实现。

提示：有时在输入中文汉字时，会显示为乱码或"？"符号，出现此现象的原因是由于选取的字体不恰当，该字体无法显示，此时，只要重新选择合适的字体即可。

2.6.3 尺寸标注的组成、规则和创建步骤

尺寸标注是图形的测量注释，可以测量和显示对象的长度、角度等测量值。AutoCAD 提供了多种标注样式和多种设置标注格式的方法，可以满足建筑、机械、电子等大多数应用领域的要求。

尽管 AutoCAD 提供了多种类型的尺寸标注，但通常都是由以下几种基本元素构成的，如图 2-37 所示。

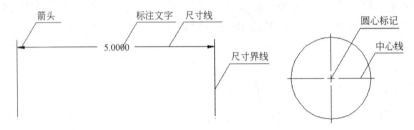

图 2-37　构成标注的基本元素

1. 标注的组成

标注文字：表明实际测量值。可以使用由 AutoCAD 自动计算出的测量值，并可附加公差、前缀和后缀等。用户也可以自行指定文字或取消文字。

尺寸线：表明标注的范围。通常使用箭头来指出尺寸线的起点和端点。

箭头：表明测量的开始和结束位置。AutoCAD 提供了多种符号可供选择，用户也可以创建自定义符号。

尺寸界线：从被标注的对象延伸到尺寸线。尺寸界线一般与尺寸线垂直，但在特殊情况下也可以将尺寸延伸线倾斜。

圆心标记和中心线：标记圆或圆弧的圆心。

2. 尺寸标注种类

AutoCAD 提供了 12 种标注用以测量设计对象，具体是线性标注、对齐标注、快速标注、坐标标注、半径标注、直径标注、角度标注、基线标注、连续标注、引线标注、公差标注、折弯标注。

3. 尺寸标注的规则

在 AutoCAD 中，对图形进行尺寸标注应遵循以下规则：

1）对象的真实大小应以图纸上标注的尺寸数值为依据，与图形的大小以及绘图的准确度无关。

2）图形中的尺寸以毫米（mm）为单位时，不需要标注计量单位的代号或名称。如采用其他单位，则必须注明相应计量单位的代号或名称，如厘米或米等。

3）图形中标注的尺寸为该图形所表示的对象的最后完工尺寸，否则应另加说明。对象的每一个尺寸一般只标注一次，并应标注在最后反映该对象最清晰的图形上。

4. 尺寸标注步骤

在 AutoCAD 中，对图形进行尺寸标注应遵循以下步骤：

1）建立尺寸标注层。在 AutoCAD 中编辑、修改工程图样时，由于各种图线与尺寸混杂在

一起，使得其操作非常不方便。为了便于控制尺寸标注对象的显示与隐藏，在 AutoCAD 中要为尺寸标注创建独立的图层，并运用图层技术使其与图形的其他信息分开，以便于操作。

2）创建用于尺寸标注的文字样式。为了方便尺寸标注时修改所标注的各种文字，应建立专门用于尺寸标注的文字样式。在建立尺寸标注文字样式时，应将文字高度设置为0，如果文字类型的默认高度不为0，则"修改标注样式"对话框中的"文字"选项卡中的"文字高度"编辑框将不起作用。建立用于尺寸标注的文字样式，样式名为"标注尺寸文字"。

3）依据图形的大小和复杂程度、配合将选用的图幅规格，确定比例。在 AutoCAD 中，一般按 1∶1 尺寸绘图，在图形上要进行标注，必须要考虑相应的文字和箭头等因素，以确保按比例输出后的图纸符合国家标准。因此，必须首先确定比例，并由这个比例指导标注样式中的"标注特征比例"的填写。

4）设置尺寸标注样式。标注样式是尺寸标注对象的组成方式。诸如标注文字的位置和大小、箭头的形状等。设置尺寸标注样式可以控制尺寸标注的格式和外观，有利于执行相关的绘图标准。

5）捕捉标注对象并进行尺寸标注。

2.6.4 尺寸标注样式的创建与应用

1. 标注样式的创建

在实际绘图时，不同的图形需要不同的标注方式，以满足实际工作的要求，如同向图形中输入文字一样，在标注前需要定义标注样式或对原有的样式进行修改，这样才能使绘制出的图形保证标注的尺寸统一完整。不同的标注样式决定了标注各基本元素的不同特征。如果没有进行标注样式的设定，当新建文件为英制的时候系统将以 Standard（美国国家标准协会）作为默认的标准标注样式。当新建文件为公制的时候系统将以 ISO-25（国家标准协会）作为默认的标准标注样式。

命令调用方式：

菜单：选择"格式"→"标注样式"命令。

工具栏：单击"标注"工具栏中的 ![button] 按钮。

命令行：Dimstyle。

启动命令后，AutoCAD 将弹出如图 2-38 所示的对话框。

"标注样式管理器"对话框中各项的具体含义如下：

样式（S）：该文本框用于显示当前图形所使用的所有标注样式名称。

列出（L）：在该下拉列表中提供了显示标注样式的选项，包括所有样式和正在使用的标注样式。

不列出外部参照中的样式（D）：该复选按钮用于控制在"样式"显示区中是否显示外部参照图形中的标注样式。

预览：在该文本框中可以显示用户选中

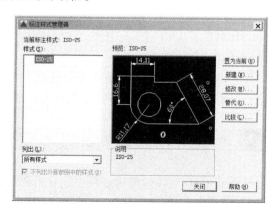

图 2-38 "标注样式管理器"对话框

的标注样式格式标注图形所能达到的效果。

说明：用于显示"样式"区域中选中的标注样式格式和当前使用的标注样式格式的异同。

置为当前 (U)：系统将用户选中的标注样式设置为当前标注样式。

新建 (N)...：选中该选项将弹出图 2-39 所示的"创建新标注样式"对话框，用于指定新建样式的名称、在哪种样式的基础上进行修改以及使用范围。

修改 (M)...：单击该按钮将弹出如图 2-40 所示的"修改标注样式"对话框，使用该对话框可以对所选标注样式进行修改。

替代 (O)...：单击该按钮将弹出"替代当前样式"对话框，使用该对话框可以设置当前使用的标注样式的临时替代值。

比较 (C)...：使用该按钮可以比较两种标注样式的特性或浏览一种标注样式的全部特性，并可将比较结果输出到 Windows 剪贴板上，然后再粘贴到其他 Windows 应用程序中去。

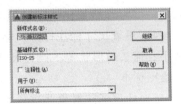

图 2-39 "创建新标注样式"对话框

2. 标注样式的应用

要使用标注样式，必须先把相应的标注样式置为当前样式。

命令调用方式：

菜单：选择"格式"→"标注样式"命令，打开"标注样式管理器"对话框，在"样式"列表中选择相应的样式名，然后单击"置为当前"按钮并关闭对话框。

工具栏：单击"标注"工具栏的"标注样式控制"下拉列表框中选择相应的样式名。

创建标注，除了需要选择标注样式外，更为关键的是选择标注命令。AutoCAD 提供了专门用于标注的"标注"菜单和"标注"工具栏。

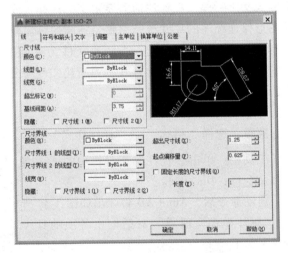

图 2-40 "修改标注样式"对话框

尺寸标注完毕后，若发现有丢失或不妥之处，可利用标注编辑的方法进行修改，或利用属性命令改变标注样式。

2.7 AutoCAD 的命令及简化

在天正 CAD 软件的使用过程中，常常要用到 AutoCAD 的命令，在这里将 AutoCAD 200X 的命令及其简化命令列出，见表 2-3，以供读者参考。对于简化命令，也可以通过对 acad.pgp 文件的修改来制作出自己个性化的简化。

表 2-3　AutoCAD 200X 命令及简化命令

简化命令	执行指令	命令说明	简化命令	执行指令	命令说明
A	ARC	弧	I	INSERT	交互式插入图块
ADC	ADCENTER	AutoCAD 设计中心	−I	−INSERT	指令式插入图块
AA	AREA	面积	AD	IMAGEADJUST	影像调整
AR	ARRAY	阵列	IAT	IMAGEATTACH	并入影像
AV	DSVIEWER	鸟瞰视图	ICL	IMAGECLIP	截取影像
B	BLOCK	交互式图块建立	IM	IMAGE	交互式贴附影像
−B	−BLOCK	指令式图块建立	−IM	−IMAGE	贴附影像
BH	BHATCH	交互式绘制剖面线	MP	IMPORT	输入资料
BO	BOUNDARY	交互式封闭边界建立	L	LINE	画线
−BO	−BOUNDARY	指令式封闭边界建立	LA	LAYER	交互式图层控制
BR	BREAK	断开	−LA	−LAYER	指令式图层控制
C	CIRCLE	圆	LE	LEADER	引导线标注
CH	PROPERTIES	交互式对象性质修改	EAD	LEADER	引导线标注
−CH	CHANGE	指令式性质修改	EN	LENGTHEN	长度调整
CHA	CHAMFER	倒角	LI	LIST	查询对象资料
CO	COPY	复制	LO	−LAYOUT	配置设定
COL	COLOR	交互式颜色设定	PS	PSPACE	图纸空间
CP	COPY	复制	PU	PURGE	肃清无用对象
D	DIMSTYLE	尺寸栏式设定	R	REDRAW	重绘
DAL	DIMALIGNED	对齐式线性标注	RA	REDRAWALL	所有视图重绘
DAN	DIMANGULAR	角度标注	RE	REGEN	重生
DBA	DIMBASELINE	基线式标注	REA	REGENALL	所有视图重生
DCE	DIMCENTER	中心标记标注	REC	RECTANGLE	绘制矩形
DCO	DIMCONTINUE	连续式标注	REG	REGION2D	面域
DDI	DIMDIAMETER	直径标注	REN	RENAME	交互式更名
DED	DIMEDIT	尺寸修改	−REN	−RENAME	指令式更名
DI	DIST	求两点间距离	RM	DDRMODES	绘图辅助设定
DIMALI	DIMALIGNED	对齐式线性标注	RO	ROTATE	旋转
DIMANG	DIMANGULAR	角度标注	S	STRETCH	拉伸
DIMBASE	DIMBASELINE	基线式标注	SC	SCALE	比例缩放
DIMCONT	DIMCONTINUE	连续式标注	SCR	SCRIPT	演示脚本文件
DIMDIA	DIMDIAMETER	直径标注	SE	DSETTINGS	绘图设定
DIMED	DIMEDIT	尺寸修改	SET	SETVAR	设定变量值
DIMLIN	DIMLINEAR	线性标注	SN	SNAP	捕捉控制
DIMORD	DIMORDINATE	坐标式标注	SO	SOLID	填实三边或四边形
DIMOVER	DIMOVERRIDE	更新标注变量	SP	SPELL	拼字
DIMRAD	DIMRADIUS	半径标注	SPE	SPLINEDIT	编修样条曲线
DIMSTY	DIMSTYLE	尺寸样式设定	SPL	SPLINE	样条曲线
DIMTED	DIMTEDIT	尺寸文字对齐控制	ST	STYLE	字型设定
DIV	DIVIDE	等分布点	T	MTEXT	交互式多行文字写入
DLI	DIMLINEAR	线性标注	−T	−MTEXT	指令式多行文字写入
DO	DONUT	圆环（甜甜圈）	TA	TABLET	数字仪设定
DOR	DIMORDINATE	坐标式标注	TI	TILEMODE	图纸空间 & 模型空间切换
DOV	DIMOVERRIDE	更新标注变量			
DR	DRAWORDER	显示顺序	TM	TILEMODE	图纸空间 & 模型空间切换
DRA	DIMRADIUS	半径标注			
DS	DSETTINGS	绘图设定	TO	TOOLBAR	工具列设定
DST	DIMSTYLE	尺寸样式设定	TOL	TOLERANCE	公差符号标注
DT	DTEXT	写入文字	TR	TRIM	修剪
E	ERASE	删除对象	UN	UNITS	交互式单位设定
ED	DDEDIT	单行文字修改	−UN	−UNITS	指令式单位设定
EL	ELLIPSE	椭圆	V	VIEW	交互式视图控制
EX	EXTEND	延伸	−V	−VIEW	视图控制
EXP	EXPORT	输出资料	EWRES	VIEWRES	设置视图中对象的分辨率
F	FILLET	倒圆角			
FI	FILTER	过滤器	W	WBLOCK	交互式图块写出
G	GROUP	交互式群组设定	−W	−WBLOCK	指令式图块写出
−G	−GROUP	指令式群组设定	X	EXPLODE	分解（炸开）
GR	DDGRIPS	夹点控制设定	XA	XATTACH	贴附外部参考
H	BHATCH	交互式绘制剖面线	XB	XBIND	并入外部参考
−H	HATCH	指令式绘制剖面线	−XB	−XBIND	文字式并入外部参考
HE	HATCHEDIT	编修剖面线	XC	XCLIP	截取外部参考
Z	ZOOM	视图缩放控制	XL	XLINE	构造线
XR	XREF	交互式外部参考控制	−XR	−XREF	指令式外部参考控制

AutoCAD 外部命令见表 2-4。

表 2-4　AutoCAD 外部命令

命令	执行内容	命令说明
CATALOG	DIR/W	查询目前目录所有的档案
DEL	DEL	执行 DOS 删除指令
DIR	DIR	执行 DOS 查询指令
EDIT	STARTEDIT	执行 DOS 编辑命令 EDIT
SH	SHELL	暂时离开 AutoCAD 将控制权交给 DOS
START	START	激活应用程序
TYPE	TYPE	列示档案内容
EXPLORER	STARTEXPLORER	激活 Windows 下的档案管理员
NOTEPAD	STARTNOTEPAD	激活 Windows 下的记事本
PBRUSH	STARTPBRUSH	激活 Windows 下的小画家

　　熟记以上命令，将使您事半功倍，可最先掌握一个或者两个字母的命令，再逐渐扩展。这也是应用左手操作的机会。

练 习 题

1. 绘制出图 2-41 所示的图形，其中图 2-41a～d 四组为一实体的主俯视图，能看出真实形体吗？

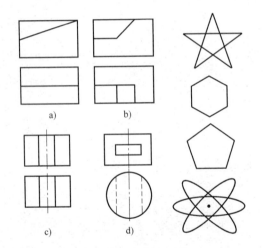

图 2-41　练习题 1 图

2. 绘制图 2-42 所示公切圆。

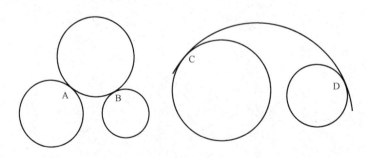

图 2-42　练习题 2 图

3. 绘制图 2-43 所示图形。

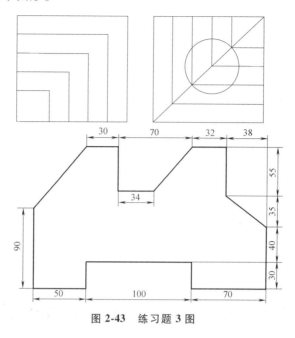

图 2-43 练习题 3 图

4. 绘制图 2-44 所示图形，分别是半径等于 20 的圆内接正多边形和圆外切正多边形。

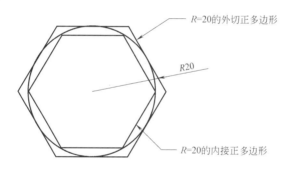

图 2-44 练习题 4 图

5. 绘制图 2-45 所示图形的剖面。

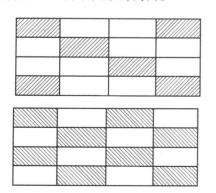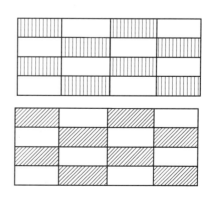

图 2-45 练习题 5 图

6. 绘制图 2-46 所示图形。

图 2-46 练习题 6 图

7. 绘制图 2-47 所示螺栓连接图。

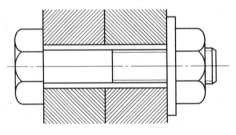

图 2-47 练习题 7 图

8. 绘制图 2-48 所示四组图形，并分析出它们的立体图形。

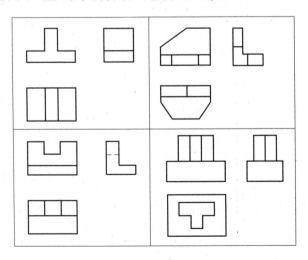

图 2-48 练习题 8 图

9. 绘制图 2-49 所示图形，可不作尺寸标注。莲花要充分利用编辑等有关功能。

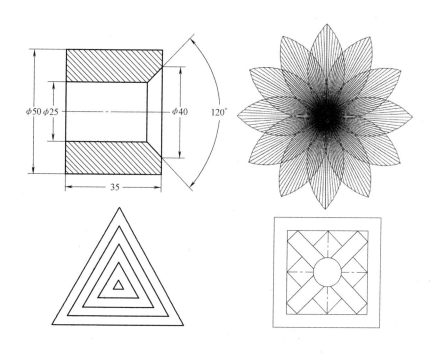

图 2-49　练习题 9 图

10. 利用 PL 等命令绘制图 2-50 所示图形，充分利用修剪、阵列等编辑命令。

图 2-50　练习题 10 图

图 2-50　练习题 10 图（续）

11. 用几种方法绘制图 2-52 所示图形，并比较几种方法的特点（此题有一定难度）。

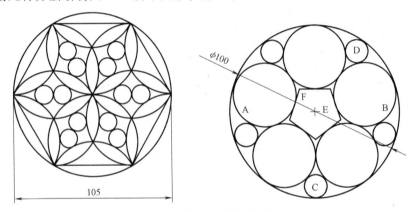

图 2-51　练习题 11 图

12. 先对图 2-52 所示图形进行观察，找出其规律，再绘制图形。

图 2-52　练习题 12 图

图 2-52　练习题 12 图（续）

13. 绘制图 2-53 所示图形。

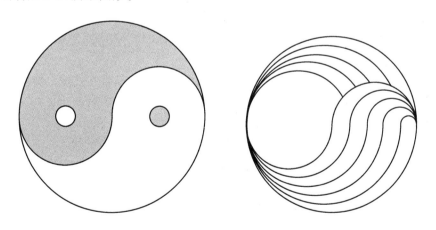

图 2-53　练习题 13 图

第 3 章

天正建筑软件T20

3.1 天正建筑软件介绍

天正建筑软件是目前使用最广泛的建筑设计软件，并且是高校建筑类学生的必修课，掌握了天正建筑软件的毕业生，往往受到用人单位的青睐。

1. 天正软件公司

北京天正工程软件有限公司是由具有建筑设计行业背景的资深专家发起成立的高新技术企业，自 1994 年开始就在 AutoCAD 图形平台成功开发了一系列建筑、暖通、电气、给排水等专业软件。十多年来，天正公司的建筑 CAD 软件在全国范围内取得了极大成功，国内建筑设计单位的设计人员几乎都在使用天正建筑软件；可以说天正建筑软件已经成为国内建筑CAD 的行业规范，它的建筑对象和图档格式已经成为设计单位之间、设计单位与甲方之间图形信息交流的基础。随着建筑设计市场的需要，天正日照设计、建筑节能、规划、土方、造价等软件也相继推出，基于天正建筑对象的建筑信息模型已经成为天正系列软件的核心，逐渐得到多数建筑设计单位的接受，成为设计行业软件正版化的首选。不仅如此，天正公司还应邀参与了 GB/T 50001—2010《房屋建筑制图统一标准》、GB/T 50104—2010《建筑制图标准》等多项国家标准的编制。

近年来，设计院的信息化建设迅猛发展，信息化建设理念一直在推陈出新。勘察设计行业对图纸信息完整性的要求也愈加强烈，从对三维技术的应用，到对设计、施工整体流程一体化的认识，逐渐成为许多勘察设计企业未来技术创新的发展方向。

天正 T20 系列软件通过界面集成、数据集成、标准集成及天正系列软件内部联通和天正系列软件与 Revit 等外部软件联通，打造真正有效的 BIM 应用模式。具有植入数据信息、承载信息、扩展信息等特点。

T20 天正建筑 V3.0 版本支持包括 AutoCAD 2007～2016 多个图形平台的安装和运行，天正建筑除了对象编辑命令外，还可以用夹点拖动、特性编辑、在位编辑、动态输入等多种手段调整对象参数。

T20 天正建筑 V3.0 主要技术特点：

1）新增数据中心，提供与 Revit、PBIMS 和 PDMS 的导入导出功能。

2）完善场地布置模块，新增地形图、建筑轮廓、道路标高、道路坡度、道路半径、路宽标注、地下坡道、坐标网格等功能，改进车位布置、任意布树、总平图例等原有功能。

3）双跑楼梯增加有效疏散半径的设置。

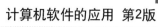

4）改进墙体绘制和编辑时有关墙宽的设置。

5）改进备档拆图功能，支持按图名和图号命名拆分图纸，通过配置文件可定义拆分支持的图名和图号的标记名，可识别所有在公框图层的图框。

2. 天正软件学习帮助

T20 天正建筑 V3.0 的文档包括使用手册、帮助文档和网站资源。

用户手册：对正式用户提供的 PDF 文档，以书面文字形式全面、详尽地介绍该软件的功能和使用方法，但一段时间内，手册无法随着软件升级及时更新，因此联机帮助文档才是最新的学习资源。

帮助文档：以 Windows 的 CHM 格式帮助文档的形式介绍本软件的功能和使用方法，更新比较及时，能随软件升级提供，升级补丁就只提供帮助文档格式的手册。

教学演示：提供的实时录制教学演示教程，使用 Flash 动画文件格式存储和播放，如果安装时没有选择安装动画教学文件，此功能无法使用。

自述文件：以文本文件格式提供用户参考的最新说明，如在 sys 下的 updhistory. txt 提供升级的详细信息。

日积月累：启动时将提示有关软件使用的小诀窍，往往会有意想不到的收获。

常见问题：是使用天正建筑软件经常遇到的问题和解答（常称为 FAQ），以 MS Word 格式的 Faq. doc 文件提供。

其他帮助资源：通过登陆天正公司的主页 www. tangent. com. cn，获得软件及其他产品的最新消息，包括软件升级和补充内容，下载试用软件、教学演示、用户图例等资源。此外时效性最好的是在天正软件论坛，在上面可与天正建筑软件的研发团队一起交流经验，探讨本软件的进一步发展。

3.2 软件交互界面

T20 天正建筑 V3.0 针对建筑设计的实际需要，对 AutoCAD 的交互界面做了必要的扩充，建立了自己的菜单系统和快捷键，新提供了可由用户自定义的折叠式屏幕菜单、新颖方便的在位编辑框、与选取对象环境关联的右键菜单和图标工具栏，保留 AutoCAD 的所有下拉菜单和图标菜单，从而保持 AutoCAD 的原有界面体系（图 3-1），便于用户同时加载其他软件。

1. 折叠式屏幕菜单

本软件的主要功能都列在"折叠式"三级结构的屏幕菜单上，上一级菜单可以单击展开下一级菜单，同级菜单互相关联，展开另外一个同级菜单时，原来展开的菜单自动合拢。二到三级菜单项是天正建筑的可执行命令或者开关项，全部菜单项都提供 256 色图标，图标设计具有专业含义，以方便用户增强记忆，更快地确定菜单项的位置。当光标移到菜单项上时，AutoCAD 的状态行会出现该菜单项功能的简短提示。

2. 在位编辑框与动态输入

在位编辑框对所有尺寸标注和符号说明中的文字进行在位编辑，而且提供了与其他天正文字编辑同等水平的特殊字符输入控制，可以输入上下标、钢筋符号、加圈符号，还可以调用专业词库中的文字，与同类软件相比，天正在位编辑框总是以水平方向合适的大小提供编

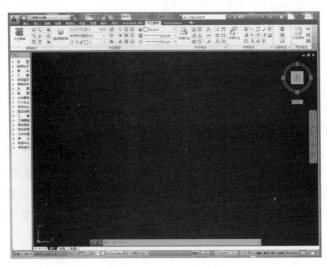

图 3-1   T20 天正建筑 V3.0 的基本界面

辑框修改与输入文字，而不会受到图形当前显示范围而影响操控性能。

3. 选择预览与智能右键菜单

本软件提供了光标"选择预览"特性，光标移动到对象上方时对象即可亮显，表示执行选择时要选中的对象，同时智能感知该对象，此时右击鼠标即可激活相应的对象编辑菜单，使对象编辑更加快捷方便，当图形太大选择预览影响效率时会自动关闭，也可以在"自定义"命令的"操作配置"中设置成人工关闭。

右键快捷菜单在 AutoCAD 绘图区操作，单击鼠标右键（简称右击）弹出，该菜单内容是动态显示的，根据当前光标下面的预选对象确定菜单内容，当没有预选对象时，弹出最常用的功能，否则根据所选的对象列出相关的命令。当光标在菜单项上移动时，AutoCAD 状态行给出当前菜单项的简短使用说明。

4. 默认与自定义图标工具栏

天正图标工具栏兼容的图标菜单，由三条默认工具栏、一条用户自定义工具栏、一条上海城建物资标准预制构件库以及一条调整工具组成，本软件提供了"常用图层快捷工具栏"避免反复的菜单切换，进一步提高效率。光标移到图标上稍作停留，即可提示各图标功能。工具栏图标菜单源文件为 tch. mns，位置为 sys1 * 和 sys1 * x64 文件夹下，用户可以参考 AutoCAD 有关资料的说明，使用 AutoCAD 菜单语法自行编辑定制，删除 TCH. mnr 后，用 menuload 命令重新加载。

5. 热键与自定义热键

除了 AutoCAD 定义的热键外，天正又补充了若干热键，以加速常用的操作，常用热键定义与功能见表 3-1。

表 3-1   天正常用热键

功能	定　义
F1	AutoCAD 帮助文件的切换键
F2	屏幕的图形显示与文本显示的切换键

（续）

功　能	定　义
F3	对象捕捉开关
F6	状态行的绝对坐标与相对坐标的切换键
F7	屏幕的栅格点显示状态的切换键
F8	屏幕的光标正交状态的切换键
F9	屏幕的光标捕捉（光标模数）的开关键
F11	对象追踪的开关键
Ctrl ++	屏幕菜单的开关
Ctrl +-	文档标签的开关
Shift + F12	墙和门窗拖动时的模数开关（仅限于 AutoCAD2006 以下平台）
Ctrl +~	工程管理界面的开关

注：AutoCAD 2006 以上版本的<F12>键用于切换动态输入，天正更改了提供显示墙基线用于捕捉的状态行按钮。

用户可以在“自定义”命令中定义单一数字键的热键，用于激活天正命令，由于“3”与多个 3D 命令冲突，不要用于热键。

6. 视口的控制

视口（Viewport）有模型视口和图纸视口之分，模型视口在模型空间创建，图纸视口在图纸空间中创建。为了方便用户从其他角度进行观察和设计，可以设置多个视口，每一个视口可以有如平面、立面、三维各自不同的视图。

7. 文档标签的控制

AutoCAD 支持打开多个 DWG 文件，为方便在几个 DWG 文件之间切换，本软件提供了文档标签功能，为打开的每个图形在界面上方提供了显示文件名的标签，单击标签即可将标签代表的图形切换为当前图形，右击文档标签可显示多文档专用的关闭和保存所有图形、图形导出等命令。

文档标签通过“自定义”→“基本界面”→“启用文档标签”复选框启动和关闭，还提供了<Ctrl+->热键可隐藏与恢复打开。

8. 特性表及其修复

特性表又被称为特性栏（OPM），是 AutoCAD 提供的一种交互界面，通过特性编辑（Ctrl+1）调用，便于编辑多个同类对象的特性。天正对象支持特性表，并且一些不常用的特性只能通过特性表来修改，如楼梯的内部图层等。天正的“对象选择”功能和“特性编辑”功能可以很好地配合修改多个同类对象的特性参数，而对象编辑只能编辑一个对象的特性。

有时在天正软件安装后特性栏不起作用，选择天正对象时特性栏显示“无选择”，多是安装时系统注册表受到某些软件保护无法写入导致，可以双击在安装文件夹→sys17～sys20 *64 这些文件夹下的 tch10_ com1 *.reg 文件手工导入注册表文件修复注册表解决。

3.3　软件基本操作

使用 CAD 技术进行建筑设计之前，有必要了解一般的 CAD 操作流程。天正建筑的基本操作包括初始设置基本参数选项，新提供的工程管理动能中的新建工程、编辑已有工程的命令操作。在对 AutoCAD 的交互界面作出必要的扩充的基础上，建立了 T20 选项板、菜单系统和快捷键，提供了可由用户自定义的折叠式屏幕菜单、新颖方便的在位编辑框、与选取对象环境关联的右键菜单和图标工具栏。

新一代的 T20 天正建筑软件将带给用户全新的视觉感受及更高的使用效率，依据建筑设计标准及流程重新设计。T20 界面中原创图标近百个，图标的设计更多来自对建筑设计的深刻理解，利用眼睛对色彩和网点的空间混合效果，在方寸范围表现功能的含义，达到让用户快速熟悉、友好、易联想的效果。

1. 用天正软件做建筑设计的流程

本软件的主要功能可支持建筑设计各个阶段的需求，无论是初期的方案设计还是最后阶段的施工图设计，设计图纸的绘制详细程度（设计深度）取决于设计需求，由用户自己把握，而不需要通过切换软件的菜单来选择，不需要有先三维建模，后做施工图设计这样的转换过程，除了具有因果关系的步骤必须严格遵守外，通常没有严格的先后顺序限制。

图 3-2 所示是包括日照分析与节能设计在内的建筑设计流程图。

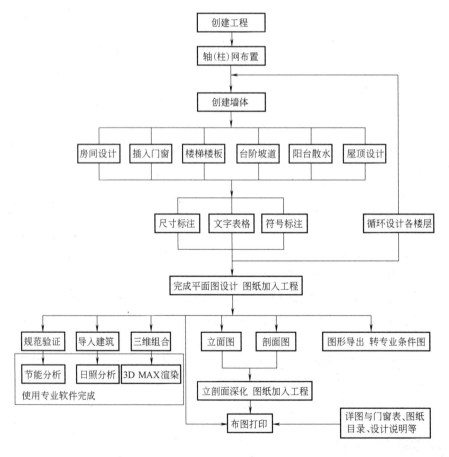

图 3-2　建筑设计的流程图

2. 用天正软件做室内设计的流程

天正软件的主要功能可支持室内设计的需求，一般室内设计只需要考虑本楼层的绘图，不必进行多个楼层的组合，设计流程相对简单，装修立面图实际上使用剖面命令生成。

图3-3所示是室内设计的流程图。

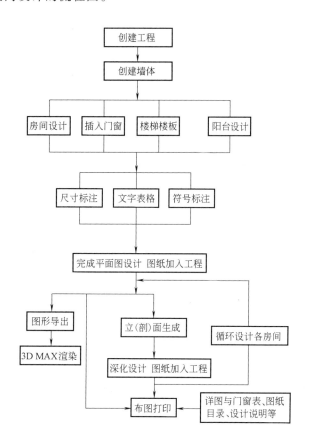

图3-3 室内设计的流程图

3. 选项设置与自定义界面

系统为用户提供了"自定义"和"天正选项"两个命令进行设置，内容在新版本中进行了分类调整与扩充。

"自定义"命令是专用于修改与用户操作界面有关的参数设置而设计的，包括屏幕菜单、图形工具栏、鼠标动作、快捷键等主要交互界面，如图3-4所示。

"天正选项"命令是专门用于修改与工程设计作图有关的参数而设计的，如绘图的基本参数、墙体的加粗、填充图案等的设置，"高级选项"如今作为"天正选项"命令的一个页面，其中列出的是长期有效的参数，不仅对当前图形有效，对机器重启后的操作都会起作用，如图3-5所示。

4. 工程管理工具的使用方法

在新版本中首次引入了工程管理的概念，工程管理工具是管理同属于一个工程下的图纸（图形文件）的工具，在"文件布图"菜单下，启动命令后弹出一个界面，如图3-6所示。

图 3-4 天正自定义设定   图 3-5 天正选项设定

单击工程管理界面最上方的下拉列表框，打开工程管理菜单（图 3-7），其中可以选择"打开工程""新建工程"等命令。为保证与旧版兼容，特地提供了"导入楼层表"与"导出楼层表"的命令。

下面用"新建工程"命令为当前图形建立一个新的工程，并为工程命名（如 house）。

工程管理界面下方又分为图纸、楼层、属性栏，图纸栏中预设有平面图、立面图等多种图形类别，先介绍图纸栏的使用。

图纸栏用于管理以图纸为单位的图形文件，右击工程名称"house"，弹出快捷菜单，在其中可以为工程添加图纸或子工程分类，如图 3-6 所示。

在工程的任意类别上右击，在弹出的快捷菜单中功能也是添加图纸或分类，只是添加在该类别下，也可以把已有图纸或分类移除，如图 3-8 所示。

图 3-6 工程管理界面

图 3-7 新建工程或导入楼层表

图 3-8 为图纸集添加图纸

单击"添加图纸"命令弹出"文件"对话框，在其中逐个加入属于该类别的图形文件，注意事先应该使同一个工程的图形文件放在同一个文件夹下。

在软件中，以楼层栏中的楼层工具图标命令控制属于同一工程中的各个标准层平面图，允许不同的标准层存放于一个图形文件下，通过图3-9所示的第二个图标命令，可以在本图中框选标准层的区域范围，具体命令的使用详见立面、剖面等命令。

在下面的楼层表中输入"起始层号-结束层号"，定义为一个标准层，并取得层高，双击左侧的按钮可以随时在本图预览框中查看所选择的标准层范围；对不在本图的标准层，单击空白文件名右侧的按钮，单击按钮后在"文件"对话框，以普通文件选取方式选择图形文件，如图3-10所示。

图3-9 楼层栏中的工具图标命令　　　　图3-10 楼层表的创建

打开已有工程的方法：单击"工程管理"菜单中"最近工程"右边的箭头，可以看到最近建立过的工程列表，单击其中一个工程名称即可打开。

打开已有图纸的方法：在图纸栏中列出了当前工程打开的图纸，双击图纸文件名即可打开。

5. 天正屏幕菜单的使用方法

折叠菜单系统除了界面图标使用了256色，还提供了多个菜单可供选择，每一个菜单都可以选择不同的使用风格，菜单系统支持鼠标滚轮，快速拖动个别过长的菜单。折叠菜单的优点是操作中随时可以看到上层菜单项，可直接切换其他子菜单，而不必返回上级菜单，如图3-11所示。

天正屏幕菜单支持自动隐藏功能，在光标离开菜单后，菜单可自动隐藏为一个标题，光标进入标题后随即自动展开菜单，节省了屏幕作图空间。

从使用风格区分，每一个菜单都有"折叠

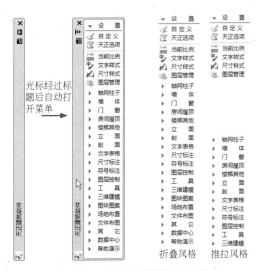

图3-11 天正屏幕菜单的风格

风格"和"推拉风格"可选，两者区别是：折叠风格是使下层子菜单缩到最短，菜单过长时自行展开，切换上层菜单后滚动根菜单；推拉风格使下层子菜单长度一致，菜单项少时补白，过长时使用滚动选取，菜单不展开。

3.4 天正建筑综合实例

3.4.1 首层平面

在本节中，将首先介绍平面图的基本绘制，包括初始比例、层高、室内外高差等初值的设定，轴网的建立、标注及编辑，墙体的绘制、编辑，柱子的插入和柱位的调整，以及门窗的插入、修改和编辑；其次介绍其他构件的绘制，包括内外高差的识别，绘制地板的方法，套内面积的统计，台阶的绘制、编辑，以及楼梯、扶手、栏杆的绘制、编辑和修改；最后是对首层平面的各种标注，包括三道尺寸线、门窗细部的尺寸标注，房间标注、图名标注等以及对标注的修改。

通过本节的练习，将学习到下列命令的使用：设置/自定义、天正选项；柱子轴网/直线轴网、两点轴标、标准柱；墙体/绘制墙体；墙体/墙体工具/识别内外、平行生线；门窗/插门、插窗；房间屋顶/房间轮廓、查询面积；楼梯其他/任意梯段、台阶、添加扶手；三维建模/造型对象/平板、栏杆库、路径排列；文字表格/单行文字；尺寸标注/门窗标注、增补尺寸、裁剪延伸、逐点标注；符号标注/箭头引注、标高标注、图名标注；设置观察/动态观察；工具/线变复线，自由复制；文件布图/改变比例；右键菜单/对象选择、对象编辑。

1. 设置

进入屏幕菜单，单击"设置"→"天正选项"。按照工程的要求，在其中进行参数设定，该设定对本图有效，在一层平面图中，设定对象比例为50，当前层高2500mm，其他参数取默认值即可。输入参数后对话框如图3-12所示。

图 3-12　"天正选项"对话框

2. 建立轴网

1) 直线轴网。单击"轴网柱子"→"绘制轴网"，在"绘制轴网"对话框中选择"直线轴网"，输入图3-13所示数据，单击插入点后，即在图中插入如图3-13所示的直线轴网。

下开间	3630, 3300, 3900
上开间	3000, 3930, 3900
左进深	3700, 2800, 2500, 2820
右进深	3700, 1300, 1500, 2500, 2820

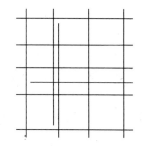

图 3-13　直线轴网

2）轴网标注。单击"轴网柱子"→"轴网标注"，在"轴网标注"对话框里中选中"双侧标注"单选按钮（图3-14）进行标注，标注后如图3-15所示。

提示：两点轴标注时选取起始轴和结束轴的原则是先左后右、先下后上。

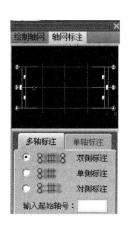

图3-14 "轴网标注"对话框

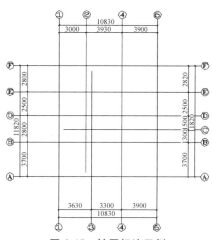

图3-15 轴网标注示例

3. 绘制墙体

1）绘制墙体。单击"墙体"→"绘制墙体"，根据以下设计参数要求在对话框中更改设置：外砖墙厚180mm，轴线居中，内砖墙厚120mm，轴线居中。完成外墙设置后的对话框如图3-16所示，内墙参照设置。然后单击上图对话框的工具栏中的绘制墙工具绘制各段墙体。

提示：轴网编号为（1，D）-（2，F）的外墙先不绘制，如图3-17所示。

2）移动墙体。单击（4-DE）墙后，在命令行键入Move（移动），然后将鼠标右移。

提示：此时应打开正交模式（快捷键为<F8>键））后，再键入1500，回车，完成厕所内墙，如图3-18所示。

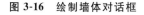

图3-16 绘制墙体对话框

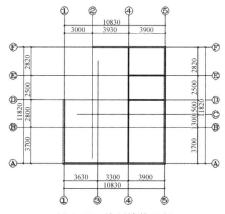

图3-17 绘制墙体示例

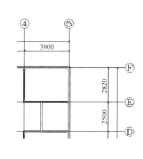

图3-18 厕所内墙示例

4. 插柱子

单击"轴网柱子"→"标准柱"，在"标准柱"对话框中选取柱子材料和形式，并输入柱子尺寸，具体步骤如下：

1）沿 A 轴插入 4 个矩形钢筋混凝土柱，尺寸 350mm×500mm。此时柱高与层高相同，都是 2500mm，插入方式在工具栏中选取"沿着一根轴线布置柱子"，选取 A 轴后插入，如图 3-19 所示。

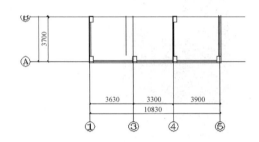

图 3-19 沿着一根轴线布置柱子示例

2）用 Move（移动）命令调整 A 轴上柱子的柱位。A 轴上 4 个柱子均向上移动 160mm（A 轴上柱位的调整均以外墙皮与柱子平齐为原则，在调整的时候应将捕捉打开，便于取点），1 号轴线上的柱子再向右移动 85mm，3、4 号柱子向右移动 115mm，5 号柱子向左移动 85mm，调整后 A 轴上柱子的柱位如图 3-20 所示。

> 提示：可以选择"柱子轴网"→"柱齐墙边"命令来完成柱位调整。

3）使用复制命令生成（1，B）、（4，B）上的 2 个柱子。选取（1，A）、（4，A）上的两个柱子，复制后，向上移动 3350mm，即生成图 3-21 所示的 B 轴上柱子。

> 提示：可以将 B 轴向上偏移（Offset）60mm 作为辅助线，用以对齐（1，B）、（4，B）柱的柱位，移动柱子使上边对齐辅助线，确认后应删除辅助线。

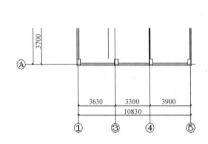
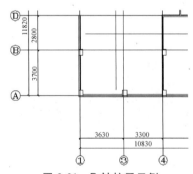

图 3-20 A 轴柱子柱位调整后示例　　　　**图 3-21 B 轴柱子示例**

4）复制生成 D 轴（4，D）、（5，D）、（1，D）上的 3 个柱子。与步骤 3）的操作方法基本相同，选取并复制（4，A）、（5，A）2 个柱子，再向上移动 6150mm，即生成 D 轴上的（4，D）、（5，D）2 个柱子，再复制（4，D）并向左移动 6960mm 生成（1，D），如图 3-22 所示。

5）同上生成 F 轴（2，F）、（4，F）、（5，F）上的 3 个柱子。与步骤 3）的操作方法基本相同，选取并复制（4，D）、（5，D）2 个柱子，向上移动 5350mm，即生成 D 轴上的

（4，F）、（5，F）2个柱子，再复制（4，F）并向左移动3960mm生成（2，F），如图3-23所示。

> 提示：可以将2轴向左偏移（Offset）90mm作为辅助线，用以对齐F轴柱子，把（2，F）柱子左边对齐辅助线即可，确认后应删除辅助线。

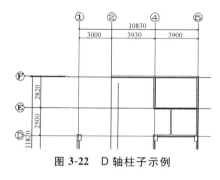

图3-22 D轴柱子示例

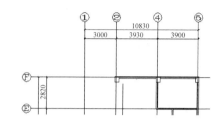

图3-23 F轴柱子示例

5. 齐柱边绘制（1，D）-（2，F）外墙

取绘制墙体命令后，在"绘制墙体"对话框中设置：左0，右180mm，材料为砖墙，并单击绘制直墙工具图标，如图3-24所示。单击图形。[此时可以关闭正交模式（<F8>键），或者打开对象捕捉（<F3>键）]，单击图3-25所示的P1、P2（均是柱子左上角点）两点，开始绘墙。

图3-24 "绘制墙体"对话框

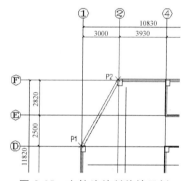

图3-25 齐柱边绘制外墙示例

此时，墙体和柱子绘制完成，确认没有多余辅助线后，开始进行门窗的插入。

6. 插入门窗

1）插入大门M6。单击门窗命令后，选择插门，在"门"对话框中设置参数：门窗尺寸1400mm×2150mm，门槛高0。选择工具栏中的不同模式插门：轴线定距（图3-26），距1轴650mm插入1个；垛宽定距（图3-27），距离0插入另1个。M6插入后如图3-28所示。

2）插入大门M7。对话框中设置参数：1200mm×2150mm，门槛高0。选择工具栏中的不同模式插门：轴线定距，距1轴650mm插入1个；垛宽定距，距离0插入另1个。M7插入后如图3-28所示。

3）轴线居中插入2个窗C1，尺寸1800mm×1250mm，窗台高900mm。单击门窗命令后，选择插窗，在图3-29所示对话框中输入参数，选取轴线居中布置方式后，分别单击3、4轴和2、4轴间的墙体，即插入图3-30所示的窗C1。

图 3-26　轴线定距模式

图 3-27　垛宽定距模式

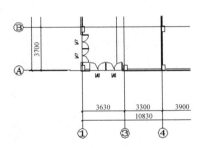

图 3-28　插入门 M6、M7 示例

图 3-29　轴线居中模式

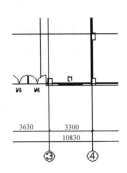

图 3-30　插入窗 C1 示例

92

4）插入窗 C2。对话框中设置参数：尺寸 1500mm×1250mm，窗台高 900mm。选择工具栏中的不同模式插入窗：轴线居中插入（图 3-31），轴线 B、D 和轴线 D、E 各插入 1 个；轴线定距插入（图 3-32），距离 4 轴 450mm 插入 1 个。C2 插入后如图 3-33 所示。

5）垛宽定距，在 C、D 轴间插入 1 个窗 C3，如图 3-34 所示，距离 0，尺寸 800mm×1250mm，窗台高 900mm。

图 3-31　轴线居中模式

图 3-32　轴线定距模式

6）顺序插入（如图 3-35 所示）。在斜线墙上插入 1 个窗 C4，距离外墙角（即（2，F）柱子的左上角点）540mm，尺寸 2400mm×1250mm，窗台高 900mm，如图 3-36b 所示。

> 提示：在单击窗 C4 的插入点时，如果点在 F 轴的下边，将以轴线为起点，距离 540mm 插入窗 C4，这样是不正确的，应该将（2，F）柱子局部放大，再在 F 轴与（2，F）柱子左上角点之间的墙线上选取，如图 3-36a 所示，这时将以（2，F）柱子左上角点 P 为起点，距离 540mm 插入窗 C4，如图 3-36b 所示。

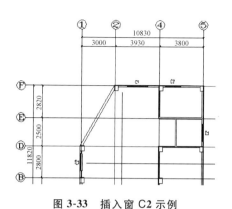

图 3-33 插入窗 C2 示例

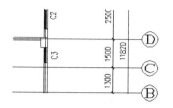

图 3-34 插入窗 C3 示例

图 3-35 顺序插入窗

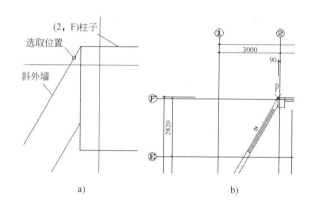

图 3-36 插入窗 C4 示例
a）选取位置点 b）起点置点

7）插门 M1 和 M5。再单击门窗命令后，选择插门，在对话框中设置参数：名称 M1，尺寸 900mm×2100mm，选择工具栏中的模式为垛宽定距插入，定距取 0，插在 4、D 轴间的墙体即车库后门，如图 3-37 所示。

再用垛宽定距 120，在 4、E 轴间插入另一门 M1。之后更改门窗尺寸为 800mm×2100mm，仍然用垛宽定距 120mm，在厕所内墙上插入门 M5，如图 3-38 所示。

图 3-37 垛宽定距插入门

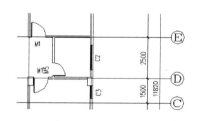

图 3-38 插入门 M1、M5 示例

8）插入 M2。更改对话框中的门窗尺寸：门高 2450mm，门槛高 0，模式为充满整个墙段，在 4、5 轴间插卷帘门 M2，如图 3-39、图 3-40 所示。

图 3-39　充满整个墙段插入门

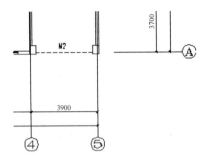

图 3-40　插入门 M2 示例

提示：在输入和更改门窗参数时，应同时修改门窗样式，在本例中用到的门窗样式见表 3-2。

表 3-2　门窗样式

门窗名称	门窗尺寸（宽×高）/mm	二维样式	三维样式
M1	900×2100	单扇平开门（全开表示门厚）	默认形式
M2	3350×2450	居中卷帘门 1	卷帘门-关闭
M3	1800×2100	双扇推拉门（有开启箭头）	双扇推拉门
M4	2400×2100	双扇推拉门（有开启箭头）	双扇推拉门
M5	800×2100	单扇平开门（全开表示门厚）	默认形式
M6	1400×2150	双扇平开门（全开表示门厚）	有亮子双玻门
M7	1200×2150	双扇平开门（全开表示门厚）	有亮子双玻门
C1	1800×1250	四线表示	钢塑窗 2
C2	1500×1250	四线表示	钢塑窗 2
C3	800×1250	四线表示	钢塑窗 2
C4	2400×1250	四线表示	钢塑窗 2
C5	800×1500	四线表示	钢塑窗 2
C6	1800×1500	四线表示	钢塑窗 2
C7	1500×1500	四线表示	钢塑窗 2
C8	1500×1400	四线表示	钢塑窗 2

7. 三维观察

通过拖动左侧视口边界，设定双视口，在右边视口中右击，选择显示模式为自动确定，着色模式设为消隐或者平面着色，视图设置为西南轴测，使右侧成为如图 3-41 所示的三维视图。再右击，选择视图设置中的动态观察命令，对生成的模型进行三维旋转观察。

8. 内外高差

1）单击墙体工具下的识别内外命令，自动识别外墙。

2）改外墙高 2950mm，底标高-0.450m；注意不维持墙窗距离。

3）改车库内墙高度为 2950mm，底标高-0.450m；注意不维持墙窗距离。

4）在右键菜单中选取对象选择命令，选中所有柱子，改高度为 2950mm，底标高-0.450m；

5）对卷帘门对象编辑，门槛高 150mm，并单击三维样式，选择半开方式的门图块，如图 3-42 所示。

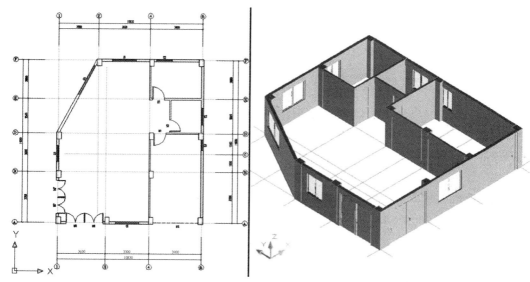

图 3-41 三维观察

9. 封地面

1）单击"房间屋顶"→"房间轮廓"命令，在选择房间的提示下选择除车库外的所有房间（因为车库地面比其他房间低，需要单独生成）。命令自动搜索并生成 Pline 表示轮廓线，如图 3-43 所示。

2）在命令行键入 Delobj 回车，如果原值为 0，设置 Delobj = 1，这样做可以在生成平板后自动删除轮廓线。

3）单击"三维建模"→"造型对象"→"平板"命令，将轮廓线转换为平板，厚度−150mm，并置于新建的 3D_ GROUND 层。选中平板，单击右键菜单中的对象编辑命令，让所有边都不可见。

图 3-42 门对象编辑对话框

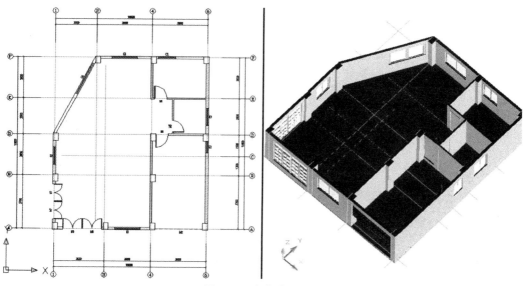

图 3-43 生成地面示例

4）用绘制矩形命令绘制车库地面轮廓，再用平板命令构造地面，厚度－150mm，并置于 3D_ GROUND 层。单击平板，右键选取对象编辑命令，更改标高为－0.300m，让所有边都不可见。

10. 绘制台阶

1）大门台阶。首先绘制台阶辅助线：使用"墙体工具"→"平行生线"命令，在 1 轴和 A 轴的外墙线处，生成 2 条平行于该外墙的线，与墙间距为 640mm，然后用 Fillet（圆角）命令将两根线连接。（提示：圆角半径改为 500mm），再用 Line（直线）命令绘制台阶与墙体连接的部分，执行"工具"→"曲线工具"→"线变复线"命令，将分段绘制的台阶辅助线变成连成一体的 Pline 线。单击"楼梯其他"菜单下的"台阶"命令，在图 3-44 所示的对话框中输入参数：台阶高 450mm，踏步宽 280mm，踏步高 150mm；选择"已有路径绘制"方式，选择图中绘制好的台阶辅助线，并按命令行提示选取邻接的墙、门窗，不选取没有踏步的边，即可绘制出台阶对象，如图 3-45 所示。

图 3-44 "台阶"对话框

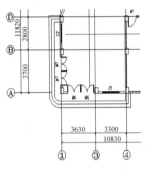

图 3-45 大门台阶示例

2）车库台阶。在 M1 处绘制图 3-46 所示的矩形，再在图 3-47 所示的"台阶"对话框中输入车库台阶的参数：台阶高 300mm，踏步宽 280mm，踏步高 150mm；同上绘制出台阶对象。

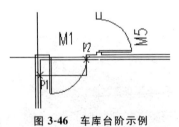

图 3-46 车库台阶示例

图 3-47 "台阶"对话框

11. 构造楼梯

1）绘制楼梯柱。进入"轴网柱子"菜单，单击"标准柱"命令，在图 3-48 所示的对话框中修改柱子参数：柱子形状为圆柱，直径 200mm，柱高 2500mm，在（2，D）上插入（是上开间的 2 轴）。对圆柱执行平行生线命令，偏移为 150mm，并用对象特性将新生成的圆形的厚度修改为 2500mm。

2）绘制辅助线。将上开间的 2 轴向右偏移 1520mm，D 轴向上偏移 1050mm，作为辅助线；单击 Arc（圆弧）命令，使用起点、圆心、终点绘制出楼梯右侧的弧线，由于要将楼梯分成两段，分别使用任意梯段命令，所以圆弧必须也要打断成 2 段。再用 Line（直线）命令绘制辅助线1、线2，作为楼梯左侧基线，如图3-49所示。

图3-48 "标准柱"对话框

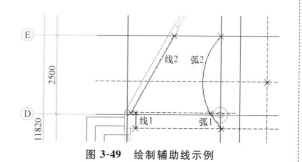

图3-49 绘制辅助线示例

3）使用"楼梯其他"→"任意梯段"命令绘制梯段1，在图3-50所示的对话框中输入梯段1的参数：底标高0，高度468mm，踏步高156mm。

4）使用"任意梯段"命令绘制梯段2，此时因为二维表达的关系，凡是这类分段连接的梯段，要从下段顶点的下一级开始设定上段的底标高，此例的梯段2的底标高 = 468mm（梯段高度）- 156mm（踏步高度）= 312mm，高度 = 2500mm（层高）- 312mm（底标高）= 2188mm，踏步高156mm，如图3-51所示。

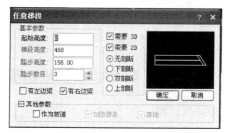

图3-50 "任意梯段"对话框一

图3-51 "任意梯段"对话框二

5）使用"符号标注"菜单下的"箭头引注"命令标注上楼方向，注意箭头起点在上面，从上面往下面标注，使用三点画弧的规则，如图3-52所示。

6）删除辅助线，观察结果如图3-53所示。

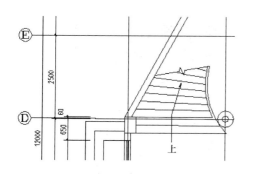

图3-52 任意梯段绘制楼梯示例

图3-53 任意梯段绘制楼梯三维示例

7）生成扶手。使用"楼梯其他"→"添加扶手"命令，选取上段弧梯的弧线作为生成扶手的路径曲线，绘制半径为 60mm、高 900mm 的扶手。双击创建的扶手，可进入对话框进行扶手的编辑，如图 3-54 所示，设定形状为圆形，对齐方式为左边。

8）生成栏杆。执行"三维建模"→"造型对象"→"栏杆库"命令，在图 3-55 所示的窗口中选取栏杆形式，在图中插入栏杆单元。在图中选取刚刚插入的栏杆单元，右击选择"图块编辑"命令，将高度改为 880mm，如图 3-56 所示；按前面介绍的方法设定双视口，为预览栏杆作好准备，因为栏杆是三维对象，在平面图上不可见，在三维视口下才能有效显示，单击三维视口将其设为当前视口。

图 3-54 "扶手"对话框

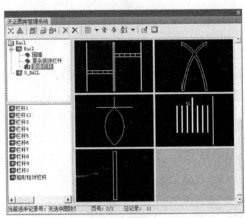

图 3-55 "栏杆库"窗口

单击"三维建模"→"造型对象"→"路径排列"命令，选取已经生成好的扶手作为路径，选取栏杆围排列对象，在图 3-57 所示的"路径排列"对话框中输入参数：单元宽度 500mm，单元对齐为中间对齐，选中"自动调整单元宽度"复选按钮，然后单击"预览"按钮，如果预览正常，即可以单击"确定"按钮插入栏杆。键入"Shade"着色命令，即可从三维视口中看到图 3-58 的三维效果。

图 3-56 "图块编辑"对话框

12. 尺寸标注

1）对下开间进行门窗标注。单击"尺寸标注"→"门窗标注"命令，命令行提示：

图 3-57 "路径排列"对话框

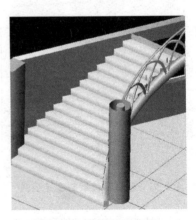

图 3-58 栏杆扶手示例

请用线选第一、二道尺寸线及墙体！

单击图 3-59 所示的经过尺寸线和门的两点 P1、P2，即可自动标注这个开间的门窗，接着提示：

选择其他墙体：

这时继续框选所有下开间墙，完成从轴线 1 到轴线 5 范围内的门窗标注。

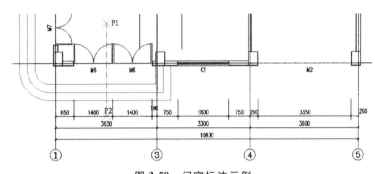

图 3-59　门窗标注示例

2）单击刚刚标注好的尺寸线，右击选择增补尺寸命令，增补台阶尺寸，构成图 3-60 所示的完整的第三道尺寸线。

3）用裁剪延伸命令生成开间总尺寸线，分左右两步完成。

左侧：单击开间总尺寸，右击选择"裁剪延伸"命令，根据命令行提示选择 1 轴柱左下角点为延伸基点，再选取总尺寸左边，总尺寸左边界马上延伸到柱边，如图 3-61 所示。

右侧：单击开间总尺寸，右击选择"裁剪延伸"命令，选择 5 轴柱右下角点为延伸基点，单击总尺寸右边，总尺寸右边界马上延伸到柱边，如图 3-62 所示。这样即完成了开间总尺寸线的标注，同时，总尺寸数也进行了相应的更改。

对于进深总尺寸的延伸及标注方法，与开间的标注方法完全相同。

4）逐点标注，用于标注下图所示斜墙门窗。单击"逐点标注"命令，起点与第二点按着顺时针的顺序，分别单击斜墙的两个外角点与柱子相交的外侧交点，这两点定义了尺寸线的方向，这时拖动尺寸线到图 3-63 所示位置，给定定位点，接着单击窗 C4 的两个角点，完成斜墙尺寸线的标注。

5）使用类似的方法标注完成其他外墙侧面的第三道尺寸线。

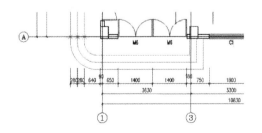

图 3-60　台阶尺寸标注示例

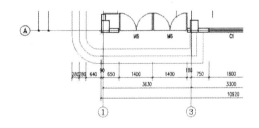

图 3-61　裁剪延伸左侧示例

13. 其他标注

1）房间标注。单击"房间屋顶"→"查询面积"命令，设置"查询面积"对话框，如

图 3-64 所示。之后选择要标注房间的墙体，可以选中整个建筑物，程序自动标注出"房间"与面积尺寸。逐个右击房间名称进行对象编辑修改，在图 3-65 所示的对话框中输入该房间的正式名称。

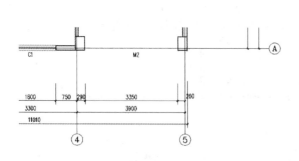

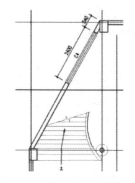

图 3-62　裁剪延伸右侧示例

图 3-63　逐点标注斜墙示例

如需要在某区域内标注不同房间名称，可以用文字表格菜单下的单行文字命令标注，如图 3-66 中的"吧房"和"大厅"，文字样式选_ TCH_ SPACE。

2）图名标注。使用"符号标注"→"图名标注"命令标注画出的平面图，对话框中内容如图 3-67 所示，其中比例是自动由图中设定比例取出的，如果发现对话框显示的当前比例与自己设想的绘图比例不同，用户要进入布图菜单执行改变比例命令，才能对已有对象进行比例的修改。修改图 3-67 对话框里面的比例仅仅改变图名文字的标注，对图形本身没有影响。

图 3-64　"查询面积"对话框

图 3-65　"编辑房间"对话框

图 3-66　"单行文字"对话框

图 3-67　"图名标注"对话框

3）地面标高标注。使用"符号标注"→"标高标注"命令，分别标注大厅与车库、厕所等不同标高房间的地面标高，如图 3-68 所示。

3.4.2　夹层平面

在本节中，首先介绍在首层平面图的基础上修改为夹层平面图的基本方法和步骤，包括

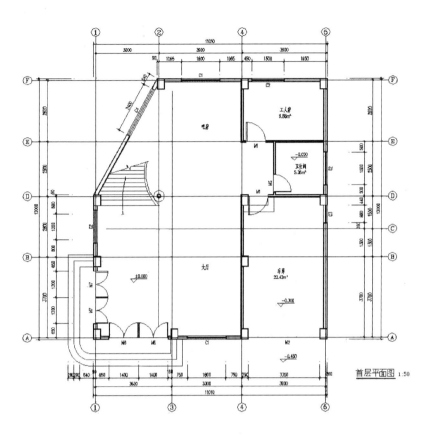

图 3-68　首层平面图

修改图名，清理不需要的标注及构件，修改层高；其次是对夹层平面的细部修改及相应构件的绘制，包括门窗、楼梯的修改和插入，绘制地板，扶手和栏杆的绘制、编辑；再次是对夹层平面的各种标注，包括第三道尺寸线的绘制和修改，房间名称的标注，以及标高标注，并识别内外墙。

　　通过本节的练习，将学习到下列命令的使用：墙体/墙体工具/改高度；墙体/墙体立面/墙面 UCS、异形立面；楼梯其他/双跑楼梯；设置/天正选项；工具/局部隐藏、局部可见、恢复可见。

1. 首层平面基础上修改

1）打开"首层平面"，另存为"夹层平面"。

2）用对象编辑将图名"首层平面图"修改为"夹层平面图"。

2. 清理工作

1）删除大门和车库的 2 个台阶。

2）删除所有房间标注。

3）删除所有标高标注。

4）设置 3D_ GROUND 为唯一打开图层，从中删除地面。

3. 层高修改

1）使用"设置"→"天正选项"，将层高改为 2600mm。

2）使用"墙体"→"墙体工具"→"改高度"命令，将所有墙柱都改为 2600mm，标高 0，不维持门窗和墙的间距。

4. 墙体门窗

1）删除大厅门 M6 和 M7。

2）用普通窗命令将卷帘门 M2 替换为窗 C4，具体参数如图 3-69 所示。

3）绘制内墙（4，C）-(5，C)，如图 3-70 所示。

图 3-69　门窗对象编辑对话框

图 3-70　绘制墙体对话框

4）作辅助线，将 4 轴轴线向右 Offset（偏移）2400mm。

5）夹点平移厕所内墙。单击厕所内墙，拖动该墙段中间的夹点向左移动至 4 轴，与该轴上其他墙体一致，或向左移动时键入移动距离 1500mm。

6）将（4，E）-(5，E)墙往下 Offset（偏移）1260mm。

7）将 4 轴上插有 M5 的墙体向右 Offset（偏移）到辅助线上，或者在辅助线上直接绘制墙体，之后删除多余墙体和门，如图 3-71 所示。

8）插主卧门和主卫门。在 4 轴的 B、C 段之间，插入主卧门 M1，尺寸 900mm×2100mm，垛宽定距 120mm，如图 3-4 所示；在 C 轴的 4、5 段之间，插入主卫门 M5，尺寸 800mm×2100mm，垛宽定距 900mm，如图 3-72 所示。

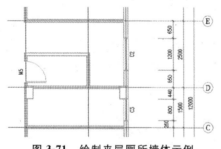

图 3-71　绘制夹层厕所墙体示例

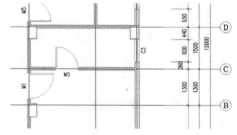

图 3-72　绘制夹层主卧、主卫门示例

9）在 4 轴的 E、F 段之间，插入厨房门 M3，尺寸 1800mm×2100mm，垛宽定距 150mm，如图 3-73、图 3-74 所示。

5. 楼梯

1）弧段楼梯修改。右击上一段任意楼梯，使用对象编辑命令，在"任意梯段"对话框中选择无剖断、不需要 3D，如图 3-75 所示。下一段任意楼梯同样修改。

同时对编辑后的楼梯进行以下修改：删除上楼方向的箭头引注，进入符号标注菜单，重新建立下楼方向的箭头引注；对扶手进行对象编辑，同样选择不需要 3D；在三维视口下删除栏杆（在平面图看不到三维的栏杆对象）。

图 3-73　门窗参数对话框

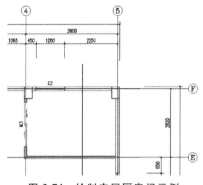

图 3-74　绘制夹层厨房门示例

2）绘制 2 层到 3 层的双跑楼梯。在 4 轴 D、E 间插入双跑楼梯，进入"楼梯"其他菜单，单击"双跑楼梯"，在"双跑楼梯"对话框中输入图 3-76 所示的参数：梯间宽 2380mm，楼梯高 2600mm，梯段宽 1140mm，踏步宽 280mm，踏步高 144mm，一跑步数 9 步，平台宽 1350mm，踏步取齐方式为齐楼板，上楼位置为左边。

提示：如果先输入梯间宽，程序会弹出警告对话框，同时示意框中会提示参数不合适，可以一直输入相应参数，程序会自动判断参数是否合适，并自动恢复示意框中的楼梯图形。

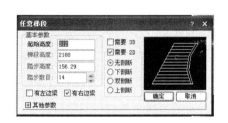

图 3-75　"任意梯段"对象编辑对话框

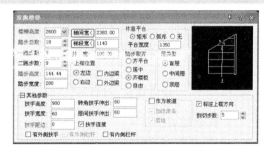

图 3-76　"双跑梯段"对话框

3）参数输入无误后，单击"确定"按钮，屏幕会实时显示要绘制的梯段，用户可以随着光标拖动这个梯段，准备插入到楼梯间，同时命令行提示是否对梯段进行翻转、旋转等操作，可以根据命令行提示对梯段进行相应的操作，之后单击楼梯间的右上角点（要选择墙体的内墙皮），插入后，如图 3-77 所示。

4）建立楼梯间墙。删除随一层带来的楼梯间窗 C2，删除后如图 3-78 所示。

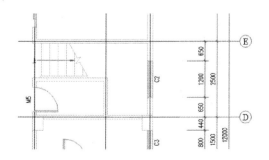

图 3-77　绘制双跑梯段示例

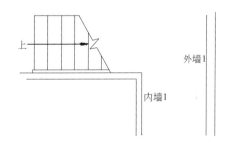

图 3-78　楼梯间墙体局部可见示例

对象编辑，选择休息平台下，轴线 4、5 间的内墙（门 M5 正对的内墙），改墙高为 1200mm。

对象编辑，选择楼梯间轴线 D、E 间外墙，改墙高为 1300mm，准备建立跨楼层的楼梯间窗。

使用"工具"→"局部可见"命令，只留下楼梯间的墙体和楼梯，将多余墙体、门窗、柱子等对象局部隐藏，如图 3-78 所示。

> 提示：可以用"工具"菜单下的"恢复可见"命令取消隐藏。

在另一视口执行"墙体"→"墙体立面"→"墙面 UCS"命令，观察正立面，如图 3-79 所示。为生成异形立面墙做准备，根据两跑楼梯底边使用 Pline 绘制轮廓线，作为异型立面墙的切割边界，如图 3-79 加粗线所示。执行"墙体"→"墙体立面"→"异形立面"命令，在视口中单击鼠标右键，选择"显示模式"为"自动确定"，"着色模式"设为"消隐"或者"平面着色"，生成楼梯中异形隔墙如图 3-80 所示。

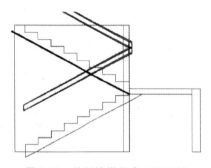

图 3-79　绘制楼梯间窗立面示例

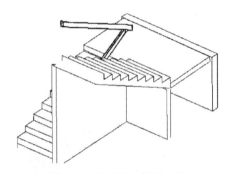

图 3-80　生成异形墙体示例

6. 构造地面

1）绘制餐厅边线。用 Pline 线（连续使用 Pline 中的 A 弧选项）绘制图 3-81 所示的餐厅边线（可以在整个 Pline 线绘制好后，再对弧线进行调整）。

2）绘制地面轮廓。继续用 Pline 线绘制图 3-82 所示的地面轮廓线，最后把这些轮廓线连接起来，连接方法可以是 Pedit 命令，或者"工具"→"线变复线"命令均可。

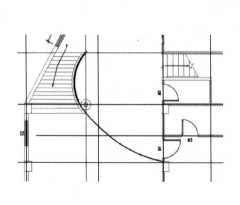

图 3-81　绘制餐厅边线示例

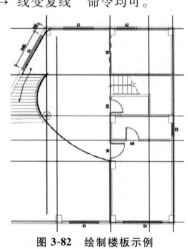

图 3-82　绘制楼板示例

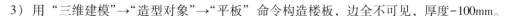
3）用"三维建模"→"造型对象"→"平板"命令构造楼板，边全不可见，厚度−100mm。

7. 餐厅扶手和栏杆

1）删除大厅中的圆柱。

2）绘制餐厅扶手。单击"楼梯其他"→"添加扶手"命令，基于餐厅的圆弧轮廓线，绘制扶手，再用对象编辑命令，在图3-83所示的"扶手"对话框中，修改参数：形状为圆形，尺寸为60mm×900mm，对齐方式为右对齐。

3）绘制栏杆。从栏杆库中选取栏杆单元，并插入图中，栏杆单元类型同一层楼梯栏杆，用对象编辑命令修改单元高度为880mm，宽度40mm。

4）生成栏杆。单击"三维建模"→"造型对象"→"路径排列"命令，如图3-84所示生成栏杆。

5）栏杆立柱。在栏杆靠近楼梯的一端绘制两个同心圆，半径分别为30mm（内圆）、60mm（外圆）；再使用"平板"命令，两个同心圆的生成高度分别为300mm（内圆）、1000mm（外圆）；最后使用"对象编辑"命令，修改同心圆的底标高为1000mm（内圆）、0mm（外圆）。

图3-83 "扶手"对话框

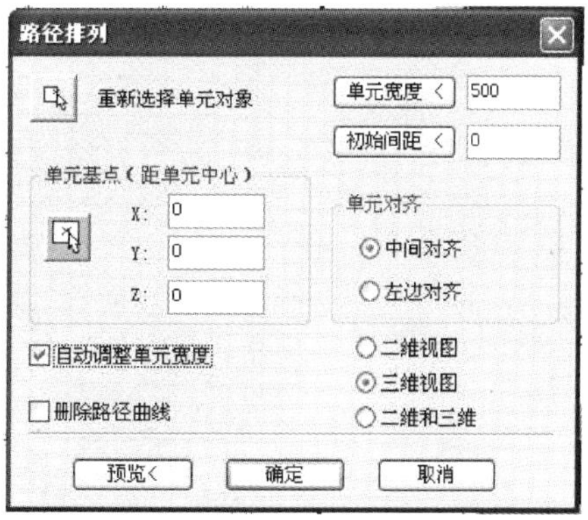

图3-84 "路径排列"对话框

8. 三维观察

单击鼠标右键，选择"显示模式"为"完全三维"，"着色模式"设为"消隐"或者"平面着色"，使当前视口成为三维视图。再单击"设置观察"→"动态观察"命令，对生成的模型进行三维旋转观察，在合适的角度退出动态观察，键入Shade（着色）命令，即可看到图3-85的三维效果。

9. 修改标注

要将与当前楼层不相符合的尺寸标注删除，重新进行标注。

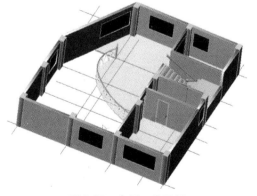

图3-85 夹层三维示例

1）修改尺寸标注。使用"尺寸标注"→"门窗标注"命令标注门窗。单击门窗标注尺寸，右击选择"取消尺寸"命令，删除并修改下开间第三道尺寸线中多余的尺寸和窗C4的尺寸，同时增加另外三面的第三道门窗尺寸线，如图3-86所示。

2）标注房间名称。使用"房间屋顶"→"查询面积"命令标注房间名称和面积，在本实例中大厅中庭和餐厅不标注面积，其他房间均标注，如图3-86所示。

3）标注标高。使用"符号标注"→"单注标高"命令标注房间内的标高，在本实例中大厅中庭是空的，不标注标高，其他房间均标注，如图3-86所示。

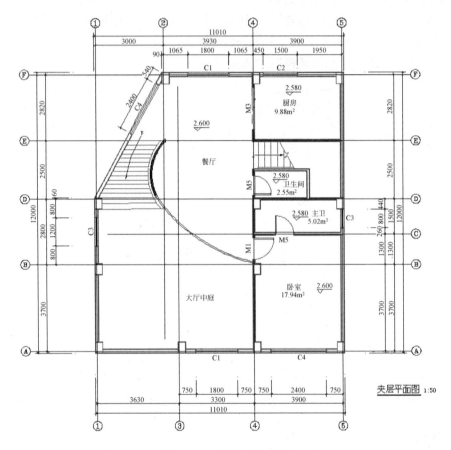

图3-86 夹层平面图示例

3.4.3 二层和三、四层平面

在本节中，首先介绍在夹层平面图的基础上修改为二层平面图的基本方法和步骤，包括修改图名，清理不需要的标注及构件，修改层高；其次是对二层平面的细部修改及相应构件的绘制，包括轴线的绘制、编辑，绘制新墙体以及修改墙厚，门窗、楼梯的修改和插入，绘制阳台，绘制地板；再次是对二层平面的各种标注，包括尺寸线的绘制和修改，房间名称的标注，以及标高标注，并识别内外墙；最后介绍了在二层平面图的基础上修改为三、四层平面图的基本方法和步骤。

通过本节的练习，将学习到下列命令的使用：墙体/倒墙角；楼梯其他/阳台；造型工具/路径曲面；工具/编辑/差集。

1. 夹层平面基础上修改

1）打开"夹层平面"，另存为"二层平面"。

2）用对象编辑命令将图名由"夹层平面图"修改为"二层平面图"。

2. 清理工作

删除夹层中与本层不符合的图形与标注内容，可以使用"工具"→"对象选择"命令（也可以在右键菜单中选取"对象选择"命令），一次选择多个同类对象，不必逐一选择，加快了删除工作：①删除圆弧楼梯；②删除所有房间标注；③删除所有标高标注；④删除地面；⑤删除餐厅扶手和栏杆。

3. 层高修改

1）使用"设置"→"天正选项"，将层高改为3300mm。

2）使用"墙体"→"墙体工具"→"改高度"命令，将所有墙柱都改为3300mm，标高0，不维持门窗和墙的间距。

4. 外墙修改

1）1轴和A轴分别向外偏移1000mm作为辅助轴线，如图3-87所示。

2）夹点移动墙体到辅助线，如图3-1所示。

3）绘制外偏墙体与其他墙体相连的挑出外墙，左墙宽120mm，右墙宽60mm。选取3、4轴上外偏后的墙体，将其左端点向左拉伸1270mm，再选取B、D轴上外偏后的墙体，将其下端点向下拉伸1270mm，如图3-88所示。

4）在外偏后的墙体的拉伸过的端点上绘制宽度为100mm、长度为300mm的两短墙。

5）绘制宽度为100mm的玻璃幕墙，参数输入如图3-2所示：左宽为0，材料为玻璃幕墙。

> 提示：绘制时，起点应选取外偏墙体的外墙线），绘制后如图3-88所示。

两段玻璃幕墙绘制好后，单击墙体菜单下的倒墙角命令将玻璃幕墙倒成圆角，圆角半径为1000mm。

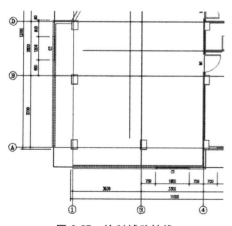

图3-87 绘制辅助轴线

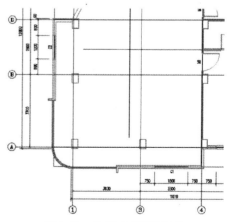

图3-88 绘制玻璃幕墙示例

5. 内墙修改

1）绘制B轴和3轴上的内墙，左、右墙宽都是60mm，如图3-89所示。

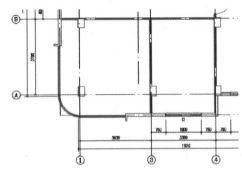

图 3-89　绘制内墙示例

在绘制好的内墙上插卧室门 M1，在图 3-90 所示的门窗参数对话框中输入参数：插入方式为垛宽定距，距离 120mm，门宽 900mm，门高 2100mm，插入后如图 3-91 所示。

提示：插入门窗时，用光标位置和<Shift>键控制门窗开启方向，或者插入后用门窗的夹点功能来改变开启方向。

图 3-90　插入门窗对话框

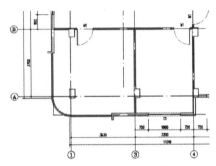

图 3-91　绘制门 M1 示例

2）厨房内墙 Offset（偏移）2400mm 生成内墙，删除新生成的内墙上由 Offset 命令生成的门 M3，重新插入卫生间门 M5，在图 3-92 所示的对话框中输入参数：插入方式为垛宽定距，距离为 120mm，门宽 800mm，门高 2100mm，插入后如图 3-93 所示。

图 3-92　插入门窗对话框

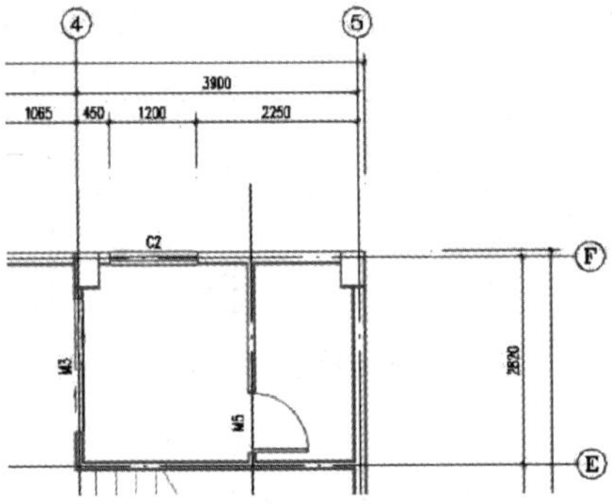

图 3-93　绘制门 M5 示例

6. 楼梯间修改

1）删除楼梯间的内墙和门。

2）编辑楼梯。选中楼梯，用对象编辑命令修改楼梯的参数（图 3-94）：楼梯高度

3300mm，踏步高度 150mm，踏步宽 240mm，一跑步数 11，选中中间层单选按钮，确定后如图 3-95 所示。

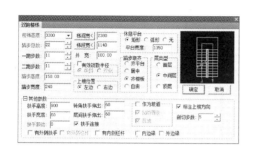

图 3-94　楼梯对象编辑对话框

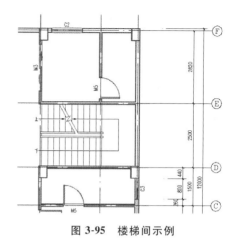

图 3-95　楼梯间示例

3）用墙体菜单下的三维操作里的改外墙高命令，修改楼梯间的外墙参数（图 3-96）外墙高 2950mm，底标高-1300mm。

4）居中插外墙窗 C8。设置如图 3-97 所示对话框的窗 C8，参数为窗宽 1500mm，门高 1400mm，窗台高 0mm，插入后，再用对象编辑命令修改窗台高为 1300mm，如图 3-98 所示。

图 3-96　墙体编辑对话框

图 3-97　门窗参数对话框

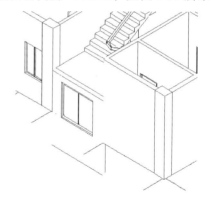

图 3-98　窗 C8 的三维示例

7. 其他门窗修改

1）将窗 C4 换成 M4 门。删除斜墙上的窗 C4，以及它的定位标注，再居中插入图 3-99 所示的门 M4，参数为门宽 2400mm，门高 2100mm，门窗样式选择推拉门，插入方式为在单击的墙段上等分插入。

2）用对象编辑命令将窗 C3 改为 C5，输入参数：窗宽 800mm，窗高 1500mm，窗台高 900mm。

3）用对象编辑命令将窗 C1 改为 C6，输入参数：窗宽 1800mm，窗高 1500mm，其他同编号的门窗也一起修改。

4）用对象编辑命令将窗 C2 改为 C7，输入参数：窗宽 1500mm，窗高 1500mm，其他同编号的门窗也一起修改。

5）在 4、5 轴的外墙上插入卫生间窗户 C5，插入方式为垛宽定距，距离为 0，插入后如图 3-100 所示。

图 3-99　门窗参数对话框

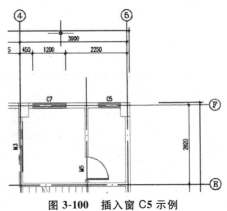

图 3-100　插入窗 C5 示例

8. 阳台

1）西面阳台。绘制阳台基线：使用"墙体"→"墙体工具"→"平行生线"命令，向左偏移 1400mm 生成直线 L1，然后绘制由门的中心插入点到 L1 的垂线 L2，再将直线 L2 往左右两侧各偏移 2000mm 生成 L3、L4，再将直线 L1 向右偏移 524mm 生成 L5，最后绘制水平辅助线 L6。

提示：生成直线 L5 的时候，它的下端点应在 1、D 轴上墙体的外角点。

绘制阳台：在图 3-101 所示的阳台对话框中，地面标高取-20mm；选择"任意绘制"命令，按照图 3-102 中所示的点，沿着 P1—P2—P3—P4—P5—P6 的方向绘制，阳台形式如图 3-103 所示。

提示：在选取相邻墙体、柱子、门窗时，一定要选全。

2）南面阳台。和绘制西面阳台的方法相同，只不过阳台外形不同而已，绘制后如图 3-104 所示。

图 3-101　"绘制阳台"对话框

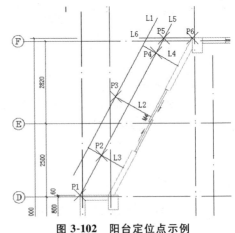

图 3-102　阳台定位点示例

9. 封楼板

1）使用"房间屋顶"→"搜索房间"命令，选择全部墙体，生成所有房间的名称和封

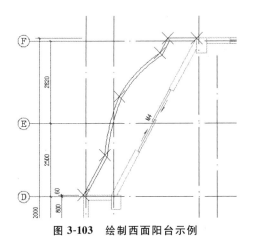

图 3-103 绘制西面阳台示例

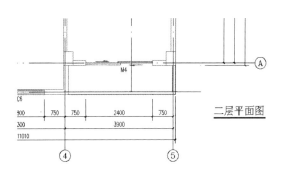

图 3-104 绘制南面阳台示例

闭线。

2）使用 AutoCAD 的绘制矩形命令，绘制楼梯间轮廓。

3）使用"工具"→"曲线工具"→"布尔运算"→"差集"命令，扣减楼梯间轮廓。

> 提示：单击房间名称，右键选择"布尔运算"也可以

4）逐个单击每个房间名称，右键选择对象编辑，在图 3-105 所示的对话框中设置板厚为 100mm，选中"封三维地面"复选铵钮，生成地面楼板，如图 3-106 所示。

将生成好的楼板的图层更改到 3D_ GROUND。如果 3D_ GROUND 尚未建立，需要在 Layer 命令中，新建一个 3D_ GROUND 图层。

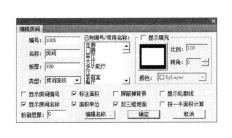

图 3-105 "编辑房间"对话框

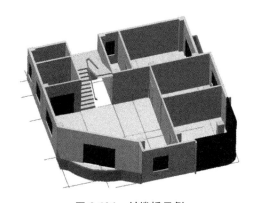

图 3-106 封楼板示例

10. 修改标注

1）房间标注。使用"房间屋顶"→"搜索房间"命令标注房间名称和面积，再用对象编辑命令修改房间名称，如图 3-107 所示。

2）尺寸标注。使用"尺寸标注"→"增补尺寸""裁剪延伸"命令添加、修改三道尺寸线的标注。

3）标高标注。使用"符号标注"→"标高标注"命令标注房间内的标高。

11. 识别内外墙

使用"墙体"→"识别内外"命令，对二层所有墙体进行内外墙的识别。

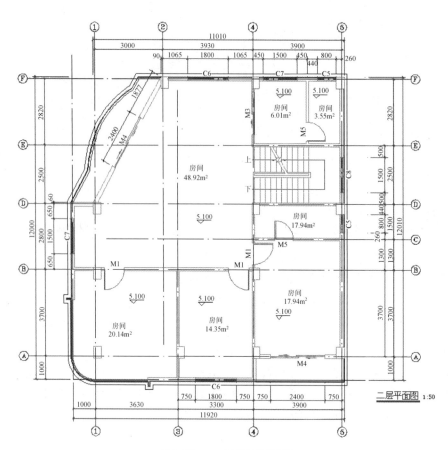

图 3-107　二层平面图示例

12. 绘制外墙线脚

沿外墙线（包括阳台、玻璃幕墙），用多段线绘制一段封闭的 Pline 线（不要求一定封闭），再绘制一段由矩形和圆组成的封闭的 Pline 线作为路径曲线的线脚断面形状，如图 3-108所示。

使用"三维建模"→"造型对象"→"路径曲面"命令，在弹出的图 3-109 所示的"路径曲面"对话框中，先选择要作为绑定对象的外墙轮廓线作为路径的曲线，再选择作为线脚断面形状的曲线，都选择好后，单击"预览"按钮，观察生成后的情况。确定无误后，单击"确定"按钮，完成路径曲面。

提示：在"路径曲面"对话框中有"完成后，删除路径曲线"复选按钮，建议如果没有把握此次生成的完全正确的话，不要选中此项。

建议做路径曲面之前先建立三维视口，预览时选择该视口以观察是否正确生成，如图 3-110所示。

13. 二层平面基础上修改

1）打开"二层平面"，另存为"三、四层平面"。

2）使用对象编辑命令将图名由"二层平面图"修改为"三、四层平面图"。

3）删除外墙线脚。

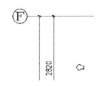

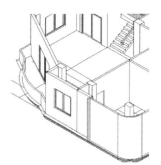

图 3-108　路径曲面断面形状示例　图 3-109　"路径曲面"对话框　图 3-110　外墙线脚示例

14. 修改楼梯间

1）外墙高 3300mm，底标高-1.650mm。

2）用对象编辑命令修改门窗，窗台高 300mm（距离墙底）。

15. 修改标高标注

将所有 5.100mm 的标高改为 8.400mm。三、四层三维效果如图 3-111 所示。

3.4.4　五层平面

在本节中，首先介绍在三、四层平面图的基础上修改为五层平面图的基本方法和步骤，包括修改图名，清理不需要的标注及构件，修改层高；其次是对五层平面的细部修改及相应构件的绘制，包括屋顶平台轮廓线的绘制，绘制墙体以及修改墙厚，门窗、楼梯的修改，构造屋顶平台；再次是对五层平面的各种标注，包括尺寸线的绘制和修改，以及标高标注，并识别内外墙。

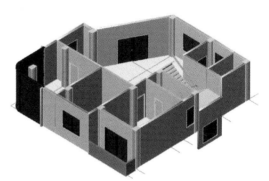

图 3-111　三、四层三维示例

1. 三、四层平面基础上修改

1）打开"三、四层平面"，另存为"五层平面"。

2）使用对象编辑命令将图名由"三、四层平面图"修改为"五层平面图"。

3）使用"设置"→"天正选项"，将层高改为 2800mm。

2. 绘制屋顶平台轮廓线

1）沿着阳台绘制 Pline 线 L1。

2）将线 L1 向外偏移 500mm 生成 L2，如图 3-112 所示。

3）使用"墙体"→"墙体工具"菜单下的"平行生线"命令，生成辅助线 L3、L4，偏移距离为 500mm，如图 3-113 所示。

4）沿着 L2—L3—L4 生成屋顶轮廓线。使用 Fillet（圆角）命令（提示：要将圆角半径设为 0）将 L2、L3、L4 连在一起，并将 L4 延伸至 5 轴的外墙皮上，再分别绘制一线段与轮廓线两端使用 Fillet 命令相连，如图 3-114 所示。

3. 清理工作

1）擦除所有标高标注。

2）擦除所有房间标注。

3）擦除东、南、西三个方向的第三道尺寸。

4）擦除两个阳台。

5）擦除地板。

6）擦除所有的柱子。

7）擦除墙和门窗，除了楼梯间墙，如图 3-115 所示。

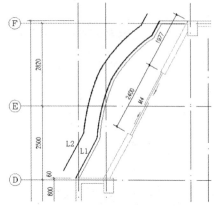

图 3-112 绘制 L1、L2 示例

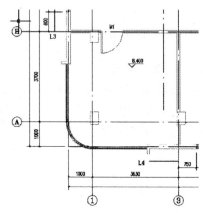

图 3-113 绘制 L3、L4 示例

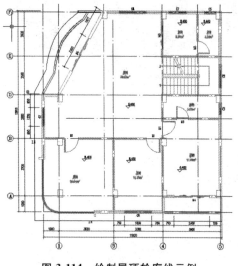

图 3-114 绘制屋顶轮廓线示例

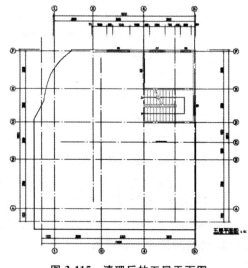

图 3-115 清理后的五层平面图

4. 绘制和编辑墙和门窗

1）修改墙高。使用"墙体"→"墙体工具"→"改高度"命令，将所有墙高改为 2800mm，底标高 0，不维持窗墙间距。

2）使用对象编辑命令，修改楼梯间墙，高度 4450mm，底标高 −1.650mm，如图 3-116 所示。

3）使用对象编辑命令，修改楼梯间窗，窗台高改为 1300mm，如图 3-117 所示。

4）使用对象编辑命令，将楼梯修改为顶层，并删除上楼标注，保留下楼方向箭头，如

图 3-118 所示。

图 3-116 墙体编辑对话框

图 3-117 门窗参数对话框

5）使用对象编辑命令，修改 D 轴上的墙为 180mm 厚，墙内宽厚 60mm，墙外宽厚 120mm。

6）绘制墙体：在（2，F）—（2，D）轴绘制墙体，左右墙宽均为 90。

7）将 D 轴上的墙体延伸到 2 轴，与（2，F）—（2，D）轴上的墙体相连，如图 3-119 所示。

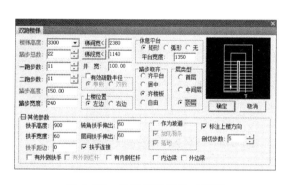

图 3-118 矩形双跑梯段对话框

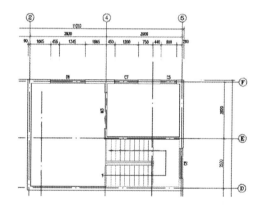

图 3-119 墙体相连示例

8）删除 4 轴上的门 M3，插入图 3-120 所示的门 M1，参数为门宽 900mm，门高 2100mm，插入方式为垛宽定距，距离为 180mm，插入后如图 3-121 所示。

图 3-120 门窗参数对话框

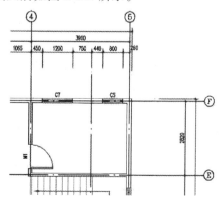

图 3-121 插入门 M1 示例

9）在（2，D）—（4，D）轴墙体，居中插入图 3-122 所示的门 M4，参数为门宽 2400mm，门高 2100mm，插入方式为轴线居中插入，选择指定参考轴线模式，单击 2、4 轴线，插入后如图 3-123 所示。

图 3-122　门窗参数对话框

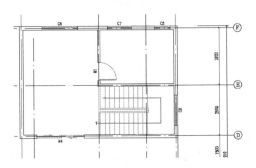

图 3-123　插入门 M4 示例

5. 标注

1）更改北向的第三道尺寸，结合使用尺寸夹点拖动合并与移动标注点，用增补尺寸命令增添新标注点，结果如图 3-124 所示。

2）标高标注。使用"符号标注"→"单注标高"命令标注标高：室内为 11.700m。

6. 封楼板

1）使用"房间屋顶"→"搜索房间"命令，设置板厚为 100mm，选中"封三维地面"复选按钮，选择全部墙体，生成所有房间的名称和楼板。

2）使用 AutoCAD 的绘制矩形命令，绘制楼梯间轮廓。

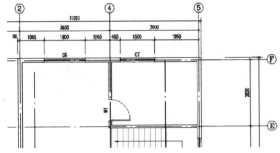

图 3-124　绘制北向第三道尺寸线示例

3）使用"工具"→"曲线工具"→"布尔运算"→"差集"命令，扣减楼梯间轮廓。

> 提示：单击房间名称，右键选择"布尔运算"也可以。

将生成好的楼板的图层更改到 3D_ GROUND。如果 3D_ GROUND 尚未建立，你需要在"Layer"命令中，新建一个 3D_ GROUND 图层。

7. 阳台构造、屋顶平台

使用"楼梯其他"→"阳台"命令，绘制五层平台，如图 3-125 所示。

8. 识别内外墙

使用"墙体"→"识别内外"命令，识别五层平面图的内外墙，并存盘。

3.4.5　屋顶平面

在本节中，首先介绍在五层平面图的基础上修改为屋顶平面图的基本方法和步骤，包括修改图名，清理不需要的标注及构件，修改层高；其次是对屋顶平面的细部修改及相应构件的绘制，包括构造雨篷，绘制屋顶，生成檐口。

通过本节的练习，将学习到下列命令的使用：房间屋顶/搜屋顶线、任意坡顶；工具/曲线工具/布尔运算。

1. 五层平面基础上修改

1）打开"五层平面"，另存为"屋顶平面"。

2）使用对象编辑命令将图名由"五层平面图"修改为"屋顶平面图"。

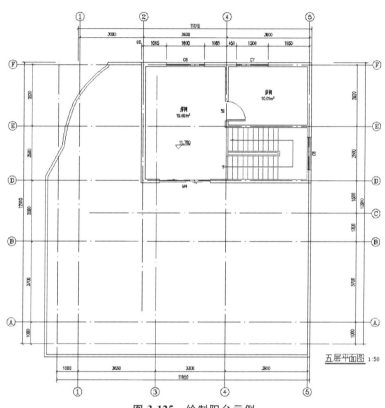

图 3-125 绘制阳台示例

2. 用阳台构造雨篷

在门 M4 处，绘制一矩形，再使用"楼梯其他"→"阳台"命令构造雨篷，参数输入如图 3-126 所示：栏板高 100mm，地面标高-40mm。

3. 搜索屋顶轮廓

使用"房间屋顶"→"搜屋顶线"命令，偏移外皮距离为 0。

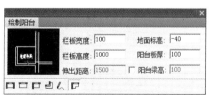

图 3-126 "绘制阳台"对话框

4. 清理工作

清理工作主要包括：

1）删除第三道尺寸。

2）删除所有标高标注。

3）删除楼梯以及下楼标注。

4）删除所有墙体。

5）使用 Explode（分解）命令，分解二维的下层屋顶平台，并改图层为 2D_ ROOF。如果没有此图层，也需要在 Layer 命令下新建此图层。

5. 构造坡屋顶

1) 任意坡顶。使用"房间屋顶"→"任意坡顶"命令，坡度角为30°。

2) 构造檐口形状。在图中绘制图 3-127 所示的封闭的 Pline 线，可以先绘制两个矩形，再使用"工具"→"曲线工具"→"布尔运算"→"并集"命令，将其合并。

3) 生成檐口。使用"三维建模"→"造型对象"→"路径曲面"命令，以屋顶为路径，选取绘制好的矩形为檐口形状，生成图 3-128 所示檐口。

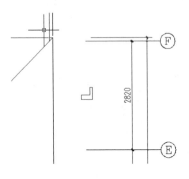

图 3-127　绘制檐口示例

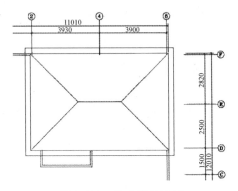

图 3-128　生成檐口示例

4) 雨篷与檐口重合处理。使用"三维建模"→"编辑工具"→"三维切割"命令，选择雨篷，按檐口边线切割，单击"确定"按钮，檐口内部分删除。

5) 编辑屋顶坡度，变为尖坡屋顶。选取屋顶，用对象编辑命令，在图 3-129 所示的对话框中修改各个坡面的角度。雨篷、屋顶、檐口三维效果如图 3-130 所示。

图 3-129　"任意坡顶"对话框

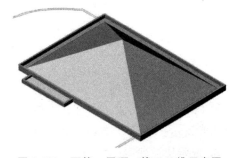

图 3-130　雨篷、屋顶、檐口三维示意图

3.4.6　立面、剖面组合

在本节中，介绍如何生成立、剖面。通过本节的练习，将学习到下列命令的使用：文件布图/工程管理；立面/建筑立面；符号标注/剖面剖切；剖面/建筑剖面。

1. 立面生成

1) 打开"首层平面图"。

2) 使用"文件布图"→"工程管理"，使用"新建工程"命令为当前图形建立一个新的工程，并为工程命名（如住宅楼），按图 3-131 所示创建楼层表。

3）使用"立面"→"建筑立面"命令；根据命令行的提示，键入 F，生成正立面，再选择要出现在立面上的轴线：1、5 轴，之后在图 3-132 所示的"立面生成设置"对话框中输入相应参数。

4）确定参数无误后，单击"生成立面"按钮，在弹出的存盘对话框中，输入立面图名称"正立面"，保存。生成的正立面如图 3-133 所示。

2. 剖面生成

1）打开"首层平面图"。

2）使用"文件布图"→"工程管理"，同上创建楼层表；或打开已有的工程文件：住宅楼 . tpr 文件。

3）使用"符号标注"→"剖面剖切"命令，绘制剖面符号，如图 3-134 所示。

4）使用"剖面"→"建筑剖面"命令，根据命令行提示，选择剖切符号 1—1，再选择要出现在剖面图上的轴线：1、5 轴，其他设定同立面生成，输入文件名称：1—1 剖面，保存。生成的 1—1 剖面如图 3-135 所示。

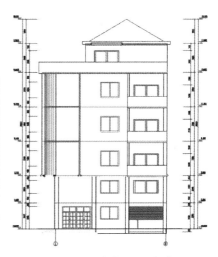

图 3-131 楼层表的创建　　图 3-132 "立面生成设置"对话框　　图 3-133 生成正立面示例

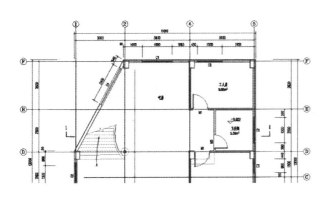

图 3-134 绘制剖切号示例

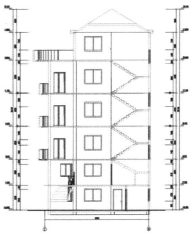

图 3-135 绘制 1—1 剖面示例

3.4.7 三维应用

在本节中，首先介绍七层平面图的三维组合的基本方法和步骤，包括楼层表的输入，调整各层颜色；其次是对三维模型的动态观察，包括虚拟漫游、环绕动画；再次是对三维模型的简单渲染。

通过本节的练习，将学习到下列命令的使用：文件布图/工程管理；三维建模/三维组合；工具/观察工具/相机透视、虚拟漫游、环绕动画；右键菜单/通用编辑/移位；其他/渲染。

1. 三维组合

1）确定各层已经识别过内外墙。

2）使用"文件布图"→"工程管理"，同上节要求创建楼层表；或打开已有的工程文件：住宅楼 . tpr 文件。

3）使用"三维建模"→"三维组合"命令，设置楼层组合，将生成的文件命名为 3dxref. dwg。

4）适当的调整各层颜色，启动"图层特性管理器"进行调整（可以在 CAD 菜单中点击"格式"→"图层"，打开"图层特性管理器"）。楼层组合三维效果如图3-136所示。

图 3-136　楼层组合三维示例

2. 虚拟漫游

1）使用"工具"→"观察工具"→"相机透视"命令，在当前视口创建相机并观察视图。

2）使用"工具"→"观察工具"→"虚拟漫游"命令（XNMY）。

3）单击"开始摄像"进行摄像，并生成 001. avi 文件。

4）移动方向键开始行走，并输入压缩格式 Microsoft Video1，如图 3-137 所示。

5）用<Ctrl>键、<Shift>键和四个光标键控制行走和观察角度。

6）退出虚拟漫游，在资源管理器双击 001. avi 观察动画。

3. 环绕动画

1）Circle（圆）绘制观察路径，如图 3-138 所示。

2）使用"右键菜单"→"通用编辑"→"移位"命令，将路径的 Z 坐标轴抬高 1600mm。

图 3-137　"视频压缩"对话框

3）在着色状态下，使用"设置观察"→"环绕动画"命令，如图 3-139 所示。

4）选择圆作为相机路径，选择圆心作为目标点。

5）生成动画 002. avi，选择 Microsoft Video 1 压缩格式。

4. 渲染

1）建立灯光。在"其他"→"渲染"菜单里，选择"创建光源"命令，建立平行光源 sun，指定光源方向，并开启阴影。

2）材质附着。使用"其他"→"渲染"→"材质附层"命令，显示材质附着界面，停靠在图形编辑区一侧。此窗口显示后，即可在窗口中进行材质附着工作，设置合适的三维视图观察方向，并设置为"着色方式"，注意开启 AutoCAD 的材质显示功能，以下是命令执行步骤：首先，为材质面板添加新材质，在空材质（最后一个材质）上区右击，在右键菜单中使用"插入材质"命令，显示"天正材质库管理系统"对话框，在其中选择要添加的新材质，如砖和金属；也可以双击空材质，直接创建新材质。其次，拖放材质显示区的指定材质到材质附着表中的一个图层。如图 3-140、图 3-141 所示。

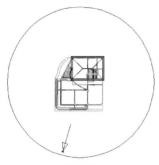

图 3-138　绘制观察路径示例

图 3-139　"环绕漫游视频设置"对话框

3）启动渲染。使用"其他"→"渲染"→"渲染设置"命令，弹出图 3-142 所示"渲染"对话框。

4）确定后，开始渲染，如图 3-143 所示。

图 3-140　"材质附着选项"对话框

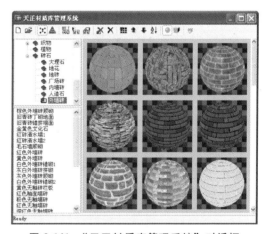

图 3-141　"天正材质库管理系统"对话框

3.4.8　详图

在本节中，首先介绍在夹层平面图的基础上修改为详图的基本方法和步骤，包括修改图名，清理不需要的标注及构件，修改层高及出图比例，复制出卫生间的墙体、门窗等构件，并清理；其次是对详图的细部修改及相应构件的绘制，包括填补轴线及标注，插入洁具；再次是对详图的标注，包括第三道尺寸线的绘制。

通过本节的练习，将学习到下列命令的使用：房间屋顶/布置洁具；图库图案/通用图库；文件布图/改变比例。

图 3-142　"渲染"对话框

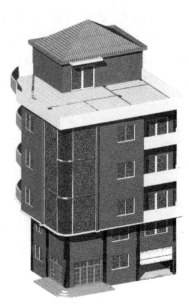

图 3-143　渲染示例

1. 夹层平面基础上修改

打开"夹层平面",另存为"夹层详图"。

2. 生成详图

1)窗选夹层平面图中的主卫和厕所的墙体、柱子及门窗,在右键菜单中选择"自由复制"命令,将卫生间复制出来(选取卫生间的墙体、柱子及门窗时,一定要选全。也可以使用"文件布图"→"图形切割"命令选取),删除多余实体。

2)再选取复制后的卫生间的所有墙体,在右键菜单中选择"墙生轴线"命令,生成卫生间轴网。

3)使用"轴网"→"两点轴标"命令,对卫生间进行标注。

4)再根据卫生间详图的轴号,使用对象编辑命令,对新生成的轴号进行编辑。

5)使用"文件布图"→"改变比例"命令,将卫生间的比例修改为1:20,命令交互如下。

请输入新的出图比例1:<50>:20

请选择要改变比例的图元://(此时选择图中的文字或者尺寸标注、符号标注,由命令按新出图比例改变其尺寸大小、字高等,使图形符合制图标准的要求)

请提供原有的出图比例<50>:　　//(回车以默认值响应,完成比例的改变)

6)使用"符号标注"→"图名标注"命令,标注图名(提示将比例改成1:20)。生成后的卫生间详图如图 3-144 所示。

3. 插入洁具

使用"房间屋顶"→"布置洁具"命令,在图 3-145 所示的"天正洁具"对话框中选取相应的洁具,并在图 3-146 所示的对话框中修改参数,之后插入图中。

还可以使用"图块图案"→"通用图库"命令,在图中插入三维洁具。使用"通用图库"命令后,弹出图 3-147 所示的"天正图库管理系统"对话框,打开"多视图库",从中选择三维洁具库。

选取需要的洁具,插入后如图 3-148 所示(插入后,可以用对象编辑命令修改图块的大小、转角等参数，也可以使用夹点功能对图块进行拖拽）。插入后，标注第三道尺寸线，使用"尺寸标注"→"门窗标注"命令，标注后如图 3-148 所示。

夹层卫生间三维效果如图 3-149 所示。

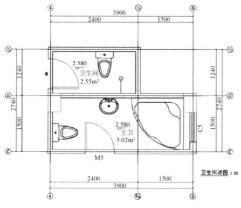

图 3-144　卫生间详图

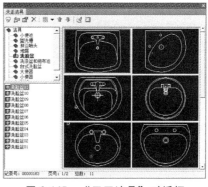

图 3-145　"天正洁具"对话框

图 3-146　"布置洗脸盆"对话框

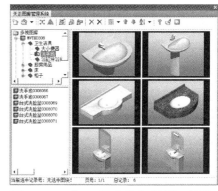

图 3-147　"天正图库管理系统"对话框

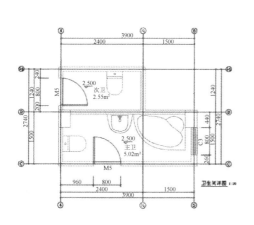

图 3-148　夹层卫生间平面图示例

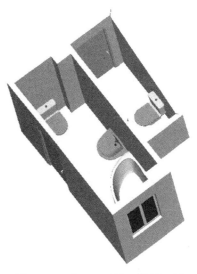

图 3-149　夹层卫生间三维图示例

第4章

结构专业CAD软件—探索者TSSD

TSSD 系列软件是北京探索者软件技术有限公司（以下简称探索者公司）独立投资开发的结构类设计软件，具有自主知识产权，并已经在北京市软件著作权登记中心进行登记，登记号为 2000SR2230。

"探索者结构工程 CAD 软件 TSSD" 通过部级评估鉴定（建科评［2001］026 号），与会专家一致认为：TSSD 系列软件技术先进、使用简单、操作方便、实用性强，作为建筑结构计算机绘图软件，达到了国内领先水平，商品化程度很高，推广应用价值很大。

TSSD 系列软件以 AutoCAD 为平台，全面支持 AutoCAD 200X 平台，以 Object ARX、Visual C、Auto Lisp 为开发工具，采用面向对象程序设计方法编写，开发技术具有国际领先水平，在国内具有一定的超前性。开发的高起点确保了软件产品的质量、技术、性能，使之更加贴近于用户的使用要求。

TSSD 软件自 1999 年推出以来，其方便快捷的绘图功能赢得了广大结构工程师的喜爱，同时也使这种交互式结构绘图工具集的概念深入人心。目前 TSSD 已成为 AutoCAD 平台上优秀的结构设计软件之一。

TSSD 系列结构软件以国家现行的结构设计规范为依据，施工图的绘制依据 GB/T 50105—2001《建筑结构制图标准》及建设部 2003 年颁布实施的 03G 101《混凝土结构施工图平面整体表示方法制图规则和构造详图》，考虑到广大设计人员长期的习惯，保留了传统的绘图习惯绘制施工图。因此，使用本软件绘制结构施工图具有广泛的通用性。

TSSD 定位为：结构工程师的专业设计软件，在各方面的共同努力下，TSSD 日趋成熟和完善。在广大正式用户的使用过程中，TSSD 软件的可靠性、安全性都达到了广泛的认同。

TSSD 系列软件：探索者结构工程 CAD 绘图软件、结构后处理软件、剪力墙边缘构件设计软件、探索者钢结构设计软件、水工结构设计软件。

4.1 TSSD 系列软件功能简介

4.1.1 TSSD——探索者结构工程 CAD 绘图软件

1. TSSD 2017 概述

TSSD 2017 是 TSSD 结构软件的新版本。TSSD 2017 版适用建设部最新颁布的结构设计、制图规范，可绘制结构平面布置图、平法施工图、楼板配筋图、节点大样图，还可以绘制南

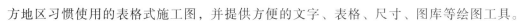

方地区习惯使用的表格式施工图，并提供方便的文字、表格、尺寸、图库等绘图工具。

软件安装成功后，双击桌面探索者 TSSD 图标，即可进入图 4-1 所示的软件操作界面，使用 TSSD 提供的各项功能来绘制、编辑结构图。

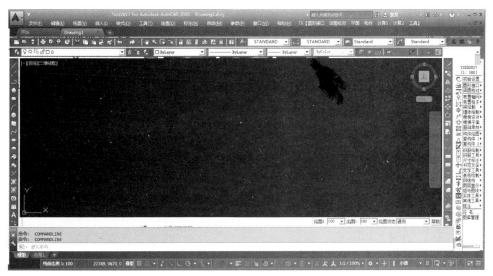

图 4-1　TSSD 2017 版软件的绘图环境

2. TSSD 2017 文档

TSSD 2017 的文档内容包括使用手册和联机文档。

1）使用手册：TSSD 2017 使用说明以书面形式全面介绍 TSSD 2017 版的各项功能和使用方法。

2）联机文档：TSSD 2017 联机帮助以 Windows 帮助文件的形式，介绍 TSSD 2017 版的各项功能和使用说明。

3）其他帮助资源：通过探索者公司 Web 站点 http：//www.tsz.com.cn 可以获得 TSSD 软件产品的最新信息，并可随时进行软件升级和完善。

3. TSSD 2017 菜单

TSSD 2017 的菜单分为下拉菜单和屏幕菜单两种，下拉菜单分为 TS 图形接口、TS 平面、TS 构件、TS 计算和 TS 工具，如图 4-2 所示。

4. 特殊字符

考虑到结构专业的特点，探索者软件特别为结构工程师提供了 3 种结构专用字型文件来满足结构图中特殊字符的标注问题。这 3 种字体分别为：

TSSDENG.SHX——单线字体，基于 SIMPLEX.shx 修改而成。

TSSDENG2.SHX——双线字体，基于 ROMAND.shx 修改而成。

HZTXT.SHX——中文大字体。

TSSD 字体在 TSSD 软件的安装过程中，将自动复制到探索者安装目录下的 PRG 文件夹里。

5. 使用 TSSD 2017 的注意事项

TSSD 2017 提供了下拉菜单和屏幕菜单，这两种菜单中的程序功能是一样的，用户可根

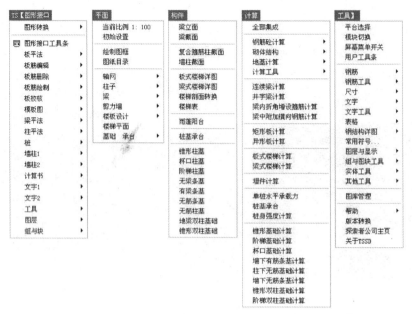

图 4-2 TSSD 软件的菜单

据自己的习惯选用。为更方便用户快速切换屏幕菜单，TSSD 2017 还提供了工具条菜单，它位于屏幕菜单的右侧，用户只需点击相关的工具条，即可完成屏幕菜单的快速切换。

为取得最好的屏幕显示效果，推荐显示器分辨率取为 1024×768，小字体。该软件所设的文字高度值，均为出图后的实际高度，单位为 mm。

6. 软件功能

1）充分考虑设计人员的绘图习惯。尊重用户绘图习惯，用户可自由设定自己的习惯画法及快捷图标，使用起来得心应手。字型和标注方式可以随意设置。绘图比例可以根据用户的需要随意变换。图层可由用户设定修改。钢筋间距符号、点钢筋直径、直钢筋宽度、保护层厚度等均可由用户自由设置。用户可以在 UCS 下使用所有命令。

2）独特的小构件计算。TSSD 提供的小构件的计算可以完全取代手工计算，实现计算、绘图、计算书的一体化，即构件计算完成后根据计算结果直接生成计算书并绘制节点详图。目前构件计算包括连续梁、井字梁、基础、矩形板、桩基承台、楼梯及埋件的计算等。

3）方便的参数化绘图。TSSD 提供了参数化绘图功能。通过人机交互方式，可以非常方便地绘制节点详图。其操作简单、界面友好。可绘制截面有梁剖面、梁截面、方柱及圆柱截面、复合箍筋柱截面、墙柱截面、板式楼梯、梁式楼梯、板式阳台、桩基承台、基础平面及剖面、埋件等。

4）施工图绘制工具高效实用。TSSD 可以快速生成复杂的直线和圆弧轴网，可成批布置梁、柱、墙、基础，并对其平面尺寸、位置、编号等进行编辑，自动处理梁、柱、墙、基础的交线，完全满足结构平面模板图绘制的需要。可自动布置楼板的正、负筋、附加箍筋、附加吊筋，标注配筋值和尺寸，快速绘制楼板配筋图。

5）平法绘图符合最新图集。根据 03G101《混凝土结构施工图平面整体表示方法制图规则和构造详图》的要求，通过集中标注、原位标注、截面详图等功能，可快速绘制梁、柱、

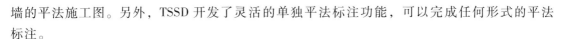

墙的平法施工图。另外，TSSD 开发了灵活的单独平法标注功能，可以完成任何形式的平法标注。

6）强大的图库功能。Windows 资源管理器风格的图库，无须图形文件入库，便可直接浏览。TSSD 不仅提供系统图库和用户图库，还可直接浏览本地硬盘上或网上邻居中的 DWG 文件，并将显示出来的图形文件以图块的形式直接插入到图中。

7）强大的文字处理功能。文字标注是结构绘图的一个重要组成部分，使用 TSSD 可方便地输入文字及结构专业特殊符号，并对文字进行多种形式的编辑。此外，TSSD 还可以对文字进行查找、替换，从文件导入文字或从存有结构专业常用词条的词库中提取文字，其文字排版功能如同 Word 一样方便。

8）齐备的结构绘图辅助工具。包括钢筋、尺寸、文字、表格、符号、钢结构等结构专业的绘图工具，可绘制楼板配筋图，对施工图进行文字、尺寸、标高、标号的标注、编辑、修改。使用这些工具，可以大大简化操作过程，提高工作效率。

9）齐全的接口类型如图 4-3 所示。使用 TSSD，可以快速方便地与其他软件结合工作，最大限度地减少结构工程师的重复劳动。TSSD 提供 TBSA、天正建筑、PKPM、广厦 4 种软件的接口。TBSA 接口可读取 TBSA 数据文件，生成梁、柱、墙及平面施工图。天正建筑接口及 PKPM 接口、广厦接口可以自动对其生成的图形进行转换，使其可以直接用 TSSD 进行编辑处理。

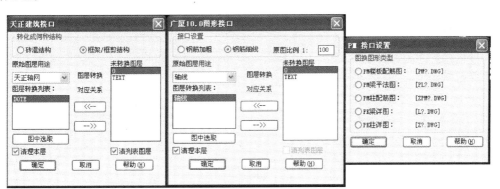

图 4-3 TSSD 接口示例

4.1.2 结构后处理软件——TSPT

（1）主要功能 TSPT 是 TSSD 图形后处理软件的简称，主要功能是读取工程的计算结果，埋入到用户指定的图中，自动生成结构施工图详图。其功能设计中心思想：自动替代工程师的手工劳作，大幅度提高工程师的工作效率，降低设计成本，缩短设计周期。TSPT 的基本功能共分为工程、墙、梁、柱、板 5 部分。整体为开放式菜单操作，并配有常用工具条。

（2）图中贴数 图中贴数是指把计算结果埋入到用户指定的模板底图中，该图可以是用户用 TSSD 手工绘制的平面图，可以是使用建筑模板生成由建筑条件转换的平面图，可以是计算模型自动生成的平面图。平面图上附加了计算结果后，程序自动生成施工图详图，包括板配筋图、梁平法图、柱平法图、墙平法图。

（3）结果可追溯 为用户提供了施工图中标注数值与计算结果的对应查询方法。在施工图生成过程中，程序自动生成并保存与之相配的数据，以备用户在图中查询计算结果及其归并过程。另外，用户在执行完构件归并后均生成工程报告，报告给出了程序归并的过程。

（4）专业向导　程序在使用过程中，无处不在地体现了对用户的专业引导，让用户在不知不觉中满足各种繁杂的条文要求。增强了结果图形的可使用度，减少用户查找条文的麻烦。

（5）图面美观　程序中应用了大量的优化几何图形算法，确保图形生成结果美观。

（6）工具齐全　每种构件的施工图都配备了完全编辑工具，从计算结果查询到具体图元编辑，无处不在为用户提供着方便。只要是在工程中完全使用了工具进行操作，程序自动记录全过程。

4.1.3　剪力墙边缘构件设计软件

1. 基本功能

根据用户已有的剪力墙平面图，系统自动生成符合规范构造要求的剪力墙约束及构造边缘构件（剪力墙暗柱）平面布置图并计算出约束边缘构件 Lc 的长度，按用户的要求将距离较近的柱子合并成复杂柱子，自动归并统计柱子编号进行标注，根据用户的不同绘图习惯采用"暗柱表法"和"原图配筋法"进行柱子配筋。

2. 功能设定

系统将功能设定在暗柱按规范构造配筋上，是基于结构布置合理的剪力墙结构。工程的暗柱计算结果绝大部分都是按构造配筋，这样用户在使用该功能后，只需对照计算结果稍加改动即可成图。为方便用户核查计算结果，还将有可能加大配筋的部位用红圈示出，并设置了二次修改编辑的工具。

3. 功能特点

1）可全自动生成：不需用户干预，在一个图形文件中系统在全图自动按照：搜索墙线→生成暗柱→合并生成复杂暗柱→归并同类暗柱并统计→标注暗柱编号及 Lc→生成柱表或原图配筋的步骤一次生成。

2）可分步生成：允许用户干预，在一个图形文件中可以有选择地分步生成剪力墙暗柱的平面布置图及详图，在分步间还可以编辑修改。分步生成共分五步：搜索生成暗柱节点、合并暗柱、归并暗柱、平面标注、详图绘制。

3）可编辑修改：可以在自动生成之后添加、删除暗柱，不影响已生成的详图，在原图配筋中可以改变图面疏密布置，更改配筋大样图的位置，直到用户满意。在修改过程中可以亮显用户需要的柱编号的位置及详细信息。

4. 适用对象

1）用 AutoCAD 或在其平台上开发的绘图软件绘制的图纸。

2）规范要求的剪力墙约束及构造边缘构件施工图的绘制。

5. 突出优势

1）完全兼容用户平面原图，平面原图中的剪力墙线只要是绘制在图层 WALL（wall）或图层 AWAL（awal）上的，用户就可以使用该功能。

2）充分考虑了用户的不同绘图习惯，提供各种选项让用户根据自己的要求进行选择，可以用 AZ 进行连续编号，可以按 03G101 图集的要求用 YAZ、YYZ、YJZ 或 GAZ、GYZ、

GJZ 进行连续编号，可以随用户要求放置柱表位置及是否标出 Lc 的长度。

3）完全符合规范中约束及构造边缘构件的构造要求。

4）自动智能合并相连相近的暗柱，无须用户二次修改图面。

5）强大的搜索编辑修改功能，用户可以在图中用鼠标看到所配钢筋的面积，便于用户校核，用户可以亮显任一编号，便于查找修改。

4.1.4 TSSD——探索者钢结构设计软件

TSSD 钢结构设计软件秉承探索者 TSSD 软件的设计思路，定位于钢结构设计、绘图工具集；符合建设主管部门颁发的 GB 50017—2003《钢结构设计规范》、（03G102）《钢结构设计制图深度和表示方法》的要求；与 TSSD 其他软件紧密结合，在同一平台下完成所有结构类型的设计、绘图工作。

1. 功能设定

在钢结构设计过程中，最耗精力的是绘图、小计算和资料的查询，本软件在以下方面为工程师提供了基本的解决方案：

1）在绘制平立面布置图方面，平面模块提供了各种布置图快速生成工具。

2）在绘制节点详图方面，节点模块提供了各种常用类型的节点。

3）在图面的编辑修改方面，图形工具模块提供了各种编辑工具。

4）在小计算方面，计算工具模块提供了从截面到构件、从力学分析到应力验算的常用计算工具。

5）在资料查询方面，资料模块提供了常用的规范手册型钢数据和图库。

2. 功能特点

1）适用面广。提供的工具具有通用性，适用于各种钢结构的图面绘制。

2）交互界面直观易学。采用先进的动态显示，实现所见即所得；参数之间根据规范要求互相联动，不仅为用户提示专业报错信息，无须在绘图时时翻查资料，还带有设计向导功能；各参数名称专业形象，便于引导用户正确使用。

3）集绘图、计算、查询于一体。在 AutoCAD 一个平台下就可以全部实现绘图、计算、查询等多功能操作，大大提高了工作的效率。

4）大量的编辑工具，齐全且专业。在工具的搜集上想用户所想，同时在工具的制作上充分考虑钢结构的专业特点，为钢结构专业特制了许多工具，如焊缝的绘制和编辑工具，不但可以绘制多点多折多种形式的焊缝，而且焊缝的附加形式（如三面围等）可以成批添加或删除。

3. 主要功能

1）平面。提供了各种平立面布置图的绘制和编辑工具，包括快速生成轴网、基础平面图、地脚螺栓平面图、钢柱布置图、钢梁布置图、楼面布置图、屋面布置图、墙面布置图、支撑立面布置图；不仅可以直接绘制，还提供工具帮助用户编辑修改平面布置及构件编号。

2）节点。提供了常用的各种类型的节点，包括钢柱脚、梁柱刚性连接节点、梁柱铰接节点、梁梁连接节点、支撑节点；这些节点的绘制均采用人机智能交互参数化绘图的形式，这一模块将在后期的开发中不断扩充，直到满足各种用户的需求。

3）图形工具。提供了各种图面绘制和编辑的工具，包括钢结构的专用工具，如焊缝的绘制和编辑、型钢绘制等；还有通用的图形工具，如表格的生成和编辑、文字处理、尺寸编辑、常用符号、图面处理等。

4）计算工具。提供了常用的基本的计算工具，包括截面特性计算、计算常用表格、连接计算、内力分析计算、构件计算等。这个模块将在后期的开发中不断扩充。

5）钢构件。提供达到加工图深度的构件图，此版本完成了柱间支撑和钢楼梯的绘制；柱间支撑（包括6种常用形式）、杆件截面支撑尺寸用户均可选择；钢楼梯包括常用的室内钢楼梯和室外钢楼梯。

6）资料。提供了常用的现行规范和手册的资料和常用图库，其中包括：图库、钢结构规范、型钢截面库、型钢孔规、吊车资料、钢结构常用说明。

4.2 柱、基础平面图

本节主要内容是熟悉探索者软件 TSSD 的菜单结构，初步了解轴网、柱子、梁线、基础的绘图方法。

1. 轴网

（1）建立矩形轴网

菜单："TS 平面"→"轴网"→"矩形轴网"（"布置轴网"→"矩形轴网"）

提示：括号内菜单为屏幕菜单操作，下同。

程序进入到图 4-4 所示对话框，在下开间中加入 3 * 6000，左进深中加入 2 * 6000，单击"确定"按钮，对话框消失，命令行提示：

单击轴网定位点 /B-改变基点<退出>：// （单击轴网插入点）

这时，屏幕上出现图 4-5 所示轴网。

（2）轴网标注

菜单："TS 平面"→"轴网"→"轴网标注"（"布置轴网"→"轴网标注"）

在菜单上单击命令后，命令行出现以下提示：

选取预标轴线一侧的横断轴线 ［选取点靠近起始编号］ <退出>： // （选 P1 点轴线）

选择不需要标注的轴线<无>：

输入轴线起始编号<1>：

选取预标轴线一侧的横断轴线 ［选取点靠近起始编号］ <退出>： // （选 P2 点轴线）

选择不需要标注的轴线<无>：

输入轴线起始编号<A>：

选取预标轴线一侧的横断轴线 ［选取点靠近起始编号］ <退出>： // （选 P3 点轴线）

选择不需要标注的轴线<无>：

输入轴线起始编号<1>：

选取预标轴线一侧的横断轴线 ［选取点靠近起始编号］ <退出>： // （选 P4 点轴线）

选择不需要标注的轴线<无>：

选取预标轴线一侧的横断轴线［选取点靠近起始编号］<退出>：⤶

标注好的轴线如图4-5所示。

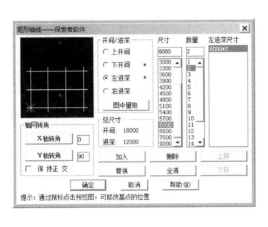

图4-4 "矩形轴网"对话框

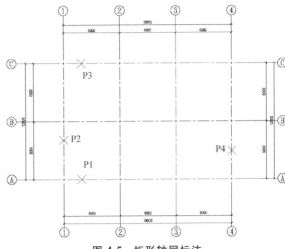

图4-5 矩形轴网标注

默认情况下，轴线将被显示成点画线，如果用户在绘图中经常要捕捉轴线交点，可以通过单击"布置轴网"→"点划开关"命令，把轴线临时显示成实线；在出图前，再用"点划开关"命令把轴线变成点画线。

2. 建立柱网

（1）方柱插入

菜单："TS 平面"→"柱子"→"插方类柱"（"布置柱子"→"插方类柱"）

在菜单上单击命令后，出现图4-6所示对话框，在对话框中输入图4-6中的数据，然后单击"区域"按钮，这时命令行上出现提示：

单击柱插入区域第一角点<退出>： // （图4-7中P1）
单击柱插入区域第二角点<退出>： // （图4-7中P2）

生成如图4-7所示的柱网。

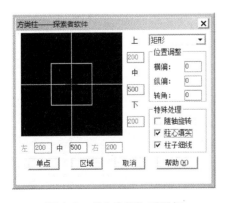

图4-6 "方类柱"对话框

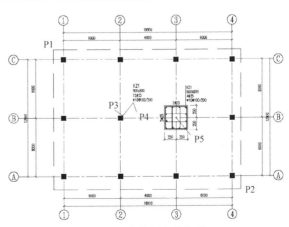

图4-7 方柱插入及标注

（2）柱集中标注

菜单："TS 平面"→"柱子"→"柱集中标"（"布置柱子"→"柱集中标"）

在菜单上单击命令后，出现图 4-8 所示对话框，输入柱子相关的标注数据后，单击"确定"按钮，这时命令行上出现提示：

单击平法标注的起点<退出>：// （图 4-7 中 P3）

单击平法标注的终点<退出>：// （图 4-7 中 P4）

图 4-8 "柱集中标"对话框

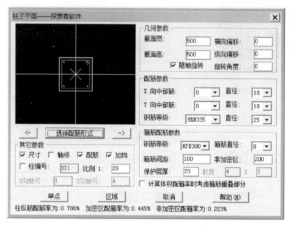

图 4-9 "柱子平面"对话框

（3）柱详图

菜单："TS 构件"→"复合钢筋柱截面"（"布置柱子"→"柱复合箍"）

首先利用 AutoCAD 中的 Erase 命令擦除图 4-7 中 P5 处的柱子，然后单击菜单。在菜单上单击命令后，出现图 4-9 所示对话框，填写好相应的数据，不选中"柱编号"和"轴标"复选按钮后，单击"单点"按钮，命令行出现以下提示：

单击插入柱子的中心点<退出>：// （图 4-7 中 P5）

至此，初步介绍了 TSSD 软件中轴网和柱子的功能，下面进一步介绍 TSSD 中的梁线绘制功能。

3. 布置地梁

（1）轴线布梁

菜单："TS 平面"→"梁"→"轴线布梁"（"梁绘制"→"轴线布梁"）

在菜单上单击命令后，在屏幕的左上角出现双线绘制控制框，按图 4-10 设定好梁线的绘制参数；同时命令行提示：

单击轴网生梁窗口的第一点<退出>： // （点 P1）

第二点<退出>： // （点 P2）

单击轴网生梁窗口的第一点<退出>： // （点 P3）

第二点<退出>： // （点 P4）

单击轴网生梁窗口的第一点<退出>： // （点 P1）

第二点<退出>： // （点 P5）

单击轴网生梁窗口的第一点<退出>： // （点 P6）

第二点<退出>:   // （点P4）

单击轴网生梁窗口的第一点<退出>: ┘

绘制好的地梁如图4-11所示。

图4-10 "绘制双线"对话框

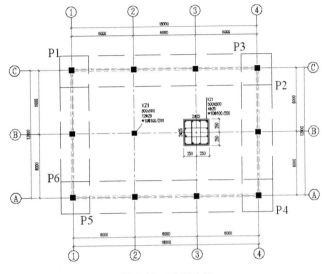

图4-11 绘制地梁

（2）梁柱取齐

菜单："TS平面"→"梁"→"梁线偏移"（"梁绘制"→"梁线偏移"）

使用"梁线偏移"命令，使绘制好的地梁与柱子的外边齐平。先来看一下图4-12中修改最左侧梁的过程，单击菜单后，出现以下提示：

选择要偏心的一根梁<退出>:

选择对象：w ┘   //（输入"w"确认执行窗口选择模式）

指定第一个角点：   //（点P1）

指定对角点：   //（点P5）

找到11个   已滤除7个。

选择对象： ┘

输入偏移距离［光标位置决定方向］/或单击对齐点<退出>：//柱边的P7点（或将当前光标移动到梁线的左侧，然后输入125，即梁的偏移距离）

4. 基础绘制

（1）基础计算

菜单："TS计算1"→"锥形基础计算"（"构件计算"→"锥形基础"）

单击菜单后，出现图4-13对话框，填写好"基本参数"选项卡中相应的数据后，单击"计算"按钮；单击对话框上方的"计算结果"选项卡，进入图4-14所示的基础计算结果对话框；单击对话框上方的"绘图预览"选项卡，进行基础的详图绘制。

（2）基础详图

基础计算后，出现图4-15所示的"绘图预览"对话框，用户可以根据自己的实际需求

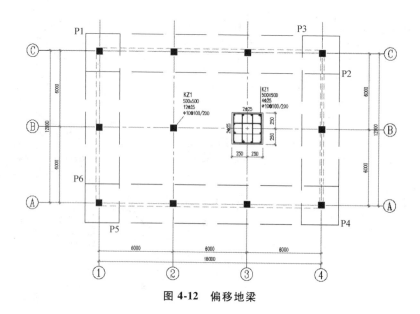

图 4-12 偏移地梁

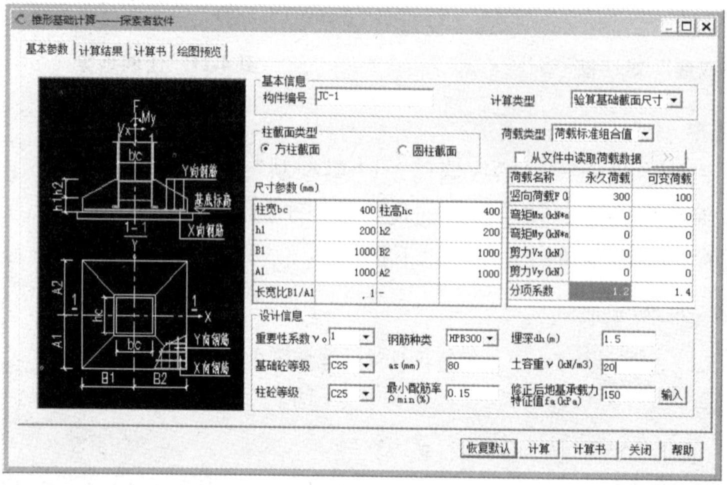

图 4-13 锥形基础计算—基本参数

再一次调整计算结果，然后单击"绘图"按钮，命令行出现提示：

单击插入点/[A]-90度旋转/[S]-X翻转/[D]-Y翻转/[R]-改插入角/[T]-改基点<退出>：
单击插入点/[A]-90度旋转/[S]-X翻转/[D]-Y翻转/[R]-改插入角/[T]-改基点<退出>：

选择图形插入点，首先出现的是基础平面详图，再选择图形插入点，出现的是基础剖面详图，从而完成基础详图的绘制。接下来进行基础的平面布置。

（3）基础平面

菜单："TS平面"→"基础承台"→"布独立柱基础"（"基础设计"→"布柱独基"）

单击菜单后，出现图4-16所示对话框。输入相关数据后，单击"单点"按钮，命令行提示：

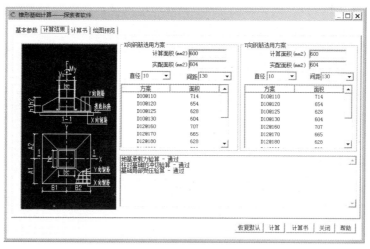

图 4-14　锥形基础计算—计算结果

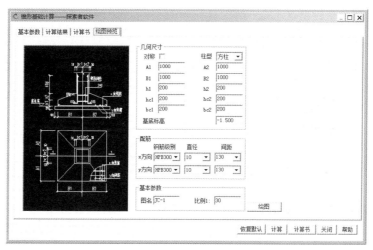

图 4-15　锥形基础计算—绘图预览

单击插入基础的中心点<退出>：

单击"轴网交点"或"柱子形心"按钮，命令行提示：

单击基础插入区域第一角点<退出>：
单击基础插入区域第二角点<退出>：

再次执行"布柱独基"命令，取消对"绘图参数"选项组中的"标注尺寸"和"仅标一个"复选按钮的选择，按照相同的方法，插入其他柱子的基础，从而完成其他不带尺寸标注的基础。至此，平面上布置基础的工作已基本完成。

5. 完善基础

至此，已绘制的基础平面图上，基础还没有

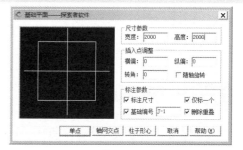

图 4-16　"基础平面"对话框

在地梁处断开。现在利用 TSSD 提供的工具对这张图进行完善。

（1）选层显示

菜单："TS 工具"→"图层与显示"→"选层显示"（"图层显示"→"选层显示"）

单击菜单后，命令行出现下面提示：

> 选择要保留显示图层上的实体<显示所有图层>：//（选基础和梁线）
>
> 选择对象：找到 1 个
>
> 选择对象：找到 1 个，总计 2 个
>
> 选择对象： ↵

这时，图形上只显示了梁线和基础，此时就可以很方便地对基础进行剪裁处理了。

（2）基础剪裁

菜单："TS 工具"→"实体工具"→"交点剪裁"（"实体工具"→"交点剪裁"）

单击菜单后，命令行出现下面提示：

> 选择要剪裁的实体<退出>：//（地梁间基础线）

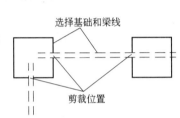

图 4-17　基础剪裁

在对所有的基础进行剪裁之后（图 4-17），再执行"选层显示"命令，不选取任何实体而直接回车，这时所有图层上的实体均会被显示出来。

至此，柱、基础平面图就绘制完毕了，如图 4-18 所示。

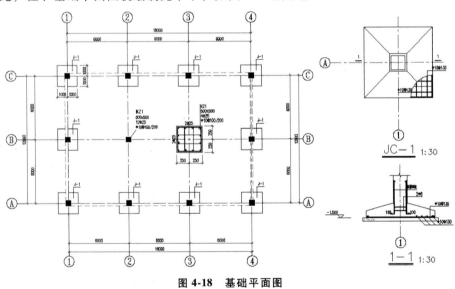

图 4-18　基础平面图

4.3　梁、板平面图

本节主要内容是深化 TSSD 的计算机结构制图概念，使读者初步了解楼板、钢筋、文字的绘图方法。

1. 绘制梁线

（1）绘制主梁

菜单："TS平面"→"梁"→"轴线布梁"（"梁绘制"→"轴线布梁"）

通过上节的练习，读者对TSSD的梁线绘制命令有了一个初步的了解。现在，首先使用轴线布梁的命令来绘制主梁。单击菜单后，填写好梁的绘制参数，同时命令行出现下面提示：

> 单击轴网生梁窗口的第一点<退出>://（图4-19点P1）
>
> 第二点<退出>://（图4-19点P2）

如图4-19所示，图形上有轴线的部分都已经布置上了梁线。

下面添加次梁；为了方便定位，首先添加两条辅助轴线。

（2）辅助轴线

菜单："TS平面"→"轴网"→"添加轴线"（"布置轴网"→"添加轴线"）

单击菜单后，命令行出现下面提示：

> 拾取参考轴线<退出>://（图4-19中A轴）
>
> 输入新轴线的偏移距离<退出>：3000 ⏎
>
> 输入轴线编号<无>：1/A ⏎
>
> 拾取参考轴线<退出>://（图4-19中B轴）
>
> 输入新轴线的偏移距离<退出>：3000 ⏎
>
> 输入轴线编号<无>：1/B ⏎
>
> 拾取参考轴线<退出>： ⏎

通过以上的操作添加了两条辅助轴线：1/A轴和1/B轴。下面通过这两条轴线形成的交点来添加次梁线。

（3）绘制次梁

菜单："TS平面"→"梁"→"画直线梁"（"梁绘制"→"画直线梁"）

单击菜单后，填写好梁的绘制参数，同时命令行出现下面提示：

> 取梁的起点 /F-参照点<退出>：
>
> 下一点 A-弧梁 /F-参照点 /U-回退 <结束>：

所有的梁线均已绘制完成，梁线相交部分已有程序自动处理好。但柱子内还有一些梁线穿过，可以通过交线处理命令来进行修正。

（4）交线处理

菜单："TS平面"→"梁"→"交线处理"（"梁绘制"→"交线处理"）

单击菜单后，命令行出现下面提示：

> 用窗口选择要进行交线处理的区域：
>
> 窗口第一角<退出>://（图4-19点P1）
>
> 另一角<退出>://（图4-19点P2）
>
> 开始[交线处理]，共选择了梁[墙]线46根。

交线处理完毕！

命令执行后，会把柱子里面的梁线全部清除。

（5）梁集中标注

菜单："TS平面"→"梁"→"梁集中标"（"梁绘制"→"梁集中标"）

单击菜单后，程序进入图4-20对话框。调整好输入数据后，单击"确定"按钮，命令行出现下面提示：

选取梁一条边<退出>：

单击梁集中标注的位置<退出>：

单击文字位置<退出>：

绘制好梁线的图形如图4-19所示。

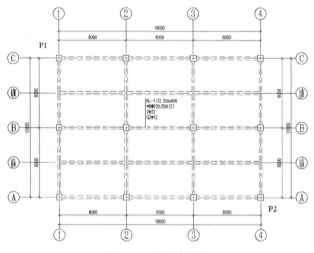

图4-19 梁线布置图

图4-20 "梁集中标"对话框

（6）梁板剖面

菜单："TS平面"→"梁"→"梁断面号"（"符号"→"梁断面号"）

单击菜单后，命令行出现下面提示：

单击梁断面号起始点<退出>：

结束点<退出>：

确认后，弹出图4-21所示对话框，填写好梁的断面参数，将图形左上角的楼板下沉了120mm，如图4-22所示。下面，把该楼板的边缘梁线改成实线。由于构成该楼板左右两侧的梁是主梁，因此在把梁线变实前，首先要利用AutoCAD的Break命令，把这两根主梁线在P3、P4点处断开。

（7）虚实变换

菜单："TS平面"→"梁"→"梁虚实变换"（"梁绘制面"→"虚实变换"）

单击菜单后，命令行出现下面提示：

选择要变换的梁线<退出>：

选择对象：

（8）梁宽标注

菜单："TS工具"→"尺寸"→"梁宽墙厚"（"尺寸标注"→"梁宽墙厚"）

单击菜单后，命令行出现下面提示：

> 单击【宽度标注】的起始点<退出>：
>
> 结束点<退出>：

（9）标注断开

观察一下图形，发现AB轴之间、BC轴之间的尺寸依然是6m，没有在添加了1/A轴和1/B轴之后断开。下面，对其进行处理。

菜单："TS工具"→"尺寸"→"标注断开"（"尺寸标注"→"标注断开"）

单击菜单后，命令行出现下面提示：

> 选取要拆分的尺寸(定位基点靠近单击位置)<退出>：
>
> 单击尺寸断开点(或输断开长度)/[/n]－n等分<退出>：

这样，左侧的BC轴之间的尺寸就被拆开成两个3m，如图4-22所示。按照相同的方法，把其他1/A轴和1/B轴之间的尺寸断开。

接下来，进行梁截面详图的绘制。

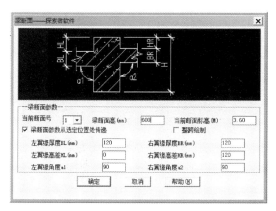

图4-21 "梁断面"对话框

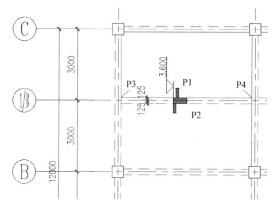

图4-22 梁剖面图

（10）剖切符号

菜单："TS工具"→"常用符号"→"截面剖切"（"符号"→"截面剖切"）

在绘制梁的截面之前，首先要在平面图上绘制剖切符号。单击菜单后，命令行出现下面提示：

> 请给出截面剖切符号起点<退出>：
>
> 请给出截面剖切符号终点<退出>：
>
> 请给出截面剖切方向<退出>：
>
> 请输入截面剖切号<1>：

绘制好梁的截面剖切符号后，下面绘制梁的截面详图。

（11）截面详图

菜单："TS构件"→"梁截面"（"梁绘制"→"梁截面"）

单击菜单后，出现图4-23所示对话框。修改相关数据之后，单击"确定"按钮，命令行出现下面提示：

单击插入点/[A]-90度旋转/[S]-X翻转/[D]-Y翻转/[R]-改插入角/[T]-改基点<退出>：

现在，梁截面详图基本上绘制完成了，如图4-24所示。

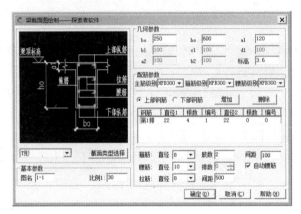

图4-23　"梁截面图绘制"对话框

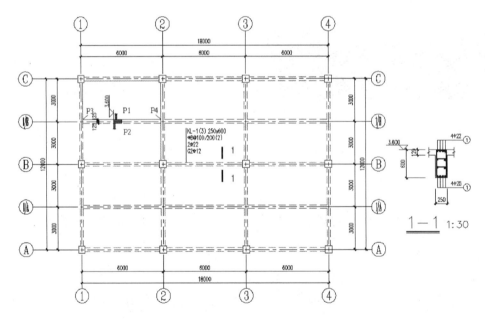

图4-24　梁截面详图

2. 布置楼板

（1）布预制楼板

菜单："TS平面"→"楼板设计"→"布预制板"（"楼板设计"→"布预制板"）

单击菜单后，命令行出现下面提示：

请选择板内一点：

请选择布板的方向：

确认后，屏幕上出现图 4-25 所示对话框，填写好相关数据后，单击"确定"按钮，预制楼板就会自动在图形上生成了，如图 4-27 所示。

（2）楼板开洞

菜单："TS 平面"→"楼板设计"→"楼板开洞"（"楼板设计" → "楼板开洞"）

单击菜单后，出现图 4-26 所示对话框，填写好相关数据后，单击"确定"按钮，命令行出现以下提示：

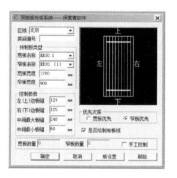

图 4-25 "预制板布板系统"对话框

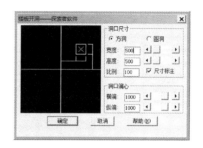

图 4-26 "楼板开洞"对话框

> 单击洞口定位点<退出>：
>
> 标注位置：

这样，在平面上布置楼板的工作就完成了，如图 4-27 所示。下面，进一步对楼板上的钢筋进行补充。

图 4-27 布置楼板

（3）板内正筋

菜单："TS 工具"→"钢筋"→"自动正筋"（"钢筋绘制" → "自动正筋"）

单击菜单后，出现图 4-28 所示钢筋控制框，直接在上面控制绘制钢筋的数据；同时在命令行出现以下提示：

> 单击正筋起点<退出>：
>
> 终点<退出>：
>
> 位置<退出>：

板内正筋绘制完成后，继续布置板的负筋。

（4）板边负筋

菜单："TS 工具"→"钢筋"→"自动负筋"（"钢筋绘制" → "自动负筋"）

单击菜单后，出现图 4-28 所示钢筋控制框，确定控制绘制钢筋的数据，并且打开标注选项；这时在命令行出现以下提示：

> 单击负筋起点<退出>：
>
> 终点<退出>：
>
> 位置<退出>：
>
> 输入起始端长度<725>：750
>
> 终止端长度<725>：750

至此，这张梁板布置图形已经基本完成了，如图4-29所示。下面利用文字功能对它进行完善。

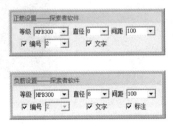

图 4-28　钢筋控制框

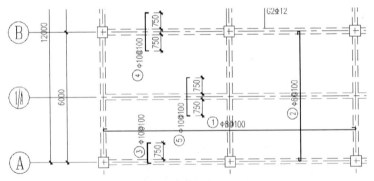

图 4-29　绘制楼板内的钢筋

3. 图形完善

（1）文字输入　在结构绘图过程中经常要使用到各种特殊符号，如 I ~ IV 钢筋、m^2；另外，由于在 AutoCAD 中没有提供排版功能，致使用户在使用 AutoCAD 中的文字功能进行结构绘图时，会感觉非常不方便。为此，TSSD 提供了大量的文字工具，使得这一矛盾得到很好的解决。

菜单："TS 工具"→"文字"→"多行输入"（"书写文字" → "多行输入"）

单击菜单后，出现图4-30所示对话框：对话框的第一行是一排按钮，用于输入钢筋直径和角标等特殊符号；在第二行的编辑框中，可以很方便地对文字高度、行间距和每行的字符数进行调整，从而达到排版的目的；最右侧的一排按钮可以对文字进行增强处理。

例如，在结构中经常需要写一些"构造要求"，但这些文字在 AutoCAD 中不方便排版；这时，可以先把"构造要求"用记事本等工具写好后保存起来。然后单击文件"导入"功能，选择已经写好的文本文件（如 x：\ tssd14 \ sample \ beam.txt），然后单击"打开"按钮，文件中的内容就会被传入到多行文字输入的编辑框里面来；进行相关调整后单击"确定"按钮，命令行出现提示：

指定文字的插入点：

这样，文字说明就写好了。如果用户对输出的结果仍不满意，还可以用多行编辑对已有文字反复进行调整。下面把本图的名称添加上去，这样这张图形看起来就更加完整了。

（2）图形名称

菜单："TS 工具"→"常用符号"→"图形名字"（"符号"→"图形名字"）

单击菜单后，出现图 4-31 所示对话框；在填写好相关内容后，单击"插入"按钮，这时命令行出现提示：

选取文字插入点：

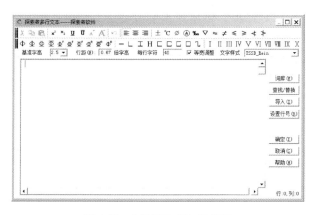

图 4-30 "多行文本"对话框

图 4-31 "图形名称设置"对话框

4.4 圈梁详图

本节主要内容是深入了解 TSSD 软件中钢筋、标注、常用符号的使用方法。

1. 绘制截面

（1）矩形叠合

菜单："TS 工具"→"实体工具"→"矩形叠合"（"实体工具"→"矩形叠合"）

首先，通过矩形叠合命令来绘制圈梁详图的外轮廓线。单击命令后，命令行出现以下提示：

单击矩形的第一角 /A-角度[0]<退出>://（图 4-32 点 P1）

单击矩形的另一角<输入长宽>：┘

输入矩形长<退出>：240 ┘

输入矩形高<退出>：240 ┘

单击矩形的第一角 /A-角度[0]<退出>：//（图 4-32 点 P2）

单击矩形的另一角<输入长宽>：⏋

输入矩形长<退出>：1000 ⏌

输入矩形高<退出>：-100 ⏌

单击矩形的第一角 /A-角度[0]<退出>：⏋

这样，就利用两个矩形相加的方法，把圈梁详图的外轮廓线绘制出来了，如图 4-32 所示。

（2）改变比例

菜单："TS工具"→"实体工具"→"变比例"（"实体工具"→"变比例"）

刚才绘制轮廓线时，是按照 1：100 的方式进行绘图的，并没有考虑比例问题。为了使详图比例变成 1：20，需要进行以下调整：

单击"变比例"命令，出现图 4-33 所示对话框，将绘图比例改变成 1：20；然后单击"确定"按钮，命令行出现提示：

选择要改变比例的实体<退出>：//（图 4-32 中圈梁外轮廓线）

这样就把图形的比例改变成了 1：20。在 TSSD 系统中，还存在着一个当前的绘图比例，就可以通过以下两种方法进行调整：

1）单击屏幕菜单的第二行 1：100，这时命令行出现提示：

输入新的绘图比例<1：100> 1：20 ⏌//（输入 20，回车）

2）单击 TS 平面菜单下的"初始设置"命令，出现图 4-34 所示对话框，将对话框中的绘图比例改成 20 后单击"确定"按钮。

通过这两种方法把当前的绘图比例调整好后，就可以按照实际需要对详图进行补充了。

图 4-32　矩形叠合

图 4-33　"变比例"对话框

2. 绘制钢筋

（1）绘制箍筋

菜单："TS工具"→"钢筋"→"箍筋"（"钢筋绘制"→"箍筋"）

单击菜单后，出现图 4-35 所示对话框，输入箍筋相关的标注数据后，单击"确定"按钮。这时命令行出现以下提示：

单击箍筋第一个角点/ X-两线交点<退出>：//（图 4-36 点 P1）

单击箍筋另一个角点/ X-两线交点<退出>：//（图 4-36 点 P2）

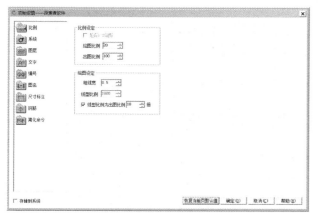

图 4-34 "初始设置"对话框

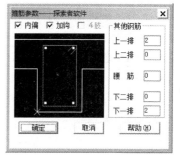

图 4-35 "箍筋参数"对话框

这样就把圈梁里的箍筋绘制出来了。下面利用偏移钢筋的方法绘制楼板钢筋。

（2）偏移钢筋

菜单："TS 工具"→"钢筋工具"→"偏移钢筋"（"钢筋工具"→"偏移钢筋"）

单击菜单后，命令行出现以下提示：

> 选取要偏移的对象<退出>://（图 4-36 点 P3）
> 拖动偏移方向<退出>://（这时确保光标位置在 P3 点的下方）
> 选取要偏移的对象<退出>://（图 4-36 点 P4）
> 拖动偏移方向<退出>://（这时确保光标位置在 P4 点的上方）

这样就画好了板钢筋，但它的长度还不正确。下面利用 AutoCAD 的夹点命令，对长度进行调整：首先选取上侧的板钢筋，然后把它的左侧夹点移动到 P2 点（箍筋左上角）。接下来选取下侧的板钢筋，并选择它的左侧夹点，移动到圈梁的中心位置。

（3）钢筋加钩

菜单："TS 工具"→"钢筋工具"→"钢筋加圆钩"（"钢筋工具"→"加圆钩"）

单击菜单后，命令行出现以下提示：

> 选取要加圆钩的钢筋<退出>：
> 拖动弯钩方向<结束>：

下侧板钢筋的调整结果如图 4-37 所示，下面继续调整上侧的板钢筋。

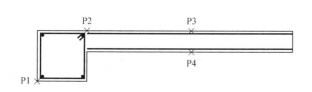

图 4-36 钢筋绘制

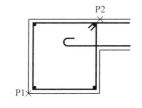

图 4-37 钢筋加钩

（4）徒手钢筋

菜单："TS 工具"→"钢筋"→"徒任意筋"（"钢筋绘制"→"徒手画筋"）

145

单击菜单后，命令行出现以下提示：

> 单击钢筋的起始点<退出>：
> 圆弧（A）/闭合（C）/半宽度（H）/长度（L）/放弃（U）/宽度（W）/<端点>：

下面使用连接钢筋的命令，进一步对板上筋进行处理。

（5）连接钢筋

菜单："TS工具"→"钢筋工具"→"连接钢筋"（"钢筋工具"→"连接钢筋"）

单击菜单后，命令行出现以下提示：

> 选取第一根钢筋：
> 选取下一根钢筋：

这样，处理完平行方向的钢筋，在截面上只需再补充一些纵向钢筋就可以了。

（6）点状钢筋

菜单："TS工具"→"钢筋"→"画点钢筋"（"钢筋绘制"→"画点钢筋"）

单击菜单后，命令行出现以下提示：

> 选取点钢筋的插入点<退出>：
> 选取点钢筋的插入点 /R-镜像 /等分数 /根数 x 间距 <结束>：

至此，截面里的钢筋就绘制完成了。以上钢筋的尺寸都使用的是系统默认值，用户也可以通过修改钢筋设置来进行调整。

3. 补充标注

（1）剖断线

菜单："TS工具"→"常用符号"→"剖断线"（"常用符号"→"剖断线"）

单击菜单后，命令行出现以下提示：

> 单击剖断线的起点<选直线>：┘//（确认）
> 选取剖断线的基线<退出>：　//（选取最右侧的截面轮廓线）

如图4-38所示，最右侧的截面轮廓线已经变成了剖断线。接下来的任务是标尺寸线。

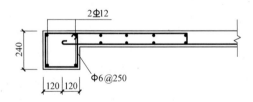

图4-38　点钢筋、剖断线及标注

（2）尺寸线

首先利用平行标注来标注下侧的尺寸。

菜单："TS工具"→"尺寸"→"平行标注"（"尺寸标注"→"平行标注"）

单击菜单后，命令行出现以下提示：

> 选取一条平行线 /A-输入角度<水平>：
> 单击标注的尺寸线位置<退出>：
> 依次单击要标注的点<结束>：

提示：单击要标注的点时，点的先后顺序以及距离平行线的远近是与标注结果无关的；同时标注的内容与当前的比例相吻合，这两点比 AutoCAD 中的标注要方便得多。

下面标注左侧的尺寸。

菜单："TS 工具"→"尺寸"→"线性标注"（"尺寸标注"→"线性标注"）

> 单击标注的起点<退出>：
> 终点<退出>：
> 单击文字标注位置<退出>：

左侧的标注完成后，可以按照相同的办法进行右侧的标注。

（3）引出标注

最后，利用引出方式标注钢筋的文字。

菜单："TS 工具"→"常用符号"→"引出标注"（"常用符号"→"引出标注"）

单击菜单后，命令行出现以下提示：

> 请输入要标注的文字<>：
> 请输入引出标注的第一点<按右键或回车键切换成框选>：
> 下一点：
> 单击引线角度/T-拖动确定角度/S-输入角度/H-水平/V-竖直<集中引出>：
> 请在合适位置放下文字：

在输入文字说明时，可以用"d"表示Ⅰ级钢，"D"表示Ⅱ级钢。

4.5 图形接口

TSSD 软件提供了转换 PM 图的工具，可以转换板平法图、梁平法图、墙柱平法图、基础图，这个转换程序就是"TS 图形接口"，该命令位于主菜单下。

首先打开一张 PKPM 由 ∗.T 转化生成的 ∗.dwg 图形，单击"TS 图形接口"命令，在下拉菜单中选择"转 PM 板配筋图""转 PM 梁平法图"等。选择相应的图形类型确认后，屏幕弹出"PM 接口"对话框，如图 4-39 所示。

图 4-39 "PM 接口"对话框

147

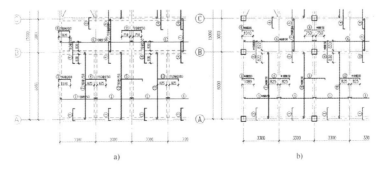

图 4-40 PM 接口示例

a）转换前　b）转换后

单击"确定"按钮后，程序退出对话框，命令行提示：

选择要处理的实体<退出>://（选取要转换的图形）

在图形接口里，还包括了对广厦结构软件、天正建筑软件生成的 DWG 图形进行转换，有了这些接口程序，在 TSSD 软件里，就可以很方便地编辑各种软件生成的图形了。PM 接口示例如图 4-40 所示。

4.6 TSSD 比例设置

在结构施工图的绘制中，将大比例平面图和小比例节点详图放在同一张图形中的情况是很常见的，虽然图形比例不同，但在出图时文字标注、尺寸标注的字高、尺寸值等必须保持一致，这在 AutoCAD 中是个不好解决的问题。TSSD 在综合考虑了设计人员的绘图习惯、AutoCAD 使用水平等情况后，为设计人员研制了解决这一问题的方法，让设计人员可以放心地绘制多比例图形，不必过多地顾虑文字、尺寸等问题。

在 TSSD 中有两个关于比例的概念，即绘图比例和出图比例。绘图比例是指用户绘图时图形的比例，如绘一张 1∶100 的平面图，或者绘一张 1∶30 的截面详图，这里 100 和 30 就是绘图比例。在一张图纸（同一图框）上可以根据需要绘制不同比例的图形。出图比例指绘制的图形输出到打印机的比例，即打印比例，也就是在 AutoCAD 的"打印"对话框中设置的比例。一般来讲，出图比例和插入图框的比例是相同的。

在绘制施工图前，设计人员应先设定比例，再开始绘图。

1. 设置比例的方法

1）单击屏幕菜单"初始设置"或下拉菜单"TSSD 平面"→"初始设置"，弹出图 4-34 所示的 TSSD"初始设置"对话框，在对话框内可分别设置绘图比例和出图比例，默认的比例均为 1∶100。通常在绘制施工图前，先要进行比例的设定。

2）直接单击屏幕菜单第二项"1∶×××"，可以改变绘图比例。单击该命令后，命令行出现如下提示：

输入新的绘图比例<1∶100> 1∶200   //（输入绘图比例，如 200）

程序在确认比例后，即按此比例绘图，直到下一次修改比例为止。

2. 多比例制图

使用 TSSD 的功能绘制梁、柱、基础等详图时，系统会根据参数绘图对话框中设定的比例自动进行比例变换，不需人为交互。

当打开一张非 TSSD 软件绘制的图形时，首先应根据实际情况设置出图比例和绘图比例，否则使用 TSSD 绘制出来的图形的比例可能与原图不符。

如图 4-41 所示，左图的出图比例是 1∶100，右图的出图比例是 1∶200，如果按出图比例=打印比例分别出图，将得到大小完全相同的两张图（包括轴网和梁截面详图）。

提示：将出图比例设成与本张图的主要图形的绘图比例相等，例如主要使用 1∶100 的绘图比例绘平面图，那就将出图比例设为 1∶100；如果主要使用 1∶30 的绘图比例绘截面详图，那就将出图比例设为 1∶30。这样，将最大限度地满足用 1∶1 的方式进行绘图。

3. 变比例

在有些情况下，绘制好图形后，需要调整比例，这时就需要借助变比例的程序来实现。

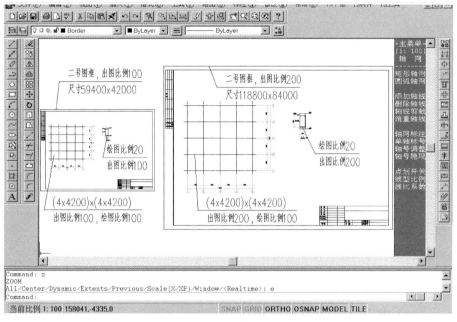

图 4-41　多比例制图示例

　　首先，用户应当对变比例有一个整体的概念：当绘图比例发生变化时，图形的整体会进行放缩，但不改变字高、线宽等与绘图比例不相关的属性；当出图比例发生变化时，图形的整体大小不发生变化，但会改变字高、线宽等与绘图比例不相关的属性。

　　有了上述概念后，就可以调整比例了。但图形上有一些内容不方便调整，如钢筋保护层的厚度、点钢筋和直线钢筋的距离，以及一些特殊的引出标注，这些内容在变比例后，会和直接按新比例绘制的图形有一些出入。因此用户不要过分倚重这个程序，还是尽可能对图纸有一个整体布局后，一次按比例绘制图形。

　　单击菜单后，命令行出现提示：

　　　　选择要改变比例的实体<退出>：∥（选择需变比例的图形）

　　　　单击比例缩放基点<退出>：∥（图上单击比例基点）

程序将自动完成所选图形的比例变换。

4. 尺寸与比例的关系

　　在 TSSD 软件中，尺寸是和比例时时相关的，所以要进行一个正确的尺寸标注，只需将当前的绘图比例设置成待标注图形的比例，即可方便地完成尺寸标注。同时程序确保标注字高、斜线长度、文字到尺寸线的距离等与绘图比例不相关的内容完全相同。

　　如图 4-42 所示，当绘图比例是 1∶100 时，标注轴网之间的间距是 3600；但当绘图比例变为 1∶200 后，标注轴网之间的间距就是 7200 了。

　　当一个尺寸已经标注完成后，它上面就记录了与比例相关的信息。所以编辑一个尺寸（如进行尺寸断开、线长取齐等操作）时，无论当前绘图比例与尺寸是否相同，都可以直接对其进行修改。

　　上面的四个部分表明，TSSD 软件处理比例问题的方法是非常实用的，既可以确保与手

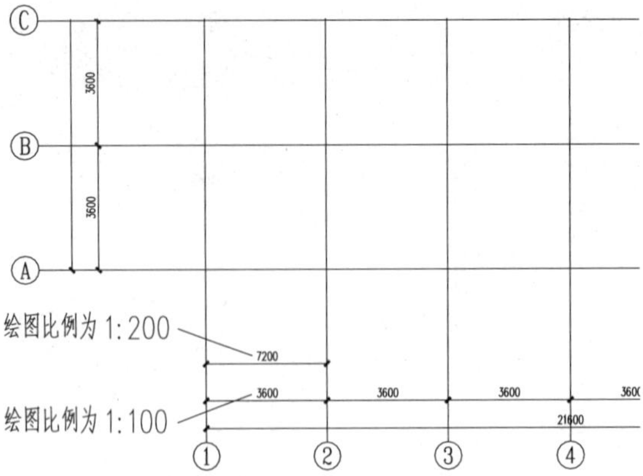

图 4-42　尺寸与比例的关系示例

工绘图的习惯完全相同，又满足了结构设计中一个图框里绘制不同比例的图形、一个 DWG 文件中包括多个不同比例的图框等特殊需要。

第5章

PKPM系列设计软件

5.1 建筑结构设计与 CAD 系统

建筑设计过程一般分为方案设计、初步设计和施工图设计三个阶段，通常由建筑、结构、设备（包括水、电、暖通等）等工种来共同完成。建筑结构设计人员在做建筑结构设计时主要需要完成以下任务：

（1）结构选型　根据建筑初步设计特点及要求、建筑物所在地理位置、场地条件，按照设计规范及经验来合理选择结构形式，达到结构优化合理、施工方便、经济安全、美观大方的效果。

（2）结构内力分析　对选定的结构进行在各种荷载工况（包括各种静荷载、动荷载、温度影响及地震荷载等作用）、边界条件、施工方法等情况下的内力、变形及稳定性分析，画出结构内力图、变形图及振型，从而确定出结构截面最不利荷载大小及位置。为结构截面设计及后续工作做好前期准备，这一步也是最核心的工作，它直接影响整个建筑结构设计的安全性及经济合理性。

（3）结构构件配筋设计　根据结构构件截面最不利荷载的大小或作用效应及作用位置，严格按照设计规范，进行结构构件的截面配筋设计，以及对节点进行构造设计。

（4）结构设计复核　根据结构构件的内力大小特点和其作用位置、结构构件的变形特点及结构构件截面的选择结果，进行结构设计结果的修正复核验算，对复核结果进行判断和评估，判定是否达到结构优化设计，否则采取对结构进行重新分析设计等相关措施，达到结构优化设计的目的。

（5）绘制施工图及编制文档　根据第（4）项任务得出的优化结构构件截面配筋结果及节点设计结果，按照国家制图规范，绘制施工图，并撰写结构设计计算说明书。

当前流行的建筑结构 CAD 系统主要有如下几个类型：①面向问题的专用 CAD 系统；②大型建筑结构 CAD 系统；③集成体系的 CAD 系统；④基于大型有限元程序包的 CAD 系统。建筑结构 CAD 系统通常由前处理模块、分析计算模块和后处理模块三大部分组成。

前处理模块的主要功能是：输入结构设计所需的基本数据、参数，对结构几何构造关系进行描述，输入荷载和其他作用，对边界约束条件进行描述，对特殊的荷载和特殊的边界加以补充并制定总控制信息，描述结构的几、材料、截面、荷载等的特征，规定和组织作业流程，给出输出信息。

分析计算模块是建筑结构 CAD 系统的核心部分，它的主要功能是：简化等效的力学模型并形成控制方程，通过单元刚度矩阵合成结构的总刚度矩阵；根据边界约束信息，分解刚度矩阵，调用荷载库，形成荷载矢量，回代求解结构位移；根据结构位移求解结构内力效应组合，根据荷载工况将结构在各种荷载工况下的效应按规范的规定加以组合，求出最不利荷载组合；根据最不利组合进行截面的强度校核，根据经验和设计准则对结构的分析和设计进行评判，如果设计不符合要求，必须修改某些设计参数，进行重新分析和设计，直到获得满足要求的设计结果。

后处理模块的主要功能是：完成施工图的绘制、编辑修改、文件转换、图形打印、文档处理等操作。

5.2 PKPM 系列软件简介

中国建筑科学研究院建筑工程软件研究所是建筑行业计算机技术开发应用的最早单位之一。它以国家级行业研发中心、规范主编单位、工程质检中心为依托，技术力量雄厚。软件所的主要研发领域集中在建筑设计 CAD 软件，绿色建筑和节能设计软件，工程造价分析软件，施工技术和施工项目管理系统，图形支撑平台，企业和项目信息化管理系统等方面，并创造了 PKPM、ABD 等全国知名的软件品牌。

5.2.1 PKPM 系列软件的特点

PKPM 系列 CAD 系统软件是目前国内建筑工程界应用最广、用户最多的一套计算机辅助设计系统。它是一套集建筑设计、结构设计、设备设计、工程量统计、概预算及施工软件等于一体的大型建筑工程综合 CAD 系统。在结构设计中又包括了多层和高层、工业厂房和民用建筑、上部结构和各类基础在内的综合 CAD 系统，并正在向集成化和初级智能化方向发展。概括起来，它有以下几个主要的技术特点。

1. 数据共享的集成化系统

建筑设计各阶段之中和之间往往有大大小小的改动和调整，各专业的配合需要互相提供资料。在手工制图时，各阶段和各专业间的不同设计成果只能分别重复制作。而利用 PKPM 系列 CAD 软件数据共享的特点，无论先进行哪个专业的设计工作所形成的建筑物整体数据都可为其他专业所共享，避免重复输入数据。此外，结构专业中各个设计模块之间的数据共享，即各种模型原理的上部结构分析、绘图模块和各类基础设计模块共享结构布置、荷载及计算分析结果信息。这样可最大限度地利用数据资源，大大提高了工作效率。

2. 直观明了的人机交互方式

该系统采用独特的人机交互输入方式，避免了填写烦琐的数据文件。输入时用鼠标或键盘在屏幕上勾画出整个建筑物。软件有详细的中文菜单指导用户操作，并提供了丰富的图形输入功能，有效地帮助输入。实践证明，设计人员容易掌握这种方式，而且比传统的方法可提高效率数十倍。

3. 计算数据自动生成技术

PKPM 系列 CAD 软件具有自动传导荷载功能，可以自动计算和传导恒、活、风荷载，并可自动提取结构几何信息，自动完成结构单元划分，特别是可把剪力墙自动划分成壳单元，从而使复杂计算模式实用化。在此基础上可自动生成平面框架、高层三维分析、砖混及

底框砖房等多种计算方法的数据。上部结构的平面布置信息及荷载数据，可自动传递给各类基础，接力完成基础的计算和设计。在设备设计中实现从建筑模型中自动提取各种信息，完成负荷计算和线路计算。

4. 基于新方法、新规范的结构计算软件包

利用中国建筑科学研究院是规范主编单位的优势，PKPM系列CAD软件能够紧紧跟踪规范的更新而改进软件，全部结构计算及丰富成熟的施工图辅助设计完全按照国家设计规范编制，全面反映了现行规范所要求的荷载效应组合，计算表达式，计算参数取值、抗震设计新概念所要求的强柱弱梁、强剪弱弯、节点核心区、罕遇地震以及考虑扭转效应的振动耦联计算方面的内容，使其能够及时满足国内设计需要。

在计算方法方面，采用了国内外最流行的各种计算方法，如平面杆系、矩形及异形楼板、薄壁杆系、高层空间有限元、高精度平面有限元、高层结构动力时程分析、梁板楼梯及异形楼梯、各类基础、砖混及底框抗震分析等，有些计算方法达到国际先进水平。

5. 智能化的施工图设计

利用PKPM系列CAD软件，可在结构计算完毕后智能化地选择钢筋，确定构造措施及节点大样，使之满足现行规范及不同设计习惯，全面地人工干预修改手段，进行钢筋截面归并整理、自动布图等一系列操作，使施工图设计过程自动化。设置好施工图设计方式后，系统可自动完成框架、排架、连续梁、结构平面、楼板计算配筋、节点大样、各类基础、楼梯、剪力墙等施工图绘制。并可及时提供图形编辑功能，包括标注、说明、移动、删除、修改、缩放及图层、图块管理等。

PKPM系列CAD软件是根据我国国情和特点自主开发的建筑工程设计辅助软件系统，它在上述方面的技术特点，使它比国内外同类软件更具有优势，在系统图形及图像处理技术、功能集成化等方面正在向国际领先水平看齐。

5.2.2 PKPM系列软件的组成

现在，PKPM已经成为面向建筑工程全生命周期的集建筑、结构、设备、节能、概预算、施工技术、施工管理、企业信息化于一体的大型建筑工程软件系统，以其全方位发展的技术领域确立了在业界独一无二的领先地位。

PKPM主要产品目录见表5-1。

表5-1 PKPM主要产品目录

1 结构类			
PK	钢筋混凝土框排架及连续梁设计	PMCAD	结构平面计算机辅助设计
TAT	高层建筑结构三维分析程序	SATWE	高层建筑结构空间有限元分析软件
TAT-D	高层建筑结构动力时程分析	FEQ	高精度平面有限元框支剪力墙计算及配筋
LTCAD	楼梯计算机辅助设计	JLQ	剪力墙结构计算机辅助设计
GJ	钢筋混凝土基本构件设计计算	JCCAD	基础CAD（独基、条基、桩基、筏基）
BOX	箱形基础辅助设计软件	STS	钢结构CAD软件
PREC	预应力混凝土结构辅助设计软件	QITI	砌体结构（取代以前QIK软件）
EPDA/PUSH	弹塑性动力/静力时程分析软件	PMSAP	特殊多、高层建筑结构分析与设计软件
STPJ	钢结构重型工业厂房设计软件	SILO	钢筋混凝土筒仓结构设计软件
SLABCAD	复杂楼板分析与设计软件	STXT	钢结构详图设计软件
GSCAD	温室结构设计软件	Chimney	钢筋混凝土烟囱CAD软件
PKPMe	英文版PKPM计算分析软件	JDJG	建筑结构鉴定加固软件

（续）

2 建筑类			
APM、ABD	三维建筑设计软件	SUNLIGHT（SLT）	三维日照分析软件
3 造型类			
3DModel	三维建筑造型大师		
4 装修类			
DEC	装修设计三维建模软件		
5 设备类			
WPM	给水排水绘图软件	WNET	室外给水排水设计软件
HPM	建筑采暖设计软件	EPM	建筑电气设计软件
HNET	室外热网设计软件	CPM	建筑通风空调设计软件
6 概预算			
工程量三维自动统计		钢筋翻样	
概预算报表		三合一概预算软件	
上海93、2000专版		工程量清单计价	
7 施工类			
施工管理系列软件			
标书制作系统		项目管理系统	
平面图绘制系统			
施工技术系列软件			
施工现场设施安全计算软件		深基坑支护软件	
脚手架设计软件		模板设计软件	
冬季施工及混凝土混合比软件		结构计算工具箱	
施工图集		施工形象进度软件	
施工现场设施安全计算		网络计划制作软件	
8 节能类			
建筑节能设计分析软件		建筑节能设计分析软件	
建筑节能经济指标分析软件		建筑遮阳设计分析软件	
建筑负荷分析大师		建筑节能施工图软件	
建筑节能审查软件			
9 园林类			
GARLAND	园林软件"佳园"	GUJIAN	古建软件
10 规划类			
SITE	三维场地工程软件		三维居住区规划设计软件

5.2.3 PKPM 结构设计程序模块

新版本的 PKPM 系列软件包含了结构、砌体、钢结构、及鉴定加固等模块，如图 5-1 所示。

限于篇幅，本书仅主要介绍 PKPM 建筑结构设计程序模块，其中包括的菜单及主要功能见表 5-2，下面介绍其中常用菜单的主要功能，其他程序模块的相关信息请参阅 PKPM 技术说明文件。

图 5-1　PKPM 系列程序主窗口

表 5-2　PKPM 系列 CAD 软件各模块名称及功能

专业	模块名		各模块中包含软件及功能
结构	STEWE 核心集成设计	STEWE	STEWE 分析设计
		STEWE	STEWE 结果查看
		TAT-8	8 层及 8 层以下建筑结构三维分析程序
		SATWE-8	8 层及 8 层以下建筑结构空间有限元分析软件
	PMSAP 核心集成设计	PMSAP	PMSAP 分析设计
		PMSAP	PMSAP 结果查看
		FEQ	高精度平面有限元框支剪力墙计算及配筋
	Spas-PMSAP 的集成设计	Spas	空间建模
		Spas-PMSAP	空间建模与 PMSAP 分析
		Spas	基础设计
	PK 二维设计	PMCAD	PMCAD 形成 PK 文件
		PK	PK 二维设计
		GJZ	工具集
	GJZ		基础工程 JCCAD(独基、条基、桩基、筏基等)计算机辅助设计
	BOX		箱形基础计算机辅助设计
	STS		钢结构 CAD 软件
	STPJ		钢结构重型工业厂房
	STXT		钢结构详图设计软件
	SLABCAD		复杂楼板分析与设计
	PREC		预应力混凝土结构设计软件
	QITI		砌体结构辅助设计软件(原 QIK)
	EPDA		多层及高层建筑结构弹塑性动力时程分析软件
	PMSAP		特殊多、高层建筑结构分析与设计软件
	Chimney		烟筒分析设计软件
	SILO		筒仓结构设计分析软件

1. 结构平面计算机辅助设计

PMCAD（简称PM）是PKPM系列程序完成结构设计的核心模块，它建立的全楼结构模型是PKPM各二维、三维结构计算软件的前处理部分，也是梁、柱、剪力墙、楼板等施工图设计软件和基础CAD的必备接口软件。它是通用的前处理模块，用户可以使用该模块完成建筑结构的几何数据、荷载数据等基本数据的输入，建立建筑结构平面数据库和整楼模型，完成简单现浇楼板的内力分析计算和配筋计算并画出楼板结构施工图。PMCAD为后续分析设计程序（如TAT、SATWE、JCCAD等）提供了必要的数据接口，也提供了建筑CAD图形数据与结构计算数据的必要接口。

1）用简便易学的人机交互方式输入各层平面布置及各层楼面的次梁、预制板、洞口、错层、挑檐等信息和外加荷载信息，在人机交互过程中提供随时中断、修改、复制、查询、继续操作等功能。

2）自动进行从楼板到次梁、次梁到承重梁的荷载传导并自动计算结构自重，自动计算人机交互方式输入的荷载，形成整栋建筑的荷载数据库，用户可随时查询、修改任一部位的数据。由此数据可自动给PKPM系列各结构计算软件提供数据文件，也可给连续次梁和楼板计算提供数据。

3）绘制各种类型结构的结构平面图和楼板配筋图。包括柱、梁、墙、洞口的平面布置、尺寸、偏轴，绘制轴线及总尺寸线，绘制预制板、次梁及楼板开洞布置，计算现浇楼板内力与配筋并绘制板配筋图，绘制砖混结构圈梁构造柱节点大样图。

4）进行砖混结构和底层框架上层砖房结构的抗震分析验算。

5）统计结构工程量，并以表格形式输出。

2. 框排架计算机辅助设计

PK模块具有二维结构计算和钢筋混凝土梁柱施工图绘制两大功能。

1）模块本身提供一个平面杆系的结构计算软件，适用于工业与民用建筑中各种规则和复杂类型的框架结构、框排架结构、排架结构，剪力墙简化成的壁式框架结构及连续梁、拱形结构、桁架等（规模在30层，20跨以内）。在整个PKPM系统中，PK承担了钢筋混凝土梁、柱施工图辅助设计的工作。除接力PK二维计算结果，完成钢筋混凝土框架、排架、连续梁的施工图辅助设计外，还可接力多高层三维分析软件TAT、SATWE、PMSAP计算结果及砖混底框、框支梁计算结果，为用户提供四种方式绘制梁、柱施工图，包括梁柱整体画、梁柱分开画、梁柱钢筋平面图表示法和广东地区梁表柱表施工图。

2）PK模块可处理梁柱正交或斜交、梁错层、抽梁抽柱、底层柱不等高、铰接屋面梁等各种情况，可在任意位置设置挑梁、牛腿和次梁，可绘制十几种截面形式的梁，可绘制折梁、加腋梁、变截面梁，矩形梁、工字梁、圆形柱或排架柱，柱箍筋形式多样。

3）按新规范要求做强柱弱梁、强剪弱弯、节点核心、柱轴压比、柱体积配箍率的计算与验算，还进行罕遇地震下薄弱层的弹塑性位移计算、竖向地震力计算、框架梁裂缝宽度计算、梁挠度计算。

4）按新规范和构造手册自动完成构造钢筋的配置。

5）具有很强的自动选筋、层跨剖面归并、自动布图等功能，同时给设计人员提供了多种方式干预选筋、布图、构造筋等施工图绘制结果。

6）在中文菜单提示下，提供丰富的计算模型及结果，提供模板图及钢筋材料表。

7）可与 PMCAD 软件连接，自动导荷并生成结构计算所需的平面杆系数据文件。

8）可生成梁柱实配钢筋数据库，为后续的时程分析、概预算软件等提供数据。

3. 结构三维分析与设计软件

TAT 或 TAT-8 都是三维空间分析程序，它采用薄壁杆件原理计算柱、梁等杆件；根据薄壁柱原理计算剪力墙；假定楼板计算楼板平面内刚度无限大，在水平力作用下不发生平面内变形，只发生平移和转动。它适用于分析设计各种复杂体型的多、高层建筑，不仅可以计算钢筋混凝土结构，还可以计算钢-混凝土混合结构、纯钢结构、井字梁、平框及带有支撑或斜柱结构。TAT-8 只用来计算多层的框架、框架-剪力墙、筒体结构和剪力墙结构，TAT 用来计算高层和多层的框架、框架-剪力墙、筒体结构和剪力墙结构。

其功能如下：

1）计算结构最大层数达 100 层。

2）可计算框架结构、框剪和剪力墙结构、筒体结构。对纯钢结构可作 P-Δ 效应分析。

3）可以进行水平地震、风力、竖向力和竖向地震力的计算和荷载效应组合及配筋。

4）可以与 PMCAD 模块连接生成 TAT 的几何数据文件及荷载文件，直接进行结构计算。

5）可以与动力时程分析程序 TAT-D 模块接力运行进行动力时程分析，并可以按时程分析的结果计算结构的内力和配筋。

6）对于框支剪力墙结构或转换层结构，可以自动与高精度平面有限元程序 FEQ 模块接力运行，其数据可以自动生成，也可以人工填表，并可指定截面配筋。

7）可以接力 PK 模块绘制梁柱施工图，接力 JLQ 模块绘制剪力墙施工图，接力 PMCAD 绘制结构平面施工图。

8）可以与 JCCAD、EF、ZJ、BOX 等基础 CAD 模块连接进行基础设计。

9）TAT 与本系统其他软件密切配合，形成了一整套多、高层建筑结构设计计算和施工图辅助设计系统，为设计人员提供了一个良好的全面的设计工具。

4. 结构空间有限元分析设计软件

SATWE 或 SAT-8 是专门为高层结构分析与设计开发的基于壳元理论的三维组合结构有限元分析软件。其核心是解决剪力墙和楼板的模型化问题，尽可能地减小其模型化误差，提高分析精度，使分析结果能够更好地反映出高层结构的真实受力状态。SAT-8 适用于 8 层及 8 层以下的多层建筑结构的分析设计，SATWE 适用于高层建筑结构分析设计。其功能如下：

1）SATWE 采用空间杆单元模拟梁、柱及支撑等杆件。采用在壳元基础上凝聚而成的墙元模拟剪力墙。对于尺寸较大或带洞口的剪力墙，按照子结构的基本思想，由程序自动进行细分，然后用静力凝聚原理将由于墙元的细分而增加的内部自由度消去，从而保证墙元的精度和有限的出口自由度。墙元不仅具有墙所在的平面内刚度，也具有平面外刚度，可以较好地模拟工程中剪力墙的实际受力状态。

2）对于楼板，SATWE 给出了四种简化假定，即楼板整体平面内无限刚、分块无限刚、分块无限刚加弹性连接板带和弹性楼板。在应用中，可根据工程实际情况和分析精度要求，选用其中的一种或几种简化假定。

3）SATWE 适用于高层和多层钢筋混凝土框架、框架-剪力墙、剪力墙结构，以及高层钢结构或钢-混凝土混合结构，还可用于复杂体型的高层建筑、多塔、错层、转换层、短肢剪力墙、板柱结构及楼板局部开洞等特殊结构形式。

4）SATWE 可完成建筑结构在恒、活、风荷载及地震力作用下的内力分析及荷载效应组合计算，对钢筋混凝土结构还可完成截面配筋计算。

5）可进行上部结构和地下室联合工作分析，并进行地下室设计。

6）SATWE 所需的几何信息和荷载信息都从 PMCAD 模块建立的建筑模型中自动提取生成并有多塔、错层信息自动生成功能，大大简化了用户操作。

7）SATWE 完成计算后，可经全楼归并接力 PK 模块绘制梁、柱施工图，接力 JLQ 模块绘制剪力墙施工图，并可为各类基础设计软件提供设计荷载。

5. 楼梯计算机辅助设计

LTCAD 主要用于楼梯结构设计。本程序通过交互式输入楼梯结构几何、荷载相关信息，可以完成楼梯结构的内力分析及配筋计算，并绘制楼梯结构施工图，包括楼梯平面、立面图及梁、板、平台配筋详图，并可与 PMCAD 或 APM 模块连接使用，只需指定楼梯间所在位置并提供楼梯布置数据，用人机交互方式快速生成数据文件，操作简便。LTCAD 适用于单跑、二跑、三跑、四跑及任意平面的多跑板式或梁式普通楼梯；还适用于螺旋及悬挑等各种异形楼梯，螺旋段的上下端可设直线段，中间可设休息平台，悬挑楼梯可任意转角。

6. 基础工程设计机辅助设计

JCCAD 是建筑工程的基础设计软件。主要功能如下：

1）可完成柱下独立基础、墙下条形基础、弹性地基梁、带肋筏板、柱下平板（板厚可不同）、墙下筏板、柱下独立桩基承台基础、桩筏基础、桩格梁基础及单桩的设计，同时还可完成由上述多类基础组合起来的大型混合基础设计。

2）可设计的独基的形式包括倒锥形、阶梯形、现浇或预制杯口基础、单柱、双柱或多柱的联合基础；条基包括砖条基、毛石条基、钢筋混凝土条基（可带下卧梁）、灰土条基、混凝土条基及钢筋混凝土毛石条基；筏板基础的梁肋可朝上或朝下；桩基包括预制混凝土方桩、圆桩、钢管桩、水下冲（钻）孔桩、沉管灌注桩、干作业法桩和各种形状的单桩或多桩承台。

3）可继承上部结构 CAD 软件生成的各种信息。从 PMCAD 模块生成的数据库中自动提取上部结构中与基础相连的各层的柱网、轴线、柱子、墙的布置信息。软件还可读取 PMCAD、PK、TAT、SATWE 和 PMSA 模块计算生成的基础的各种荷载，并按需要进行不同的荷载组合。自动读取的上部结构生成的基础荷载可以同人工输入的基础荷载相互叠加。此外软件还能够提取绘制柱施工图生成的柱钢筋数据，用来画基础柱的插筋。

4）对整体基础（如交叉地基梁、筏板、桩筏基础）提供了三种方法来考虑上部结构对基础的影响，即上部结构刚度凝聚法、上部结构刚度无穷大的倒楼盖法和上部结构等代刚度法。

5）有较强的自动设计功能。诸如可根据荷载和基础设计参数自动计算出独立基础和条形基础的截面积与配筋、自动进行柱下承台桩设置、自动调整交叉地基梁的翼缘宽度、自动确定筏板基础中梁翼缘宽度。能自动作独立基础和条形基础的碰撞检查，若发现有底面叠合的基础自动选择双柱基础、多柱基础或双墙基础。同时留有充分的人工干预功能，使软件既有较高的自动化程度，又有极大的灵活性。

6）对基础结构分析计算提供多种计算模型。如交叉地基梁可采用文克尔模型（即普通弹性地基梁模型）进行分析，又可采用考虑土壤之间相互作用的广义文克尔模型进行分析。

筏板基础可按弹性地基梁有限元法计算，也可按 Mindlin 理论的中厚板有限元法计算。桩筏筏板有限元方法可以解决天然地基、常规桩基、复合地基、复合桩基等基础计算，并新增后浇带对内力、配筋的影响。筏板的沉降计算提供了规范的假设附加压应力已知的方法和刚性底板假定、附加应力为未知的两种计算方法。

7）有很强的交互和施工图绘图功能。平面图菜单可绘制所布置的基础，绘制筏板钢筋，标注各种尺寸、说明。对地基梁提供平法、梁立剖面详图两种方法出施工图。详图菜单可绘制出独基、条基、连梁、桩基、承台的大样图，以及地沟图、电梯井图、轻质隔墙图等。

7. 墙梁柱施工图设计

梁柱施工图菜单主要用于完成结构模型分析计算后的梁、柱施工图的绘制。它首先对全楼的梁、柱进行归并操作，然后按归并结果进行梁、柱立剖面施工图的绘制、平法施工图的绘制，也可以选择绘制整榀框架施工图。JLQ 模块主要用于接力 SATWE（SAT-8）或 TAT（TAT-8）等进行剪力墙配筋设计，绘制剪力墙平面施工图、立面施工图等。

PKPM 结构设计软件已用于我国近年来主要标志性建筑的结构分析计算工作，如奥运会国家体育场等（图 5-2）。

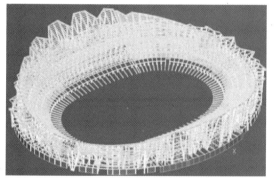
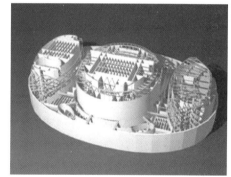
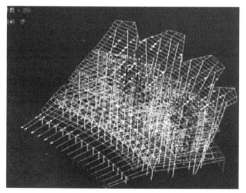

图 5-2　PKPM 软件结构分析计算实例

针对建筑、结构专业的各项新规范，PKPM 系列软件也不断地升级改版。在操作菜单和界面上，尤其是在核心计算上，都结合新规范作了较大的改进。例如，经过整合的 2008 版本砌体结构辅助设计软件 QITI（图 5-3），将砌体结构、底层框架抗震墙结构、配筋砌体小高层结构等集成和专业化处理。如强化、完善了砌块自动排块图设计和构造柱、异柱、门窗端柱、芯柱的智能布置设计等，改善底层框架设计等。

建筑结构鉴定加固设计软件 JDJG（图 5-4），"5·12"汶川地震发生后，面对各地地震灾害重建工作和建筑抗震加固工作及时推出。软件全面地反映了建筑抗震鉴定、加固各种规范、规程的要求，可对砌体结构、底框结构、混凝土结构、钢结构等全面进行鉴定和加固设计，并辅助施工图设计。

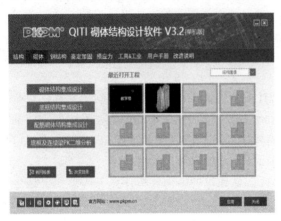

图 5-3　砌体结构辅助设计软件 QITI　　　图 5-4　建筑结构鉴定加固设计软件 JDJG

5.2.4　PKPM 结构设计的基本步骤

PKPM 系列程序的结构设计程序模块（结构、钢结构、特种结构）主要用于采用我国常用建筑材料（混凝土材料、砌体材料、钢材等）建造的一般建筑结构设计、预应力结构设计、钢结构设计及基础工程的设计。

与应用一般建筑结构 CAD 系统进行设计的步骤类似，使用 PKPM "结构"程序模块进行结构设计时也需要依次执行其中的前处理模块、分析计算模块、后处理模块。

1. 前处理模块

前处理部分主要是利用 PMCAD 子模块下的 1~3 项菜单（建筑模型与荷载输入、结构楼面布置信息、楼面荷载传导）来完成的。另外，有些结构子模块（如 PK、STS）自身也带有前处理功能，前处理要做的主要工作有如下几个方面：

1）输入、校对及修改结构标准层的几何信息：定位网格线、轴线，构件（梁、柱、墙、洞口、斜支撑等）定义及布置等。

2）输入、校对及修改结构标准层所受荷载信息：楼板恒载信息、活载信息，梁间荷载，柱间荷载等，形成荷载标准层。

3）输入、校对及修改结构标准层其他信息：结构总信息（结构类别、材料类别等）、地震信息、绘图信息等。

4）对结构标准层进行层高定义、楼层复制与荷载标准层组装，最终形成整楼模型等。

2. 分析计算模块

分析计算模块主要是使用 PK、TAT（TAT-8）、SATWE（SAT-8）、JCCAD 等程序模块下的分析计算程序接 PM 建立的结构模型，进行结构分析计算，并进行分析计算结果的判定操作（提示：PK、TAT（TAT-8）、SATWE（SAT-8）是上部结构分析程序，在执行 JCCAD 程

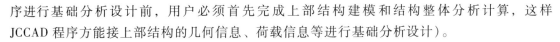

序进行基础分析设计前，用户必须首先完成上部结构建模和结构整体分析计算，这样 JCCAD 程序方能接上部结构的几何信息、荷载信息等进行基础分析设计）。

分析计算模块的主要工作有：

1）执行该模块对前处理的相关信息进行校对检查，并补充其他相关信息，PKPM 计算程序根据结构的几何信息、荷载信息、其他信息进行荷载组合和结构计算，求解方程组，输出计算结果。计算结果主要包括结构内力信息、变形信息、位移信息、结构构件配筋信息、裂缝信息等，计算结果信息主要以图形结果及计算数据结果文件两种形式来输出。

2）对分析计算结果进行判定，这里主要有两种情况：第一种情况主要是根据分析计算结果来判定是否满足建筑、结构规范及其他要求，如果满足要求则进行后续操作，否则应对结构及相关信息进行修改，重新计算，直至满足设计要求；第二种情况是在某些情况下，建筑设计需要进行改动，则结构设计也需要进行相关调整，修改几何信息、荷载信息等相关设计参数，重新计算，直至满足设计要求，然后进行后续操作。

3. 后处理模块

后处理模块是在分析计算结果满足规范和设计各项要求后进行的，主要是对分析计算结果进行整理。主要内容是根据满足设计要求的计算结果，按照我国现行绘图规范进行施工图（包括楼板配筋图、梁配筋图、柱配筋图、基础配筋图、其他构件构造配筋图、细部详图等）的绘制，对施工图进行相关修改、格式转换与整理等操作。后处理主要使用的程序模块包括 PMCAD 模块下的后处理菜单（绘结构平面图，砖混节点大样，图形编辑、打印及转换等菜单）、梁柱施工图程序模块、JLQ 模块及 JCCAD 模块下的绘图等菜单。

5.3 结构平面计算机辅助设计——PMCAD

PMCAD 是 PKPM 系列 CAD 软件的基本组成模块之一，它采用人机交互方式，引导用户逐层地布置各层平面和各层楼面，并具有较强的荷载统计和传导计算功能，可方便地建立整栋建筑的数据结构。由于 PMCAD 建立了整栋建筑的数据结构，使得 PMCAD 成为 PKPM 系列结构设计软件的核心，为功能设计提供数据接口。

PMCAD 适用于任意平面形式结构模型的创建。平面网格可以正交，也可斜交成复杂体型平面，并可处理弧墙、弧梁、圆柱、各类偏心、转角等。适用条件如下：

1）层数不大于 99。

2）结构标准层和荷载标准层各不大于 99。

3）正交网格时，横向网格、纵向网格各不大于 100，斜交网格时，网格线条数不大于 200。

4）网格节点总数不大于 5000。

5）标准柱截面不大于 100 个，标准梁截面不大于 40，标准洞口不大于 100。

6）每层柱根数不大于 1500。每层梁根数（不包括次梁）、墙数各不大于 1800，每层房间（此处所指房间并非建筑中所讲的房间，而是指梁所围成的区间）总数不大于 900，每层次梁总根数不大于 600，每个房间周围最多可以容纳的梁墙数小于 150，每节点周围不重叠的梁墙根数不大于 6。

提示：

1）两节点之间最多安置一个洞口。需安置两个时，应在两洞口间增设一网格线与节点。

2）结构平面上房间数量的编号是由软件自动作出的。

3）当工程规模较大而节点、杆件或房间数超界时，把主梁当作次梁输入可有效地大幅度减少节点杆件房间的数量。

4）PMCAD中输入的墙应是结构承重墙或抗侧力墙，框架填充墙不应当作墙输入，它的重量可作为外加荷载输入，否则将不能形成框架荷载。

5）平面布置时，应避免大房间内套小房间的布置，否则会在荷载导算或统计材料时重叠计算，可在大小房间之间用虚梁（截面为100mm×100mm的梁）连接，将大房间切割。

5.3.1 建筑模型与荷载输入

1. 创建或打开文件

双击 Windows 桌面上的 PKPM 快捷方式图标，进入 PKPM 主菜单后，选择"结构"模块，并选中菜单左侧的"PMCAD"，使其变成蓝色，菜单右侧此时将显示主菜单，如图 5-5 所示。

提示：在上述各菜单项中，各主菜单可以移动光标单击，也可键入菜单前数字或字符单击。

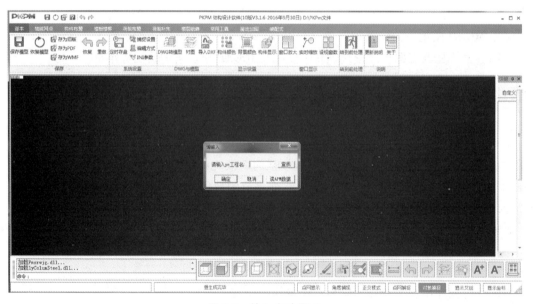

图 5-5 输入启动界面

单击主菜单右下角处的"改变目录"按钮，选取（或建立）用户操作的工作子目录，设置好工作目录。在"请输入"对话框中输入要建立的新文件或要打开的旧文件的名称，如输入"办公楼"然后单击"确认"按钮进入 PM 工作界面。

提示：在 PKPM 软件的使用中，有一点必须要注意，那就是每个工程必须存放在独立的工作目录下。否则，最新建模生成的某些文件就会将先前工程建模时产生的同名文件覆盖掉。因此，建模之前，首先要指定工程的工作目录。如工作子目录事先已建立好，则可在"改变工作目录"页中直接选择，如尚未建立，可在目录名称下直接键入硬盘驱动器名和工作目录名。

程序将屏幕划分为右侧的菜单区、上侧的下拉菜单区和工具栏、下侧的命令提示区和中部的图形显示区。右侧的菜单区是模型输入的主菜单，如图5-6所示。

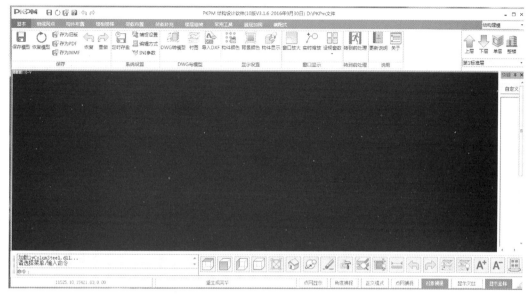

图5-6　界面的主菜单

2. 输入

"轴线网点"的子菜单如图5-7所示，选择"轴线网点"→"正交轴网"输入图5-8所示的轴网。

图5-7　轴线输入

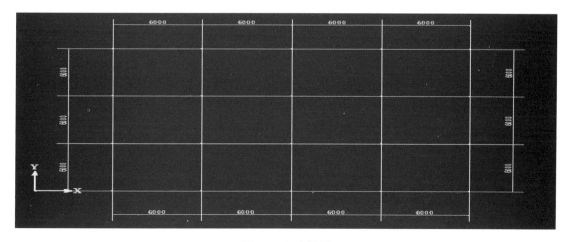

图5-8　正交轴网

3. 网格生成

"形成网点"是程序自动将绘制的定位轴线分割为网格和节点。选择"轴线网点"→"形成网点",则在轴线交点处形成节点,用户可以对形成的节点进行编辑。

4. 楼层定义

"楼层定义"的子菜单如图5-9所示。

图5-9 楼层定义

(1)柱布置 选择"楼层定义"→"柱布置",屏幕弹出图5-10所示"构件布置"对话框。在"柱布置"选项卡中可以进行柱的截面定义、修改、布置等操作。

1)柱截面定义。单击"增加"按钮,弹出"截面类型选择"对话框,如图5-11所示,用户可以选择需要的截面类型。本例定义边长为450mm的方形柱。

2)柱布置。选中一种柱(变为蓝色)后,单击"布置"按钮,本例采用无偏心、光标布置方式。

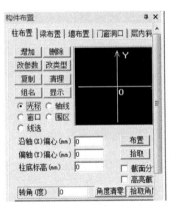

图5-10 柱布置

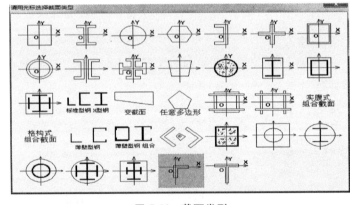

图5-11 截面类型

(2)主梁布置 选择"楼层定义"→"主梁布置",屏幕弹出图5-12所示"构件布置"对话框。在"梁布置"选项卡中可以进行梁的截面定义、修改、布置等操作。

梁截面定义:单击"增加"按钮,弹出截面类型,可以单击"截面类型"按钮,弹出"截面类型选择"对话框,如图5-13所示,用户可以选择需要的截面类型。本例定义截面为300mm×650mm、300mm×600mm、300mm×450mm和250mm×500mm的四种矩形梁。

主梁布置:选中一种梁(变为蓝色)后,单击"布置"按钮,可以输入偏轴信息、梁顶标高和布置方式。本例采用无偏轴、光标布置方式。

(3)墙及洞口布置 PMCAD中只布置承重墙和抗侧力墙,洞口布置在有墙处。框架填充墙不布置,作为荷载输入。墙体布置方式和梁、柱的布置相同。本例全为填充墙,所以不布置墙体。

(4)次梁布置 PMCAD中次梁一般在第二项菜单中布置。因结构不大,所有梁可均按主梁布置,所以本例无次梁。

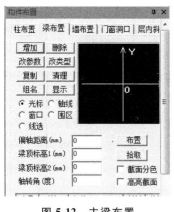

图 5-12 主梁布置

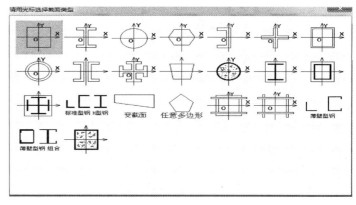

图 5-13 截面类型

（5）本层信息 选择"本层信息"菜单，在弹出的对话框中修改梁、柱混凝土强度等级为 C25，板混凝土强度等级为 C20，层高为 3300mm，如图 5-14 所示。单击"确定"按钮返回到右侧菜单。

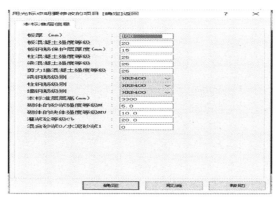

图 5-14 楼层信息

（6）楼板生成 单击"楼板生成"命令，弹出程序提示"当前层没有生成楼板，是否自动生成？"单击"是"按钮确定。"楼板生成"的子命令如图 5-15 所示，可以进行板厚修改、楼板开洞、预制楼板、悬挑楼板等编辑。

图 5-15 楼板生成子菜单

（7）添加新标准层 第 1 标准层定义好后，通过图层工具栏，如图 5-16 所示，选择"添加新标准层"，屏幕弹出图 5-17 所示对话框。在此选择"全部复制"方式，单击"确定"按钮，生成第 2 结构标准层。

通过图层工具栏，可在各标准层间切换。选择"层编辑"菜单，可进行标准层编辑。

5. 荷载输入

"荷载输入"的子菜单如图 5-18 所示。执行"荷载输入"→"恒活设置"命令，弹出图 5-19 所示对话框。本例定义两个荷载标准层：恒 5+活 2。

165

图 5-16　添加新标准层

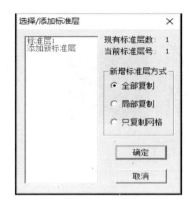

图 5-17　"选择/添加标准层"对话框

1）楼面荷载。楼面荷载定义完毕后，标准层全楼面布置荷载。选择该菜单，可修改局部楼面的恒、活载。

2）梁间荷载。执行"荷载输入"→"梁间荷载"命令，如图 5-20 所示。单击"恒载输入"，弹出图 5-21 所示对话框。单击"增加"按钮，弹出图 5-22 所示对话框。本例中选择均布荷载，输入墙体自重 2kN/m（一般楼层）。单击"确定"按钮，返回至图 5-21 所示对话框，单击"布置"按钮，用光标单击需要布置荷载的梁段即可完成。

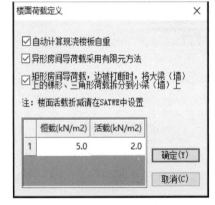

图 5-18　"荷载输入"的子菜单　　图 5-19　"楼面荷载定义"对话框　　图 5-20　"梁间荷载"子菜单

6. 设计参数

选择主菜单中"设计参数"菜单项，弹出图 5-23 所示"设计参数"对话框。用户根据工程需要完成相应修改后，单击"确定"按钮。

7. 楼层组装

定义一个 4 层结构。如图 5-24 所示，在对话框左侧"复制层数"下选"1"，在"标准层"下选"第 1 标准层"，层高指定 3300，层名指定 1，在"自动计算底标高（m）"前勾选，然后单击"增加（A）"按钮。这时，在"组装结果"下出现第 1 层的布置。第 2~4 层的布置：第 2、3 层是"第 1 标准层"，层高 3300；第 4 层是"第 2 标准层"，层高 3300。

单击"确定"按钮，退出"楼层组装"对话框。此时，就把已经做好的标准层组装成一栋实际的建筑物。组装完毕后整楼模型如图 5-25 所示。

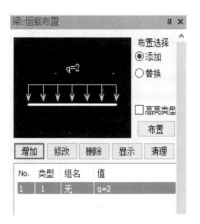

图 5-21 荷载输入对话框

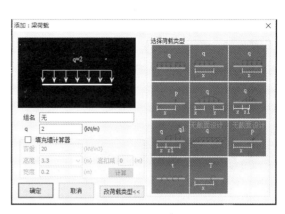

图 5-22 荷载类型选择框

图 5-23 "设计参数"对话框

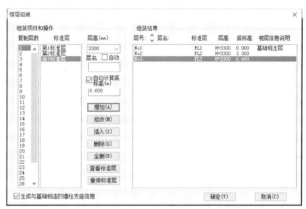

图 5-24 "楼层组装"对话框

图 5-25 整楼模型

8. 保存和退出

单击主菜单中"保存"按钮，保存建立的模型文件，这是确保上述各项工作不丢失的必需步骤。单击主菜单中"退出"按钮，弹出图 5-26 所示选择框。单击"存盘退出"按钮，弹出图 5-27 所示对话框，选择默认值，执行数据检查。

单击"确定"按钮，程序自动检查计算模型的数据。一般模型建立没有问题，数据检查都会顺利通过，如果出现问题，那么查看提示信息，则应返回到 PMCAD 检查模型，修改后再生成数据，直到数据检查通过。

5.3.2　绘制结构平面图

绘制结构平面图：进入第一层结构平面图的绘制，主菜单如图 5-28 所示。

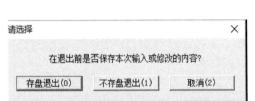

图 5-26　是否退出提示框　　　图 5-27　"选择后续操作"　　　图 5-28　板施工图
　　　　　　　　　　　　　　　　　对话框　　　　　　　　　　　　主菜单

1. 绘图参数

单击参数，弹出图 5-29 所示对话框，用户可以根据工程需要修改其中的参数，修改后按"确定"按钮，否则修改无效。

2. 楼板计算

楼板计算子菜单如图 5-30 所示。可以进行边界条件的修改、连板参数输入和计算、房间编号、各房间的内力图、生成板的计算书等操作。

"施工图参数输入"对话框如图 5-31 所示，用户可以根据工程需要修改其中的参数，修改后按"确定"按钮，否则修改无效。

单击"自动计算"按钮，程序将对该层所有房间计算配筋。单击"连板计算"按钮，程序将所有板按连板计算，并显示弯矩图，如图 5-32 所示。

3. 计算书

单击"计算书"，用鼠标选择需要生成计算书的房间，回车后程序自动生成该房间的计算书。

4. 绘制平面图

单击"楼板钢筋"，进入其子菜单，进行楼板钢筋布置。本例选择"逐间布筋"，单击布筋的房间，或者选择所有房间即可完成。楼板配筋图如图 5-33 所示。

单击"画钢筋表"，程序自动生成钢筋表，如图 5-34 所示。

使用"标注轴线""标注尺寸"和"文字"等命令，可以进行尺寸标注、标注字符、

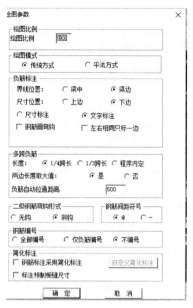

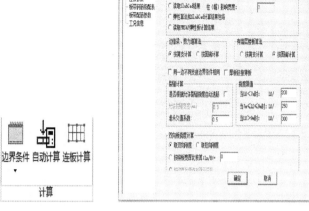

图 5-29 "绘图参数"对话框　　图 5-30 楼板计算菜单　　图 5-31 "施工图参数输入"对话框

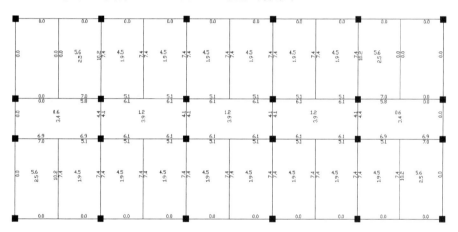

图 5-32 第一层板的弯矩图

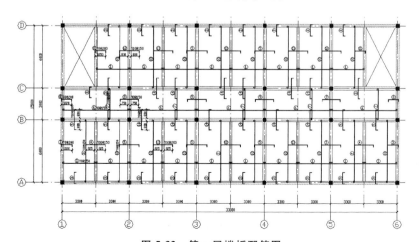

图 5-33 第一层楼板配筋图

楼板钢筋表

编号	钢筋简图	规格	最短长度	最长长度	根数	总长度	重量
①	3300	Φ8@150	3400	3400	738	2435400	961.0
②	5999	Φ8@150	6099	6100	69	413978	163.3
③	130 1100 105	Φ8@200	1335	1335	368	491280	193.9
④	105 1900 105	Φ10@150	2110	2110	82	173020	106.7
⑤	105 1960 105	Φ10@200	2170	2170	288	624960	385.3
⑥	6600	Φ8@150	6700	6700	105	693000	273.4
⑦	3000	Φ8@150	3100	3100	225	675000	266.3
⑧	130 1020 105	Φ8@200	1255	1255	49	61495	24.3
⑨	105 1800 105	Φ8@150	2010	2010	84	168840	66.6
⑩	6000	Φ8@150	6099	6100	345	2069959	816.8
⑪	155 1050 105	Φ8@200	1310	1310	62	81220	32.0
⑫	105 1960 105	Φ10@150	2170	2170	82	177940	109.7
⑬	105 1900 105	Φ10@200	2110	2110	186	392460	242.0
⑭	105 1960 105	Φ8@150	2170	2170	276	598920	236.3
总重							3877.7

图 5-34 第一层楼板钢筋表

轴线标注、插入图框等操作，完成楼板施工图的绘制。

其余楼层板的配筋图绘制过程相同，不再详述。

5.4 框排架计算机辅助设计——PK

PK 软件主要用于平面杆系结构的计算及施工图绘制，适用于 20 层、20 跨以内的工业与民用建筑中各种规则和复杂类型的框架结构、框排架结构、排架结构、剪力墙简化成的壁式框架结构及连续梁的结构计算与施工图绘制。

功能：采用二维内力计算模型进行平面框架、排架结构的内力分析和配筋计算；根据规范及构造手册要求自动进行构造钢筋配置；绘制梁柱施工图，且有多种施工图绘制方式供选择。

选择主菜单中 PK 选项，显示图 5-35 所示 PK 主菜单。PK 的操作可概括为三个部分：一是计算模型输入，二是结构计算，三是做施工图设计。下面对三个部分实现的基本功能进行简单介绍。

1. 计算模型输入

执行 PK 时，首先要输入结构的计算模型。在 PKPM 软件中，有两种方式形成 PK 的计算模型文件。

一种是通过 PK 主菜单 1 "数据交互输入和计算"来实现结构模型的人机交互输入。进行模型输入时，可采用直接输入数据文件形式，也可采用人机交互输入方式。一般采用人机交互方式，由用户直接在屏幕上勾画框架、连梁的外形尺寸，布置相应的截面和

图 5-35 PK 主菜单

荷载，填写相关计算参数后完成。人机交互建模后也生成描述该结构的文本式数据文件。

另一种是利用 PMCAD 软件，从已建立的整体空间模型直接生成任一轴线框架或任一连续梁结构的结构计算数据文件，从而省略人工准备框架计算数据的大量工作。PMCAD 生成数据文件后，还要利用 PK 主菜单 1 进一步补充绘图数据文件的内容，主要有柱对轴线的偏心、柱轴线号、框架梁上的次梁布置信息和连续梁的支座状况等信息。这时的绘图补充数据文件最好也采用人机交互方式生成。用这种方式可使用户操作大大简化。

PMCAD 还可生成底框上砖房结构中底层框架的计算数据文件，该文件中包含上部各层砖房传来的恒活荷载和整栋结构抗震分析后传递分配到该底框的水平地震力和垂直地震力。由 PK 再接力完成该底框的结构计算和绘图。

2. 结构计算

计算模型输入完毕后，运行"计算"，程序自动进行一般框架、排架、连续梁的结构计算。

3. 施工图设计

根据主菜单 1 的计算结果，就可以进行施工图绘制了，即施工图设计部分。在 PK 软件中，提供了多种方式来进行施工图设计，主要有：

1）PK 主菜单 2 实现框架梁柱整体施工图绘制。

2）PK 主菜单 3 实现排架柱施工图绘制。

3）PK 主菜单 4 实现连续梁施工图绘制。

4）PK 主菜单 5、6 适用于框架的梁和柱分开绘图情况。

5）PK 主菜单 7、8 适用于按梁柱表画图方式。

5.4.1 由 PMCAD 主菜单形成 PK 文件

对较规则的框架结构，其框架和连续梁的配筋计算及施工图绘制可用 PK 软件来完成，而 PK 计算所需的数据文件可直接通过 PMCAD 主菜单生成。执行 PMCAD 主菜单形成 PK 文件，如图 5-36 所示。

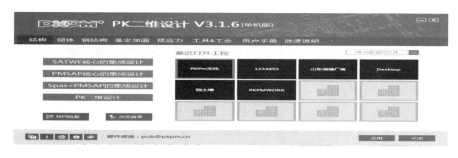

图 5-36 PMCAD 形成的 PK 文件

程序提供了三种由 PMCAD 形成 PK 数据文件的方式。

1. 框架生成

如选择"框架生成"，屏幕首先显示 PMCAD 建模生成的结构布置图，如图 5-37 所示为 5.3 节算例形成 PK 文件时的底层结构平面图。右侧对应有"风荷载"和"文件名称"两个选项。选择"风荷载"项，将弹出图 5-38 所示风荷载信息对话框，用于输入风荷载的有关

信息。选择"文件名称"项，可以输入指定的文件名称，缺省生成的数据文件名称为
PK-＊，＊表示轴线号。

在程序"输入要计算框架的轴线号"提示下，输入要生成框架所在的轴线号，如此处
要生成第3号轴线框架的数据文件，输入"3"，程序自动返回菜单，单击"结束"按钮，
屏幕上就会依次出现3号轴线框架的立面和恒、活荷载简图。也可按<Tab>键转换为节点方
式选择要转换的框架。可连续生成多榀框架，全部生成完后，单击"结束"按钮退出，进
入 PK 数据检查。

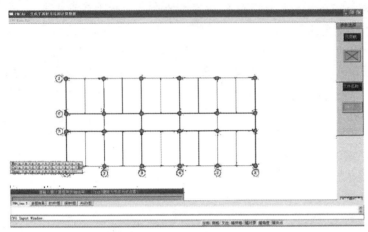

图 5-37　底层结构平面图

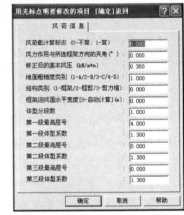

图 5-38　风荷载信息对话框

用 PMCAD 软件形成图 5-37 中 3 号轴线框架的 PK 计算数据文件操作步骤如下。

1）执行 PMCAD 主菜单形成 PK 文件。

2）在弹出的启动界面上，选择"框架生成"。

3）选择"风荷载"项，输入风荷载的有关信息，将风荷载计算标志设置为 1。

4）在"输入要计算的轴线号"提示下，输入"3"后确认。

5）按<Esc>键返回启动界面，选择"结束"，即形成了 3 号轴线的框架数据文件，名称
为 PK-3.SJ。

2. 砖混底框

要生成上部砖房的底层框架数据，必须先执行 PMCAD 模块中砌体结构辅助设计，进行
砖混结构抗震计算。在底层框架中若有剪力墙，可以选择将荷载不传给墙而加载到框架梁
上，参加框架计算。若在"人机交互输入 PM 数据"时抗震等级取值为五级，则生成的 PK
数据中不再包括地震力作用信息，仅含有上层砖房对框架的垂直力作用。

3. 连梁生成

如选择"连梁生成"，程序首先提示输入要计算连续梁所在的层号（当工程仅为一层时
不提示），输入层号并确认后，屏幕显示 PMCAD 建模生成的结构布置图，同时右侧显示
"抗震等级""当前层号""已选组数"等项。选"抗震等级"可以设定连续梁箍筋加密区
和梁上角筋连通是否需要，抗震等级取为五级时不设加密区及角筋连通。选"已选组数"，
可以输入连续梁数据文件的名称，默认文件名为：LL-生成连梁数据的顺序号，显示在其下
方。一个连梁数据文件中可以包含多根连续梁：用光标选择一根连续梁，输入该连梁的名

称，再点下一根，点前还可切换层号选择，这些包含在一个数据文件中的连续梁一起计算，一起绘图。选择一根连续梁后，程序自动判断生成支座（红色为支座，蓝色为连通点），判断的原则是：次梁与主梁的连接必为支座点；次梁与次梁交点及主梁与主梁交点，当支撑梁高大于连梁高50mm以上时为支座点；墙柱支撑一定为支座点。用户可根据需要重新定义支座情况，然后按<Esc>键退出。生成连梁数据文件的梁一般应是次梁或非框架平面内的主梁，它们绘图时的纵筋锚固长度将按非抗震梁取。

5.4.2 PK数据交互式输入和计算

1. PK程序的启动

执行主菜单第1项，弹出图5-39所示启动界面。进入PK前首先要选择启动方式，PK提供了新建工程文件、打开已有工程文件和打开旧版数据文件三种方式。

新建工程文件：从零开始创建一个框、排架或连续梁结构模型，用户可以用鼠标和键盘采用和PMCAD绘制平面图相同的方式，在屏幕上绘制出框排架立面图，再在立面网格上布置柱、梁截面，最后布置恒荷载、活荷载、风荷载等。

打开已有工程文件：在一个已有交互式文件的基础上，补充创建新文件的交互式文件。进入后屏幕上显示已有结构的立面图。

打开旧版数据文件：如果是从PMCAD主菜单4生成框架、连续梁或底框的数据文件，或以前用手工填写的结构计算数据文件，选用此种打开方式。

无论采用哪种方式，屏幕都将弹出图5-40所示的操作界面。本例采用"打开已有工程文件"。

图 5-39 PK主菜单1启动界面

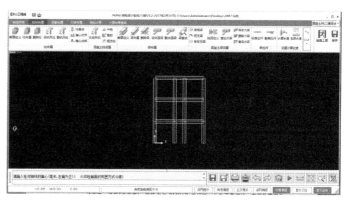

图 5-40 PK主菜单1的操作界面

2. PK数据交互输入

网格生成：利用"网格生成"菜单可以采用与PMCAD交互输入相同的方式绘制出框、排架的立面网格线，此处网格线为柱的轴线和梁的顶面。

柱布置：选择"柱布置"，其操作与PMCAD中相同，此处不再详述。本例数据文件是由PMCAD主菜单第4项生成的，不需要布置柱。

梁布置：梁布置与柱布置操作相同。

恒载输入：选择"恒载输入"，可以进行节点、梁间、柱间恒荷载的输入、删除和修改。本例不再修改。

活载输入："活载输入"与"恒载输入"基本相同。本菜单中有"互斥活载"用于对互斥荷载的编辑。本例中不考虑。

左风输入：选择"左风输入"，可以进行风荷载参数输入和修改。本例采用自动布置，弹出图5-41所示对话框，用户根据工程需要输入参数之后，单击"确定"按钮，屏幕显示左风荷载图，如图5-42所示。"右风输入"与"左风输入"基本相同。

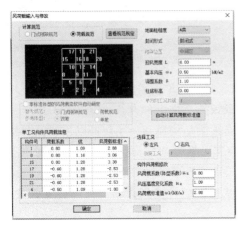

图5-41 "风荷载输入与修改"对话框

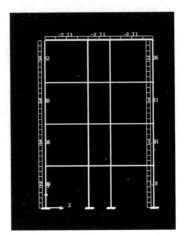

图5-42 左风荷载图

计算简图：应用该菜单可以显示框架立面计算简图和各种荷载作用下的计算简图，如框架立面简图（KLM.T）、恒载简图（D-L.T）、活载简图（L-L.T）、左风简图（L-W.T）、右风简图（R-W.T），用户可以逐个查看。本例无起重机荷载。

参数输入：应用该菜单可以进行各种参数交互输入。本例采用程序默认值。

补充数据："补充数据"下有"附加重量"和"基础参数"等相关选项，其中"附加重量"是未参加结构恒荷载、活荷载分析的重量，但应该在统计各振动质点重量时计入该重量。"基础参数"用于输入设计柱下基础的参数。"底框数据"用于输入底框每一节点处的地震力和梁轴向力。

3. 计算

选择"计算"，弹出图5-43所示对话框，要求输入文件名。单击"确定"按钮后进入结构计算子菜单。在此用户可以查看各种荷载作用下的内力图和配筋图，或用记事本打开计算文件。屏幕最初显示的是配筋包络图，如图5-44所示，其余内力图有弯矩包络图（kN·m）、轴力包络图（kN）、剪力包络图（kN）、恒荷载弯矩图（kN·m）、恒荷载轴力图（kN）、恒荷载剪力图（kN）、活荷载弯矩图（kN·m）、活荷载轴力图（kN）、活荷载剪力图（kN）、左风弯矩图（kN·m）、右风弯矩图（kN·m）、左地震弯矩图（kN·m）、右地震弯矩图（kN·m），用户可以逐个查看。

5.4.3 框架绘图

执行主菜单第2项"框架绘图"进行整体框架绘图。框架绘图的主菜单如图5-45所示。可以进行修改参数、查该梁柱及节点的纵筋和箍筋、裂缝和挠度计算、绘制施工图等操作。

1. 参数修改

单击"参数修改"，其子菜单如图5-46所示，可以执行参数输入、定义钢筋库、修改梁

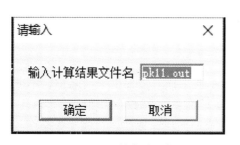

图 5-43 文件名输入框

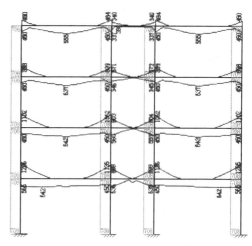

图 5-44 配筋包络图（mm^2）

顶标高、柱箍筋等数据。

参数输入：用于输入归并放大系数、绘图参数、钢筋信息、补充输入等操作，各项参数输入对话框如图 5-47 所示。本例采用默认值。

钢筋库：单击"钢筋库"，用户根据工程需要勾选钢筋直径，供程序选筋时使用。

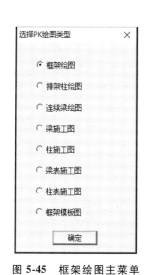

图 5-45 框架绘图主菜单

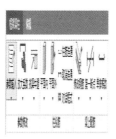

图 5-46 参数修改子菜单

图 5-47 参数输入对话框

2. 钢筋的查看与修改

以柱纵筋和梁上配筋为例简要介绍其操作功能。

柱纵筋：选择主菜单中"柱纵筋"，屏幕显示所选框架的柱纵筋配筋图，图示中轴线左侧为钢筋根数，右侧为相应的钢筋直径。用户可以根据工程需要和经验进行修改，干预程序进行配筋，修改时用户单击"修改钢筋"后命令行提示选择需要修改的柱，然后输入钢筋根数和直径即可。

梁上配筋：选择主菜单中"梁上配筋"，屏幕显示所选框架的梁上部配筋（负弯筋）图，图示中轴线上侧为钢筋根数，下侧为相应的钢筋直径，用户可以根据工程需要和经验进行修改，干预程序进行配筋。

3. 变形验算

裂缝计算：运行"裂缝计算"程序自动绘出框架的裂缝图，如图 5-48 所示，其中超过允许裂缝宽度的以红色显示，以示警告，便于用户修改，限制裂缝宽度。为避免此类现象的发生，在"参数输入"中的"补充输入"中勾选"是否根据裂缝宽度自动选筋"即可。

挠度计算：运行"挠度计算"程序，提示用户输入活荷载的准永久系数，输入后单击"确定"按钮，程序自动绘出框架的挠度图，其中超过允许挠度的以红色显示，以示警告，便于用户修改。

4. 施工图绘制

运行"施工图"菜单下"画施工图"，弹出对话框要求输入该榀框架的名称，本例输入 KL-3。输入后单击"OK"按钮，程序自动绘出框架配筋图（并绘出图框），如图 5-48 所示，有截面图、整榀框架图、钢筋表。用户可以对生成的图块、标注进行移动等操作。

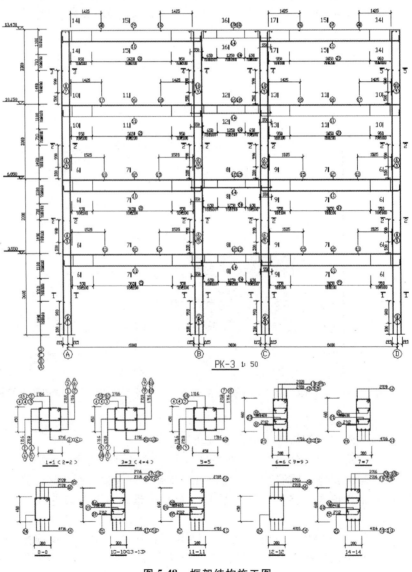

图 5-48 框架结构施工图

柱 钢 筋 表

编号	钢筋简图	规格	长度	根数	重量
①	4590	Φ18	4590	16	147
②	4590	Φ16	4590	16	116
③	390	Φ8	1800	472	335
④	350	Φ8	490	944	183
⑤	4290	Φ18	4290	32	274
⑥	4290	Φ16	4290	32	217
⑦	2770	Φ18	3130	4	25
⑧	2770	Φ16	3130	2	10
⑨	2770	Φ18	2990	12	72
⑩	2770	Φ16	2960	14	65
总重					1443

梁 钢 筋 表

编号	钢筋简图	规格	长度	根数	重量
⑪	6310	Φ16	6790	32	343
⑫	15380	Φ20	15980	4	158
⑬	1940	Φ20	2240	8	44
⑭	3650	Φ16	3650	16	92
⑮	6500	Φ20	6500	4	64
⑯	15380	Φ18	15920	2	64
⑰	1840	Φ16	2110	4	13
⑱	6300	Φ16	6300	4	40
⑲	15380	Φ16	16500	2	52
⑳	1840	Φ16	2400	4	15
㉑	540	Φ8	1800	304	216
㉒	5910	Φ12	6060	32	172
㉓	250	Φ8	350	224	31
㉔	390	Φ8	1500	80	47
总重					1351

主 材 汇 总 表

钢筋(KG)	Φ8	743	Φ16	963
	Φ12	172	Φ18	581
			Φ20	265
	总重	915	总重	1809
混凝土	柱	10.935	梁	9.368

图 5-48　框架结构施工图（续）

5.5 结构三维分析与设计软件——SATWE

SATWE 采用空间杆单元模拟梁、柱及支撑等杆件，用在壳元基础上凝聚而成的墙元模拟剪力墙。它适用于高层和多层钢筋混凝土框架、框架-剪力墙、剪力墙结构及高层钢结构或钢-混凝土混合结构。除此，SATWE 考虑了多、高层建筑中多塔、错层、转换层及楼板局部大开洞等特殊结构形式。

功能：对多、高层钢筋混凝土结构以及钢-混凝土组合结构进行内力分析和配筋计算；进行结构弹性动力时程分析等。

SATWE 中，墙元是专用于模拟多、高层结构中剪力墙的，对于尺寸较大或带洞口的剪力墙，按照子结构的基本思想，由程序自动进行细分，然后用静力凝聚原理将由于墙元的细分而增加的内部自由度消去，从而保证墙元的精度和有限的出口自由度。这种墙元对剪力墙的洞口（仅考虑矩形洞）的大小及空间位置无限制，具有较好的适用性，能较好地模拟剪力墙的实际受力状态。

SATWE 的基本功能：

1）可自动读取 PMCAD 的建模数据、荷载数据，并自动转换成 SATWE 所需的几何数据和荷载数据格式。

2）程序中的空间杆单元除了可以模拟常规的柱、梁外，通过特殊构件定义，还可有效地模拟铰接梁、支撑等。

3）剪力墙的洞口仅考虑了矩形洞，无需为结构模型简化而加计算洞；墙的材料可以是混凝土、砌体或轻骨料混凝土。

4）自动考虑了梁、柱的偏心；刚域的影响。

5）具有剪力墙墙元和弹性楼板单元自动划分功能；具有较完善的数据检查和图形检查功能，及较强的容错能力；具有模拟施工加载过程的功能，并可以考虑梁上的活荷不利布置作用。

6）在单向地震作用时，可考虑偶然偏心的影响；可进行双向水平地震作用下的扭转地震作用效应计算；可计算多方向输入的地震作用效应；可按振型分解反应谱法计算竖向地震作用；对于复杂体系的高层结构，可采用振型分解反应谱法进行耦联抗震分析和动力弹性时程分析。

7）对于高层结构，程序可考虑 P-Δ 效应；对于底层框架抗震结构，可接力 QITI 整体模型计算进行底框部分的空间分析和配筋设计；对于配筋砌体结构和复杂砌体结构，可进行空间有限元分析和抗震验算。

8）SATWE 计算完以后，可接力施工图设计软件绘制梁、柱、剪力墙施工图；接力钢结构设计软件 STS 绘钢结构施工图。

5.5.1　SATWE 软件的安装与启动

Windows 版安装时，启动光盘或运行光盘上的 Setup 命令即启动了安装程序。此时要求用户指定程序所在的硬盘位置，可以安装 PMCAD 所有模块也可以选择个别专业或个别模块，安装内容及配置均自动进行，安装完成后，PKPM 程序标识符出现在 Windows 桌面上，单击该标识符，即启动了 PKPM 主菜单。Windows 版 SATWE 软件的运行是通过 PKPM 总菜单控制的。选择 TAT-8 程序，屏幕出现如图 5-49 所示的窗口。

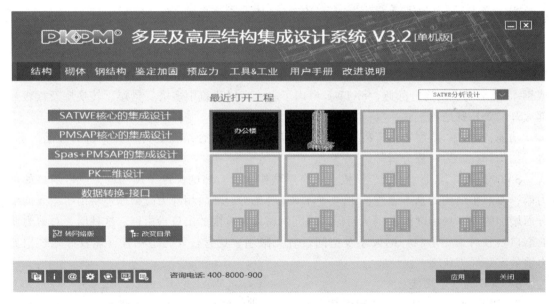

图 5-49　PKPM 集成系统启动主界面

启动界面主要分为三个功能区。在中间区域可以改变工程目录或直接选用最近使用的工程目录；在左侧区域可以在图中三项集成设计中选择一个入口（选中入口变为绿色）；在右上角下拉框中可以选择当前入口的某个模块。

以进入 SATWE 核心集成设计为例，需在左侧选择"SATWE 核心的集成设计"项，中间区域选择工程目录，右上下拉框选择"SATWE 分析设计"，此时无论双击左侧绿色的第一项还是双击中间区域的工程，或单击右下角"应用"按钮，均可以进入 SATWE 分析设计界面。

5.5.2　SATWE 分析设计的集成设计简介

SATWE 分析设计界面采用了 Ribbon 界面风格，如图 5-50 所示。其界面的上侧为典型的

Ribbon 菜单，菜单的扁平化和图形化方便了用户进行菜单查找和对菜单功能的理解。界面的左侧为停靠对话框，更加方便地实现人图交互功能。界面的中间区域为图形窗口，用来显示图形以及人机交互。界面的左下角为当前的命令行，允许用户通过输入命令的方式实现特定的功能。界面的右下角为常用图标区域，该区域主要提供一些常用的、通用的功能。

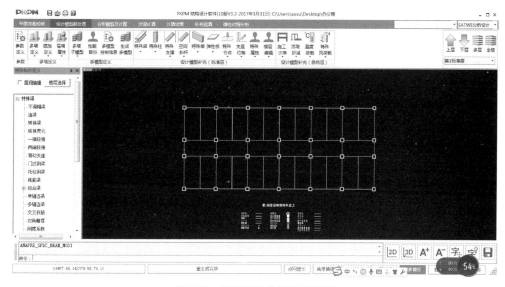

图 5-50 SATWE 分析设计界面

SATWE 分析设计的 Ribbon 菜单如图 5-51 所示，主要包括"设计模型前处理""分析模型及计算""计算结果"等主要标签。旧版中的平面荷载校核、次梁计算、SATWE 后处理的各类补充验算及弹性时程分析也集成在此标签中。每一个标签是由许多功能组组成的，如"设计模型前处理"标签是由"多塔定义""遮挡定义"和"层塔属性"三项菜单组成，方便用户对菜单的查找。

图 5-51 SATWE 分析设计界面

5.5.3 SATWE 软件的前处理

1. 分析与设计参数补充定义（必须执行）

结构计算时需要大量控制参数，在前面 PM 建模时已经定义过的会自动传过来，有些还需要用户在这里修改。这一项是用户必须执行的。单击"参数定义"按钮，弹出参数修改对话框，如图 5-52 所示。

参数分为总信息、多模型及包络、计算控制信息、高级参数、风荷载信息、地震信息、活荷信息、调整信息、设计信息、配筋信息、荷载组合、地下室信息、砌体结构、广东规程、性能设计和鉴定加固。

图 5-52　分析与设计参数补充定义

确认修正参数后单击"确定"，或单击"取消"来放弃，返回到 SATWE 前处理菜单。

2. 生成数据（必须执行）

"生成数据"是 SATWE 前处理的核心功能，程序将 PM 模型数据和前处理补充定义的信息转换为适合有限元分析的数据格式。新建工程必须执行此项菜单，正确生成 SATWE 数据后方可进行下一步的计算分析，也可跳过此项，直接执行"生成数据+全部计算"。如图 5-53 所示。

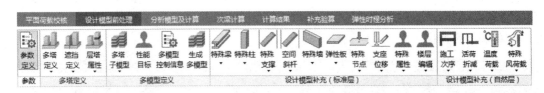

图 5-53　SATWE 前处理菜单

3. 多塔信息补充定义

完成"参数定义"后，进行"多塔定义"和"层塔属性"设定，本例无多塔和错层不需要定义。

4. 特殊梁、柱、支撑节点定义

完成"参数定义"后，回到 SATWE 前处理菜单选择。特殊梁指的是不调幅梁、铰接梁、连梁、托柱梁等；特殊柱指的是角柱、框支柱和铰接柱；特殊节点指的是跃层部分的节点。本例定义角柱，各层均需要定义。

5. 楼层编辑

选择"楼层编辑"，可以进行层间复制、本层删除、全楼删除。

其他项一般不必查看。单击"分析模型及计算"→"生成数据+全部计算"。

5.5.4 分析和设计结果查看

完成"生成数据+全部计算"后，SATWE程序自动进入"计算结果"菜单栏（图5-54）。

图5-54 "计算结果"菜单

1. 结构内力

在"计算结果"菜单选择"内力"，出现如图5-55所示的对话框。设计模型内力对话框可以查看各层梁、柱、支撑、墙柱和墙梁的内力图，还可以查看单个构件的内力图。如图5-55勾选"选择构件类型"中的梁、柱、支撑、墙梁、桁杆和转换墙选项（多选）可以显示各类构件的内力分量图。

2. 结构配筋

通过"配筋"菜单可以查看构件的配筋验算结果，如图5-56所示。该菜单主要包括混凝土构件配筋及钢构件验算、剪力墙面外及转换墙配筋等选项。"配筋"菜单中增加了配筋率的显示、字符开关、进位显示、超限设置、指定条件显示等功能。"超限设置"按钮中会将所有超限类别列出，如果构件符合列表中勾选的超限条件，在配筋图中会以红色显示；"指定条件显示"可对混凝土梁、柱、墙设定显示条件，符合条件的构件在配筋图、配筋率图中显示，不符合条件的不显示。

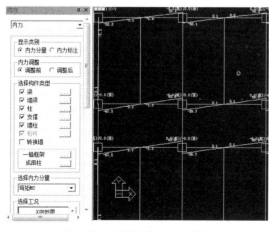

图5-55 各类构件内力分量图

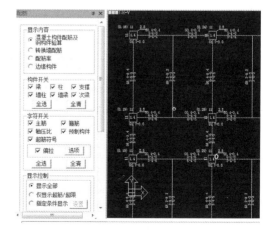

图5-56 配筋结果

3. 分析结果图形和文本显示

1）混凝土构件配筋或钢构件应力比简图 PJ＊.t，可以查看各层配筋计算结果，图中的

配筋面积以 cm^2 为单位，可以进行主筋开关、箍筋开关、字符避让等操作。第一层的配筋结果如图 5-57 所示，可通过选择楼层查看其余各层配筋，超筋以红色显示。

2）墙边缘构件配筋简图 PD＊.t，可以查看各楼层墙边缘构件。

3）构件设计控制内力、配筋包络图 PB＊.t，可以查看梁柱墙的配筋包络图，一般不必查看。

4）各荷载工况下构件标准内力简图 PS＊.t，可以查看梁柱在各种荷载作用下的内力图，一般可不必查看。

5）底层柱墙底最大组合内力简图 DCNL＊.t，可选择 Nmax、Nmin、Vmax、Vmin、Mmax、Mmin 以及"恒+活"等工况。

6）文本文件查看。选择"文本查看"新版本查看，出现如图 5-58 所示的对话框。选择相应的菜单可以查看计算结果的文本输出，也可以查看各层刚度比、刚重比、结构自振周期、层间位移角、位移比、振型质量参与系数等文件。

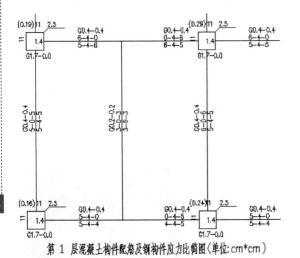

第 1 层混凝土构件配筋及钢构件应力比简图〈单位:cm*cm〉

图 5-57　第一层配筋及验算简图（局部）

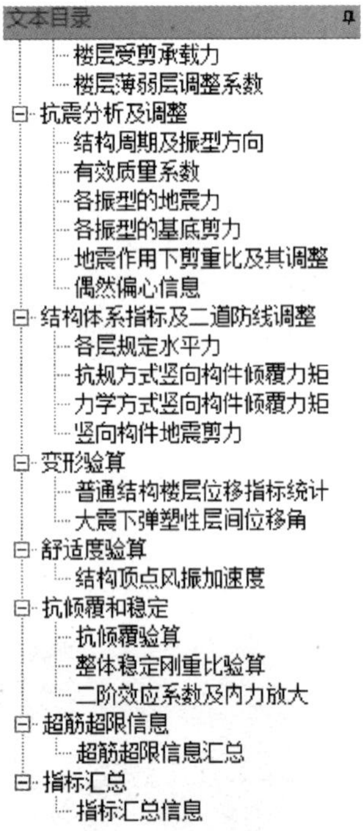

文本目录

- 楼层受剪承载力
- 楼层薄弱层调整系数
- 抗震分析及调整
  - 结构周期及振型方向
  - 有效质量系数
  - 各振型的地震力
  - 各振型的基底剪力
  - 地震作用下剪重比及其调整
  - 偶然偏心信息
- 结构体系指标及二道防线调整
  - 各层规定水平力
  - 抗规方式竖向构件倾覆力矩
  - 力学方式竖向构件倾覆力矩
  - 竖向构件地震剪力
- 变形验算
  - 普通结构楼层位移指标统计
  - 大震下弹塑性层间位移角
- 舒适度验算
  - 结构顶点风振加速度
- 抗倾覆和稳定
  - 抗倾覆验算
  - 整体稳定刚重比验算
  - 二阶效应系数及内力放大
- 超筋超限信息
  - 超筋超限信息汇总
- 指标汇总
  - 指标汇总信息

图 5-58　文本文件查看菜单

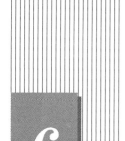

第6章

道路路线设计软件

6.1 道路路线设计介绍

近年来，随着我国经济建设的飞速发展，道路建设也进入了快速发展的阶段。经济的发展，对道路建设无论从数量上还是从质量上都提出了更高的要求。道路建设的发展，对道路设计质量的要求也进一步提高。

道路本身是一种三维带状的空间结构物，在设计过程中要进行路线设计和路基、路面、桥涵、隧道、排水及防护工程等工程实体的结构设计工作。路线设计主要研究作为空间结构物的道路各个几何组成要素之间的相互关系，以及其与道路使用者、车辆、环境之间的相互关系，设计过程中既要分别考虑道路平面、纵断面、横断面的几何特性，又要综合考虑各组成的有机结合。路线设计质量的好坏，直接影响到汽车行驶能否安全、舒适、快捷，也影响到道路的造价、与周围环境的协调及道路各个组成部分工程实体的设计，因此，路线设计在整个道路设计过程中占有非常重要的地位。路线设计过程如图6-1所示。

路线设计过程较为复杂，且需要进行大量的数值计算，并通过绘制大量的设计图表来反映设计成果。对于常规的设计来讲，虽然其计算工作的难度并不大，但由于工作量巨大，使得设计人员被困于繁复的简单劳动中，而不能花更多的精力用于路线方案的比较与优化，导致路线设计的整体质量不高，设计周期较长。另一方面，随着对道路路线设计要求的不断提高和测设技术及手段的不断发展，传统的、常规的设计理论和方法已不能适应道路线形质量进一步提高的需求，一些新的设计理论和方法不断提出，设计计算的难度越来越大，计算精度要求也进一步提高。路线设计与CAD技术的有机结合，是提高设计水平的有效途径。

目前，道路CAD系统从由电子测量数据形成三维数字地面模型，然后进行平面、纵断面、横断面设计和土方量等分析计算，一直到最后输出设计图表，完全实现了计算机一体化，从而使道路设计完全摆脱了图板手工方法，实现了无纸化设计的梦想。许多国家建立了由航测设备、计算机和专用软件包组成的成套系统，可以完成从采集数据、建立数字地面模型、优化设计到编制设计文件的全部工作；系统都有成功的图形环境支撑，商品化程度很高。

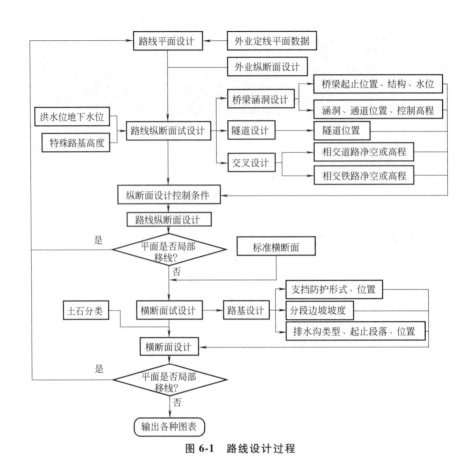

图 6-1　路线设计过程

6.2　HintCAD 辅助道路路线设计软件简介

HintCAD（纬地）系列软件是由中交第一勘察设计研究院结合多个工程实践于1996年研发成功的路线与互通式立交设计的大型专业 CAD 软件。该软件具有专业性强，与实际工程设计结合紧密，符合国人习惯，实用灵活等特点。

HintCAD 系列软件适用于高速、一至四级公路主线、互通立交、城市道路及平交口的几何设计。系统利用实时拖动技术，使用户直接在计算机上动态交互式完成公路路线的平面、纵断面、横断面设计，绘图、出表；在互通式立交设计方面，系统具有独特的立交曲线设计方法，起、终点智能化接线和灵活批量的连接部处理等功能。纬地数模版不仅支持国内常规的基于外业测量数据基础上的路线与互通式立交设计，还可以利用三维电子地形图，建立三维数字地面模型并直接获得准确的纵、横断面地面线数据，进而进行平面、纵断面、横断面系统化设计。HintCAD 系列软件涵盖路线与立交设计、平交口设计、数字地面模型建立与应用、道路三维景观制作、土方可视化动态调配等众多方面，已在全国公路、市政、交通等专业勘察设计企业和道路施工、养护、管理等部门得到广泛的应用。

1. 路线辅助设计

（1）平面动态可视化设计与绘图　HintCAD 沿用传统的导线法（交点法）进行任意组合形式的公路平面线形设计计算和多种模式的反算，支持在计算机屏幕上交互进行定线及修

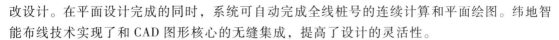

改设计。在平面设计完成的同时，系统可自动完成全线桩号的连续计算和平面绘图。纬地智能布线技术实现了和 CAD 图形核心的无缝集成，提高了设计的灵活性。

（2）纵断面交互式动态拉坡与绘图　在自动绘制拉坡图的基础上，支持动态交互式完成拉坡与竖曲线设计。对于公路改建、扩建项目，系统可根据旧路实测纵断面地面线增加自行回归纵坡（点）数据的功能。

（3）超高、加宽过渡处理及路基设计计算　系统支持处理各种加宽、超高方式及其过渡变化，进而完成路基设计与计算，方便、准确地输出路基设计表，可以自动完成该表中平、竖曲线要素栏目的标注。

（4）参数化横断面设计与绘图　系统支持常规模式和高等级公路沟底纵坡设计模式下的横断面戴帽设计，同时准确计算并输出断面填挖方面积及坡口、坡脚距离等数据。横断面设计中的支挡防护构造物处理模块，可自动在横断面设计图中绘出挡土墙、护坡等构造物，并可设置支挡构造物根据路基填土高度自动变换墙高度或自动变换填土高度，并在断面中准确扣除其土方数量。

（5）土石方计算与土石方计算表等成果的输出　系统利用在横断面设计输出的土石方数据，直接计算并输出 Excel 或 Word 格式的土石方计算表，方便用户打印输出和进行调配、累加计算等工作。系统可在计算中自动扣除大、中桥，隧道以及路槽的土石方数量，并考虑到松方系数、土石比例及损耗率等影响因素。

（6）公路用地图（表）与总体布置图绘制输出　基于公路几何设计成果，系统批量自动分幅绘制公路用地边线，标注桩号与距离或直接标注用地边线上控制点的平面坐标，同时可输出公路逐桩用地表（仅供参考）和公路用地坐标表。基于路线平面图，系统直接绘制路基边缘线、坡口坡脚线、示坡线以及边沟排水沟边线等，自动分幅绘制路线总体布置图。

（7）路线概略透视图绘制（以及全景透视图）　系统可直接利用路线的平、纵、横原始数据，绘制出任意指定桩号位置和视点高度、方向的公路概略透视图（线条图）。

（8）路基沟底标高数据输出沟底纵坡设计　系统的横断面设计模块中可直接输出路基两侧排水沟及边沟的标高数据，用户还可以交互式完成路基两侧沟底标高的拉坡设计。

（9）平面移线　平面移线功能主要针对低等级公路项目测设过程中发生移线情况而开发，系统可自动计算搜索得到移线后的对应桩号、左右移距以及纵、横地面线数据。

2. 互通式立交辅助设计

（1）立交匝道平面线位的动态可视化设计与绘图　系统采用曲线单元设计法和匝道起、终点智能化自动接线相结合的立交匝道平面设计思路，能完成任意立交线形的设计和接线。在完成立交平面设计时，完成立交平面线图的绘制，同时可在线位图中绘制输出立交曲线表和立交主点坐标表。

（2）任意的断面形式、超高加宽过渡处理　可支持处理任意路基断面变化形式（如单、双车道变化、分离式路基等）和各种超高变化。

（3）立交连接部设计与绘图　系统除支持处理立交设计中各种形式的加宽和超高过渡外，还可自动搜索计算立交匝道连接部（加、减速车道至楔形端）的横向宽度变化。

（4）连接部路面标高数据图绘制　在连接部设计详图（大样图）的基础上，系统可批量计算、标注各变化位置及桩号断面的路基横向宽度、各控制点的设计标高及横坡等数据。自动保证立交连接部处路基设计表、横断面图和路面标高图等输出成果的一致性。

（5）立交绘图模板的设置与修改　在绘制连接部图和路面数据标高图时，系统内置有多套不同比例和不同形式的绘图模板供用户选用。用户可以完全按照自己的要求，定制增加或修改标准模板，以得到不同风格的设计图纸。

（6）分离式路基的判断确定　系统自动判断确定互通式立交中主线与匝道之间、匝道与匝道之间，或高速公路分离式路基左右线之间的路基边坡相交位置，准确计算出相交位置至中线的距离，并可在横断面图中搜索绘制出相邻路基断面的桩号和路基设计线。

关于路线设计部分的所有功能，如纵断面设计与绘图、路基设计、横断面设计与绘图、土石方计算等均同时适用于互通式立交设计，这里不再赘述。

3. 数字化地面模型应用（DTM）

（1）支持多种三维地形数据接口（来源）　系统支持 AutoCAD 的 dwg / dxf 格式、Microstation 的 dgn 格式、Card/1 软件的 asc/pol 格式及 pnt/dgx/dlx 格式等三维地形数据接口（来源）。三维地形数据既可以是专业测绘部门航测后提供的，也可以是用户自行对地形图扫描矢量化后得到的。

（2）自动过滤、剔除粗差点和处理断裂线相交等情况　系统自动过滤并剔除三维数据中的高程粗差点，自行处理平面位置相同点和断裂线相交等情况。

（3）快速建立最优化三角网的三维数字地面模型（DTM）　以独特的内存优化模块和最快的点排序方法为引擎，快速建立最优化三角网状数字地面模型。处理公路带状长大数模时没有可处理点数上限。

（4）系统提供多种数据编辑、修改和优化功能　系统提供多种编辑三角网的功能，如插入、删除三维点，交换对角线或插入约束段，实现了自动优化去除平三角形的数模优化等。

（5）系统快速、准确地完成路线纵、横断面地面线插值（或剖切）　系统可根据用户需求快速插值计算，完成纵断拉坡设计、路基设计、横断面设计，实现了用户大范围的路线方案深度比选和优化。

（6）系统提供对两维平面数字化地形图的三维化功能　系统提供多种命令工具，可快速将两维状态的数字化地形图转化为三维图形，进而建立数字地面模型。

6.3　HintCAD 辅助道路路线设计实例

6.3.1　设计项目的相关设计资料

根据交通量预测结果、资金状况和地形条件，本项目采用交通部颁发的 JTG B01—2014《公路工程技术标准》规定的平原微丘区二级公路标准。

设计速度：60km/h

路基：路基宽 10m（行车道宽 2×3.5m，硬路肩 2×0.75m，土路肩 2×0.75m）。

路拱坡度：行车道、路缘带及硬路肩 2%、土路肩 3%。

边坡坡率：一般路基填方边坡高度小于 8m 时，边坡坡率为 1∶1.5；当边坡高度大于8m 时，上部 8m 取 1∶1.5，下部取 1∶1.75，两级之间设 2m 宽的平台。挖方边坡坡率视开挖高度、地质构造、岩石风化程度而定，分级高度 8~12m，挖方路基土路肩外侧设置 1m 宽碎落台，各级边坡之间设置1m宽边坡平台。

主要技术指标见表6-1。

表 6-1　主要技术标准汇总表

项　　目		单　　位	规范指标
公路等级			二级
设计速度		km/h	60
停车视距		m	75
会车视距		m	150
超车视距		m	350
圆曲线 最小半径	一般值	m	200
	极限值	m	125
	不设超高值	m	1500
凸形竖曲线 最小半径	一般值	m	2000
	极限值	m	1400
凹形竖曲线 最小半径	一般值	m	1500
	极限值	m	1000
竖曲线最小长度		m	50
最大纵坡		%	6
最小坡长		m	150
缓和曲线最小长度		m	50
路基横断面宽度		m	10
桥涵设计车辆荷载			公路Ⅱ级
设计洪水频率			中桥及以上 1/100

6.3.2　HintCAD 路线平面设计

1. 项目管理

第一次开始项目前，应先建立项目，确定项目名称、相关文件存储路径等，退出时应该保存项目，下一次继续设计时，可以打开此项目文件。

1）单击菜单"项目"→"新建项目"，弹出"新建项目"对话框（图6-2）。在此对话框中输入项目名称，设置项目文件路径及名称，新建或指定平面线文件。

制定好项目后为使显示的坐标与公路设计习惯一致，可以设置坐标显示。

2）单击菜单"系统"→"坐标显示"→"平面坐标"，AutoCAD系的左下角状态栏显示鼠标当前位置的大地坐标值（N，E）和 AutoCAD 坐标系下的坐标值（x，y），如图6-3a所示。在进行纵断面拉坡设计时，可以设置显示鼠标当前位置的桩号和高程（图6-3b）。单击菜单"系统"→"坐标显示"→"纵面坐标"。

为提高设计效率，避免生成好图形表格后烦琐的人工修改工作，在生成图形和表格之前，应先设置图框中设计单位、工程名称、比例、日期等。

3）单击菜单"系统"→"图框表格模板设置"，弹出"纬地系统模板设置"对话框（图6-4）。单击需要重新指定图框或表格模板的名称，出现按钮▣，单击此按钮，选择对应的图

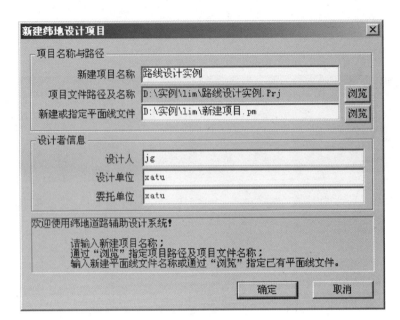

图 6-2 "新建纬地设计项目"对话框

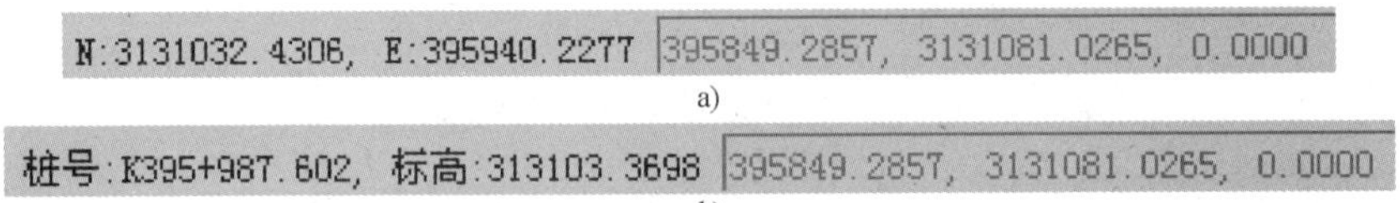

N:3131032.4306, E:395940.2277   395849.2857, 3131081.0265, 0.0000

a)

桩号:K395+987.602, 标高:313103.3698   395849.2857, 3131081.0265, 0.0000

b)

图 6-3 "坐标显示"工具栏

a)"平面坐标显示"工具栏   b)"AutoCAD 坐标系下的坐标值（x，y）"工具栏

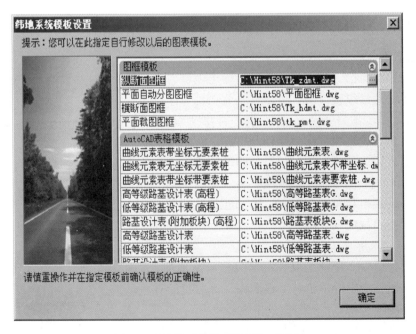

图 6-4 "纬地系统模板设置"对话框

框文件。设置好后，单击"确定"按钮退出。

2. 路线平面定线

HintCAD 软件支持两种平面定线方法，即曲线形和直线形（交点法）定线方法。前者主要用于互通式立体交叉的平面线位设计，后者主要用于公路主线的平面线位设计。两种方法可根据情况分别采用，且两者数据文件格式可以相互转化。

（1）主线平面线形设计　主线平面线形设计一般步骤如下。

单击菜单"设计"→"主线平面设计"，弹出"主线平面线形设计"对话框（图6-5）。

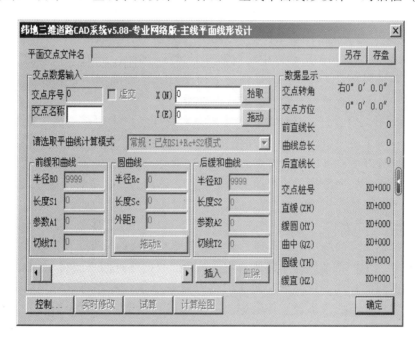

图 6-5　"主线平面线形设计"对话框

单击对话框上的"拾取"按钮，从图中选择路线起点位置，获得路线起点的坐标，并显示在对话框上，也可以在键盘上直接输入起点的坐标。

单击对话框上的"插入"按钮，从图中选择（或者键盘输入）路线其他交点的坐标，可连续选择多个交点的位置，也可以只选择一个交点的位置，按<Esc>键退出交点位置的选择。

通过移动横向滚动条，分别给每个交点设置平曲线（圆曲线和缓和曲线），并可根据需要先选择交点的计算模式，输入已知参数，单击"试算"按钮进行各种接线反算（计算模式参见下文说明）。在计算成功的情况下，单击"计算绘图"按钮可直接实时显示路线平面图形；当计算不能完成时，对话框中的数据将没有刷新，并且在 AutoCAD 命令行中将出现计算不能完成的提示信息，用户在调整参数后可继续进行计算。

单击"实时修改"和"拖动"按钮，用户可以根据命令行的提示实时拖动修改交点的位置和平曲线设计参数，以达到绕避构造物及路线优化等目的。

使用时需注意对话框右侧"数据显示"选项组中的内容，以控制整个平面线形设计和监控试算结果。结合工程设计中的实际情况，主线平面设计允许前后交点曲线相接时出现微小的相掺现象，即"前直线长"或"后直线长"出现负值，但其长度不能大于 2mm，否则系统将出现出错提示。

当路线平面位置不合适时，可以在"主线平面线形设计"对话框中调整交点，修改曲线参数，修改曲线组合，从而对路线线形进行调整修改。

对于一次定测的外业测设得到的平面数据，可根据不同的测量方式，选择不同的导入方式完成在 HintCAD 中的平面线形设计。

如果采用的是经纬仪测角量距方法进行的路线测设，单击菜单"数据"→"平面数据导入\导出"，在弹出的对话框中输入每个交点的转角、半径、交点间距（或交点桩号）等数据，数据输入完成并存盘后，单击"导入为交点数据"按钮，保存为平面交点数据文件（*.jd）；如果外业测量是采用全站仪直接测量的交点坐标，可以单击菜单"数据"→"平面交点导入\导出"，在弹出的对话框中输入每一个交点的坐标、半径及缓和曲线长度等数据然后存盘，得到平面交点文件。将所得到的平面交点文件添加到项目管理器后，打开"主线平面线形设计"对话框进行平面线形的计算绘图。

（2）平面线形组合设计　HintCAD 软件的平面设计考虑了用交点法设计时可能出现的各种组合情况，为了解决山区公路复杂的平面线形组合设计，提供了灵活、方便的计算机辅助工具。交点设置好后，可以根据交点的具体情况就每一个交点选择合适的计算方式，一个交点计算完成，滚动横向滑动条，选择下一个交点，选择另一合适的计算方式，直至所有交点计算完成。下面具体介绍 14 种计算方法。

1）常规通用计算方式（$S_1+R_c+S_2$）。此方式下可以根据需要通过输入不同的曲线控制数据来完成任意的交点曲线组合，即通过输入前部缓和曲线的长度、前部缓和曲线的起点曲率半径（程序将以中间圆曲线的半径作为前部缓和曲线的终点曲率半径）、中间圆曲线的半径、后部缓和曲线的长度、后部缓和曲线的终点曲率半径（程序将以中间圆曲线的半径作为后部缓和曲线的起点曲率半径）等数据，单击"试算"或"计算绘图"按钮后，程序都自动判断本交点曲线组合的类型，并完成曲线的设置计算与平面绘图标注。例如：输入 $S_1=280m$、$R_0=9999.0m$（即无穷大）、$R_c=1200m$、$S_2=0.0m$、$R_D=9999.0m$ 时，程序将会判断本交点的曲线组合为前端带有长度为 280m 缓和曲线，中间设有半径为 1200m 的圆曲线的曲线线形。

2）单圆曲线的切线反算方式（T+T）。此方式下交点的曲线组合为单圆曲线，可以通过输入切线长度（$T_1=T_2$）来反算单圆曲线的半径、长度等数据。当所输入的切线长度大于前一交点曲线的缓直（HZ）点到本交点之间的直线长度时，程序将提示输入有误，并自动以前一交点曲线的缓直（HZ）点到本交点之间的直线长度为切线长，计算得到其他曲线数据。

3）对称曲线的切线反算方式（$T+R_c+T$）。此方式下交点的曲线组合为对称的基本曲线组合方式，即中间设置圆曲线，两端设置相同参数的缓和曲线，可以输入切线长度（$T_1=T_2$）及圆曲线的半径（R_c）等数据，程序将反算其他数据。当程序通过试算后发现缓和曲线的长度太小（<10.0m）或太大（>1000.0m）时均会出现警告。

4）非对称曲线的切线反算方式一（$T_1+R_c+S_2$）。此方式下交点的曲线组合为非对称的曲线组合方式，即中间设置圆曲线，两端设置不同参数的缓和曲线。输入第一切线长度（T_1）、圆曲线的半径（R_c）及第二段缓和曲线的长度（S_2）等数据，由软件反算得到其他数据。

5）非对称曲线的切线反算方式二（$T_1+S_1+R_c$）。此方式下交点的曲线组合为非对称的基本曲线组合方式，即中间设置圆曲线，两端设置不同参数的缓和曲线。输入前部切线长度（T_1）、前部缓和曲线的长度（S_1）及圆曲线的半径（R_c）等数据，由软件反算得到其他数据。

6）非对称曲线的切线反算方式三（$S_1+R_c+T_2$）。此方式下交点的曲线组合为非对称的基本曲线组合方式，即中间设置圆曲线，两端设置不同参数的缓和曲线。输入前部缓和曲线的长度（S_1）、圆曲线的半径（R_c）及后部切线长度（T_2）等数据，由软件反算得到其他数据。

7）非对称曲线的切线反算方式四（$R_c+S_2+T_2$）。此方式下交点的曲线组合为非对称的基本曲线组合方式，即中间设置圆曲线，两端设置不同参数的缓和曲线。输入圆曲线的半径（R_c）、后部缓和曲线的长度（S_2）及后部切线长度（T_2）等数据，由软件反算得到其他数据。

8）常规曲线参数计算模式（$A_1+R_c+A_2$）。此方式是为照顾部分设计单位在路线设计中，使用参数 A 控制（而不是长度 S）缓和曲线的习惯而增加的，其原理基本类同（$S_1+R_c+S_2$）模式，只是交点的前后缓和曲线是由输入缓和曲线参数 A 值来控制，而不是长度值。

9）反算——与前交点相接计算模式。当进行相邻交点平曲线的相接计算，以及复曲线、卵形曲线等的设计，可以采用这种模式。选择本计算模式后，输入两端缓和曲线的控制参数，单击"试算"，系统便可自动反求圆曲线半径，使该交点平曲线直接与前一交点平曲线相接（成为公切点，即两交点间直线段为零）。

10）反算——与后交点相接计算模式。同 9）。

11）反算——与前交点成回头曲线计算模式。此方式用于将当前交点和相邻的前一个同向交点自动设计成相同半径的圆曲线，且两交点的圆曲线直接相接（实际上是同一个圆曲线）。根据需要还可以在当前交点的后部和前一交点的前部指定一定长度的缓和曲线。此方式主要用于自动设计回头曲线。

12）反算——路线穿过给定点。找到需调整曲线位置的交点，选定"反算：路线穿过给定点"计算模式，然后用鼠标在屏幕上拾取曲线需穿过的某一点，或者在命令行输入给定点的坐标，系统会自动反算出曲线半径。这种方法经常用在旧路改建等项目中，使得路线准确地通过某一固定点。

13）反算——凸形曲线。此方式下交点的曲线组合为前后缓和曲线直接搭接的曲线组合方式，即中间圆曲线长度为0，两端设置缓和曲线。用户输入前、后部缓和曲线的长度（S_1 和 S_2）等数据，由软件反算得到圆曲线半径（即两缓和曲线搭接点曲率半径）等数据。

14）虚交点曲线的设计计算。利用交点法在实地定线测量时，有时由于地形的限制，对于交点转角较大、交点过远或交点落空的情况，往往采用虚交点法来进行平面线形的设计。这种方法在山区的低等级公路项目中经常需要用到。

虚交点曲线设计时需打开"主线平面线形设计"对话框，用鼠标拖动滑动块至设置虚交的交点。用鼠标选中"交点数据输入"选项组中的"虚交"复选按钮，随即在其下出现"虚交设置"按钮，单击此按钮，出现"虚交设置"对话框（图6-6）。单击对话框中"虚交点0"表格，使其处

图 6-6 "虚交设置"对话框

191

于激活状态，接着单击"插入"按钮，则会增加一个虚交点，输入各个虚交点的名称和坐标，或者单击"拾取"按钮在屏幕图形中拾取坐标，单击"完成"按钮完成虚交设置并返回主对话框。

6.3.3 HintCAD 设计向导及控制参数

1. 设计向导

在平面定线完成后，在其他设计开始前，应使用 HintCAD 的"设计向导"设置其他设计标准和参数。通过设计向导，根据项目的等级和标准，系统自动设置超高与加宽过渡区间及相关数值，设置填挖方边坡、边沟排水沟等设计控制参数。因为部分参数设计较简单，不再一一图示。

单击菜单"项目"→"设计向导"，弹出"纬地设计向导（第一步）"对话框（图6-7）。设置本项目设计起、终点范围，设置项目标识（即桩号前缀）、选择桩号数据精度，单击"下一步"进入设计向导的设置。

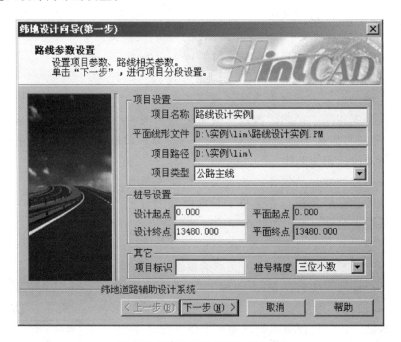

图 6-7 "纬地设计向导"对话框

第一步输入本项目第一段的分段终点桩号，选择"公路等级"，选定其对应的计算车速。

第二步制定路幅总宽。如果是城市道路，可在原公路断面的两侧设置左右侧附加板块。

第三步、第四步进行项目典型填、挖方边坡的控制参数设置，可根据需要设置可处理高填与深挖断面的任意多级边坡台阶。

第五步、第六步进行路基两侧边沟、排水沟形式及典型尺寸设置，可以根据需要设置矩形或梯形边沟，对于排水沟还可设置挡土墙等。

第七步确定该项目分段路基设计所采用的超高和加宽类型、超高旋转、超高渐变方式及外侧土路肩超高方式、曲线加宽位置及加宽渐变方式。单击"下一步"按钮则开始项目的

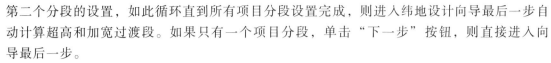
第二个分段的设置，如此循环直到所有项目分段设置完成，则进入纬地设计向导最后一步自动计算超高和加宽过渡段。如果只有一个项目分段，单击"下一步"按钮，则直接进入向导最后一步。

设计向导最后一步，单击"自动计算超高加宽"按钮，系统将根据前面所有项目分段的设置结合项目的平面线形文件自动计算出每个交点曲线的超高和加宽过渡段。对于过渡段长度不够或曲线半径太小的线元，以红色显示，便于进行检查。

单击"下一步"按钮，出现"设计向导结束"对话框。单击"完成"按钮，系统即自动计算生成路幅宽度文件（*.wid）、超高设置文件（*.sup）、设计参数控制文件（*.ctr）和桩号序列文件（*.sta），并自动将这四个数据文件添加到纬地项目管理器中。

2. 项目管理器

项目管理器用来管理某一工程设计项目的所有数据文件及与项目相关的其他属性（如项目名称、公路等级、超高加宽方式、断链设置等）。只有项目管理器中正确包含了设计所需要的数据文件并正确设置了项目属性，才能完成项目的设计计算，正确地生成图形和表格。

（1）项目管理器中包含的文件　一个完整的公路设计项目，项目管理器中一般需要包含设计数据文件、设计参数文件、外业基础数据文件、中间成果数据文件四种类型的数据文件。

1）设计数据文件，包括平曲线数据文件（*.pm）、平面交点数据文件（*.jd）、纵断面设计文件（*.zdm）。

2）设计参数文件，包括超高渐变数据文件（*.sup）、路幅宽度数据文件（*.wid）、桩号序列数据文件（*.sta）、设计参数控制文件（*.ctr）、左边沟纵坡文件（*.zbg，该文件可以不需要）、右边沟纵坡文件（*.ybg，该文件可以不需要）、挡土墙设计文件（*.dq，设置了挡土墙的情况下需要）。

3）外业基础数据文件，包括纵断面地面线文件（*.dmx）、横断面地面线文件（*.hdm）、三维数模组文件（*.gtm，有数字地面模型，且需要内插纵断面和横断面地面线数据时才需要）、路基左边线地面高程（*.zmx，该文件在进行沟底纵坡设计时需要）、路基右边线地面高程（*.ymx，该文件在进行沟底纵坡设计时需要）。

4）中间成果数据文件，包括路基设计中间数据文件（*.lj）、土石方中间数据（*.tf）、横断面三维数据文件（*.3dr，该文件在绘制总体布置图或输出路线三维模型时需要）。

（2）项目管理器对话框　单击菜单"项目"→"项目管理器"，弹出"项目管理器"对话框（图6-8），用户可以"打开项目"，也可以在此处"新建项目"。

当单击对话框中"文件"标签打开"文件"选项卡后，将出现一个项目的所有数据文件列表，如图6-8所示。用户可以单击选中每个数据文件，然后单击右侧出现的■按钮进行数据文件的添加和重新指定。如果欲删除该文件，则直接将该文件名清除即可。执行"编辑"→"编辑文件"命令（或直接双击该文件的类型名称）可打开该文件的文本格式进行查看和编辑。

提示：项目管理器中的平面曲线数据文件*.pm及平面交点数据文件*.jd是锁定的，一般不推荐用户直接修改该文本。

图 6-8 "项目管理器管理数据文件"对话框

单击对话框中"属性"标签打开"属性"选项卡，用户可以查看本项目的名称、项目类型和设计的起终点桩号等，同时也可以修改当前项目的"项目标识"（即桩号前缀）和"桩号小数精度"。断链的添加也在此属性选项中进行设置，使用"编辑"→"添加断链""删除断链""前移断链"和"后移断链"命令，可完成任意多级断链的添加和修改。

单击对话框中"项目分段 1"标签打开"项目分段 1"选项卡，可查看该项目分段的起终点桩号、公路等级、横断面形式及超高和加宽的设置情况，并可以修改超高旋转方式、渐变方式及加宽渐变方式，系统将依此设置进行路基设计计算。当一个项目有多个项目分段时，将在对话框的"项目分段 1"后面依次排列，用户可选择查看任意一个项目分段的属性设置。

（3）纬地项目中心　用户可通过运行"项目"菜单下的"纬地项目中心"程序来编辑管理一个设计项目的所有数据文件。该命令提供了表格化和图形可视化编辑修改功能，以表格形式进行设计参数输入、修改，同时提供了动态的直观图形显示工具，实时显示数据修改后的图形，该工具提高了项目设置和数据修改的效率。

单击菜单"项目"→"纬地项目中心"，弹出"纬地项目中心"窗口（图 6-9），用户可以"打开项目"，也可以在此处"新建项目"。

选取"纬地项目中心"窗口中的"项目文件"，右侧以表格形式列出了该项目文件的内容，同时下方显示对应的图形。修改完成后需进行存盘。

（4）设计控制参数　HintCAD 的控制参数均保存在控制参数文件（*.ctr）中，该文件由 HintCAD 的设计向导产生。控制参数文件的格式比较复杂，一般宜采用软件提供的"控制参数输入"工具或者"纬地项目中心"（图 6-9）输入或修改。单击菜单"数据"→"控制参数输入"，弹出"设计参数控制数据文件"对话框，根据需要单击对话框中的标签，并输入控制数据，如图 6-10 所示。

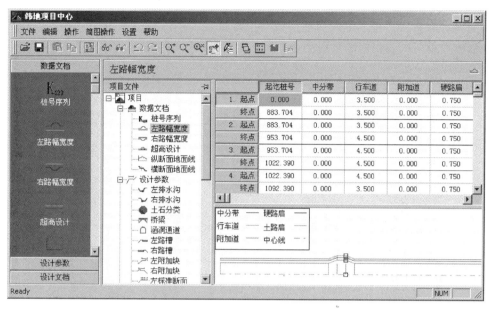

图 6-9 "纬地项目中心"窗口

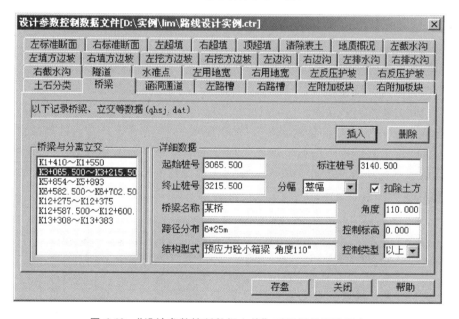

图 6-10 "设计参数控制数据文件"对话框桥梁选项卡

6.3.4 HintCAD 路线纵断面设计

1. 纵断面地面线数据

路线纵断面地面线资料是纵断面设计的重要基础资料，在开始路线纵断面拉坡设计之前必须准备好。

单击菜单"数据"→"纵断面数据输入"，出现"纵断面地面线数据编辑器"窗口（图6-11）。单击"文件"→"设定桩号间隔"，设定按固定间距自动提示下一个要输入的桩号

（用户可以修改提示桩号）。在对应的"桩号"和"高程"列表里输入桩号和对应的地面高程。输完所有数据后，在"纵断面地面线数据编辑器"的工具栏上单击"存盘"按钮，系统将地面线数据写入到指定的数据文件中，并自动添加到项目管理器中。

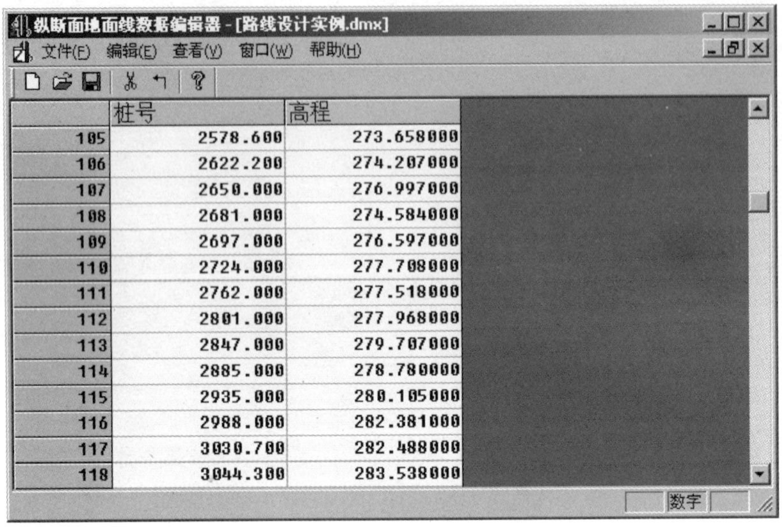

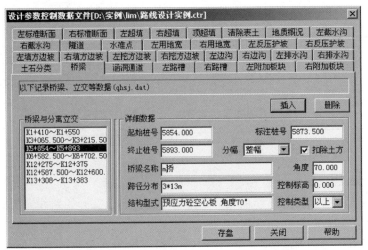

图 6-11 "纵断面地面线数据编辑器"窗口

2. 纵断面控制点数据

纵断面控制点是指影响路线纵坡设计的高程控制，在纵断面设计之前应该输入控制点的数据，以便在纵断面纵坡设计时显示在图形中，为设计提供参考。在 HintCAD 中可以输入桥梁控制点、涵洞通道控制点等。

单击菜单"数据"→"控制参数输入"，弹出图 6-12 所示"设计参数控制数据文件"对话框，根据需要单击对话框中的标签进入选项卡进行设置。如图 6-12 所示，单击"桥梁"标签进入"桥梁"选项卡，单击"插入"按钮，添加新的桥梁，并输入该桥梁选项中的详细数据。图 6-13 所示为涵洞通道控制参数设置。

图 6-12 "设计参数控制数据文件"对话框桥梁选项卡

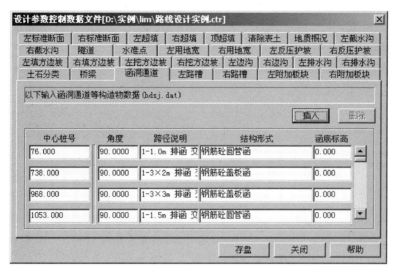

图 6-13 "设计参数控制数据文件"对话框涵洞通道选项卡

其他高程控制点如沿线洪水和地下水水位控制高程、特殊条件下路基控制高程等数据无法在 HintCAD 输入，需要设计人员根据控制的里程和高程在 AutoCAD 图形中手工标注出来，为设计提供参考。另外，其他高程控制点也可以在桥梁控制参数数据中输入，输入时，"桩号"为控制点的桩号，"桥梁名称"为控制点的名称，"跨径分布"和"结构形式"输入一个空格；"控制高程"为控制点的控制高程，选择合适的"控制类型"。注意最后输出图形和表格时，应删除这些数据。

3. 纵断面设计

道路"纵断面设计"对话框是纵断面拉坡设计的一个重要对话框，纵断面设计的主要过程都在此对话框上完成。

单击菜单"设计"→"纵断面设计"，弹出图 6-14 所示的"纵断面设计"对话框。

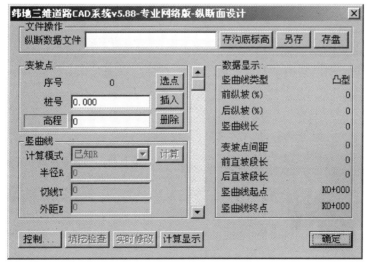

图 6-14 "纵断面设计"对话框

此对话框启动后，如果项目中存在纵断面设计数据文件（＊.zdm），系统将自动读入并进行计算显示相关信息。单击"存盘"和"另存"按钮，可将修改后变坡点及竖曲线等数据保存到数据文件中去。

单击"纵断面设计"对话框中的"插入"按钮，可以连续增加新的变坡点或在两个变坡点之间插入变坡点。根据提示，在屏幕上直接选择变坡点，也可以通过键盘修改变坡点的桩号和高程。

设置好变坡点后，通过滚动上下滑块选择要设置竖曲线的变坡点。HintCAD 提供了五种竖曲线的设置模式，即常规的"已知 R"（竖曲线半径）控制模式、"已知 T"（切线长度）控制模式、"已知 E"（竖曲线外距）控制模式，以及与前（或后）竖曲线相接的控制模式，以达到不同的设计计算要求。根据用户对"计算模式"的不同选择，其下的三项"竖曲线半径""曲线切线""曲线外距"等编辑框呈现不同的状态，亮显时为可编辑修改状态，否则仅为显示状态。选择好计算模式后，单击"计算显示"按钮完成竖曲线设置，并刷新显示。

第一次单击"计算显示"按钮，程序将在当前屏幕图形中绘出全线的纵断面地面线、里程桩号和平曲线变化，同时屏幕图形下方也会对应显示一栏平曲线变化图，为用户直接在屏幕上进行拉坡设计作准备。

在拉坡设计过程中，系统在屏幕左上角会出现一个动态数据显示框，主要显示变坡点、竖曲线、坡度、坡长的数据变化，随着鼠标的移动，框中数据也随之变动，动态显示设计者拉坡所需的数据。

进行交互式纵断面设计时，单击"实时修改"按钮。此命令下用户可以沿前坡、后坡、水平、垂直、自由拖动等方式实时移动变坡点的位置，也可以对竖曲线半径、切线长及外距进行控制性动态拖动；另外，也可以绕前点、后点或整段、自由拖动等方式实时修改整个坡段。其中，<S>、<L>键控制鼠标拖动步长的缩小与放大。如果用户需要将变坡点的桩号或某一纵坡坡度设定到整数值或固定值，可以通过实时拖动、直接修改对话框中变坡点的数据或直接指定变坡点的前、后纵坡值来实现。

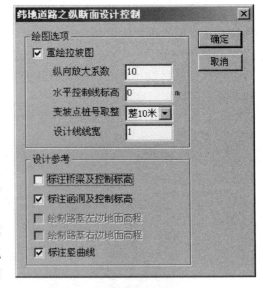

图 6-15　"纵断面设计控制"对话框

当有桥涵构筑物时，为方便在计算机屏幕上进行拉坡设计，单击"控制"按钮，将出现图6-15所示对话框，对纵断面拉坡图中的绘图选项及设计参考进行相应设置。

在操作过程完成后，注意用"存盘"或"另存"命令对纵断面变坡点及竖曲线数据进行存盘。

6.3.5　HintCAD 路线横断面设计

1. 横断面地面线数据

单击菜单"数据"→"横断面数据输入"，出现图 6-16 所示的"添加数据桩号提示"对话框。

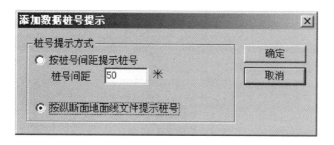

图 6-16 “添加数据桩号提示”对话框

如果已经输入了纵断面地面线数据，则应该选择“按纵断面地面线文件提示桩号”，这种提示方式可以避免出现纵、横断面数据不匹配的情况；否则选择“按桩号间距提示桩号”，并在“桩号间距”编辑框中输入桩距。

单击“桩号提示”对话框中的“确定”按钮，弹出横断面地面线数据输入窗口（图 6-17）。

	平距	高差	平距	高差	平距	高差	平距	高差	平距	高差
桩号	0.000									
左侧	7.200	0.000	1.500	0.600	8.400	0.000				
右侧	3.800	0.000	0.200	0.300	0.300	0.000	0.000	-0.600	0.600	0.000
桩号		21.000								
左侧	7.600	0.000	1.600	0.300	1.200	2.300	7.700	0.000		
右侧	3.500	0.000	0.000	0.200	0.300	0.000	0.000	-0.600	0.600	0.000
桩号		46.000								
左侧	11.000	-0.400	1.600	-1.100	6.000	0.000				
右侧	0.400	0.000	0.000	0.400	0.300	0.000	0.000	-0.600	0.600	0.000
桩号		62.000								
左侧	0.400	0.000	0.300	-1.300	1.400	0.000	0.000	-0.600	0.600	0.000
右侧	6.000	0.000	1.600	3.400	6.000	0.000				
桩号		80.000								
左侧	1.000	0.000	1.000	-0.700	1.000	-3.600	7.300	0.000	0.800	-1.300
右侧	7.600	0.000	2.000	1.200	1.800	3.600	9.000	0.000		

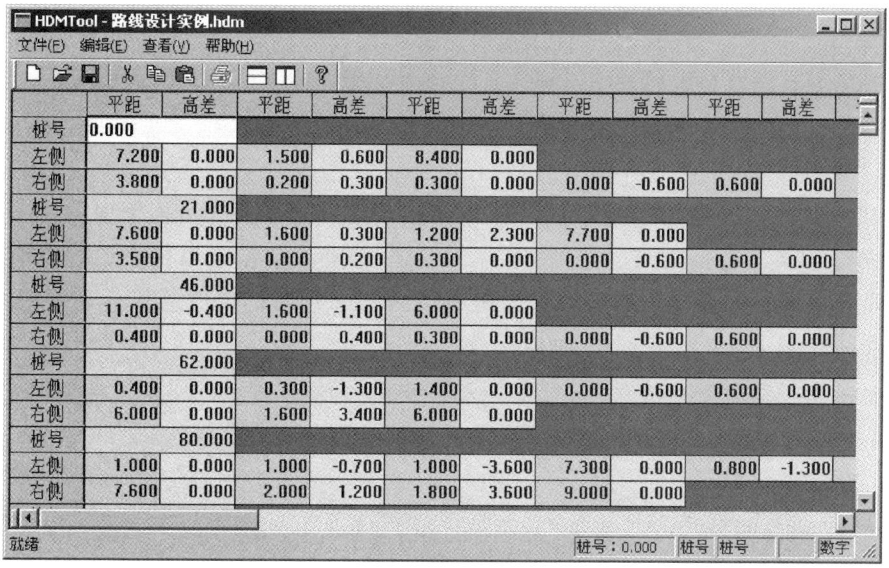

图 6-17 横断面地面线数据输入窗口

在图 6-17 中，每三行为一组，分别为桩号、左侧数据、右侧数据。软件根据所选的桩号提示方式，自动提示桩号，在确认或输入桩号后回车，光标自动跳至第二行开始输入左侧地面线数据，每组数据包括两项，即平距和高差。左侧输入完毕直接按两次回车。光标便跳至第三行开始，输入右侧地面线数据，如此循环输入。

输完数据后，在工具栏上单击“存盘”按钮，将横断面地面线数据写入到指定数据文件，并自动添加到项目管理器中。

另外，也可以利用软件提供的“横断面数据导入”工具导入图 6-18 所示 7 种格式的横断面地面线数据。单击菜单“数据”→“横断面数据导入”，出现图 6-18 所示“横断面数据导入”对话框。选择或输入要导入的文件及相应的格式，选择或输入要导出横断面地面线数据文件，单击"导入"按钮就可以完成其他格式横断面地面线数据的输入。

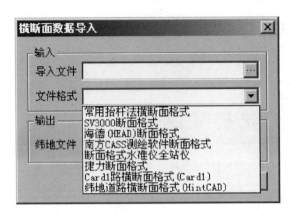

图 6-18 "横断面数据导入"对话框

2. 路幅宽度、超高及控制参数数据

（1）路幅宽度数据 HintCAD 路幅宽度数据存储在路幅宽度文件（∗.wid）中，用来描述整个路线左右路幅各组成部分的分段变化情况，特别是加宽变化的段落。一般情况下，该数据文件由"设计向导"生成，且生成时已经根据路线的平曲线半径，参考规范对平曲线加宽和加宽过渡段的设置进行了分段。如果没有特殊情况，一般不需要修改该文件，当路幅宽度发生变化时或者设置宽度渐变段时，需要修改路幅宽度数据。若修改路幅宽度数据，建议采用"纬地项目中心"进行。

单击菜单"项目"→"纬地项目中心"，打开"纬地项目中心"数据管理工具；单击"项目文件"列表框下"数据文档"左侧的"+"，展开后单击"左路幅宽度"（或"右路幅宽度"），如图 6-19 所示。窗口的右侧出现左侧（或右侧）路幅宽度数据，直接编辑需要修改的数据。

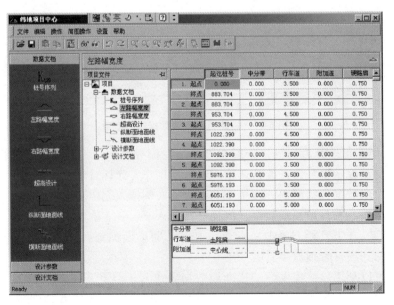

图 6-19 "纬地项目中心"修改路幅宽度窗口

（2）超高数据　超高数据用来描绘路线左右幅超高过渡的特征位置处的具体超高情况，一个特征断面用一组数据描述。该数据文件由"设计向导"生成，且生成时已经根据路线的平曲线半径、缓和曲线长度、超高渐变率初步确定了超高过渡段，并参考相关规范规定的超高值对平曲线的超高进行了分段设置。

特殊情况下需要根据曲线组合情况（如S形曲线）、缓和曲线的长度等条件来修改该文件，使超高设计更加合理。超高数据宜采用"纬地项目中心"数据管理工具修改。

单击菜单"项目"→"纬地项目中心"，打开"纬地项目中心"数据管理工具。单击"项目文件"列表框下"数据文档"左侧的"+"，展开后单击"超高设计"，窗口的右侧出现超高数据（图6-20），直接编辑需要修改的数据。

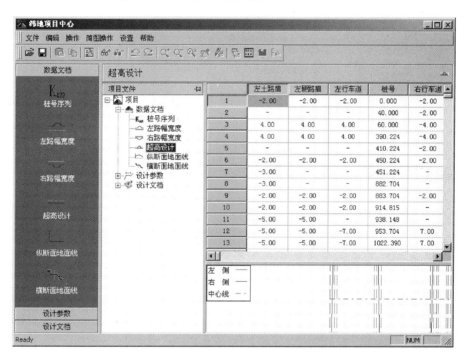

图 6-20 "纬地项目中心"修改超高窗口

为了直观显示超高图，单击图形显示区，使用工具条中的放大按钮来放大和缩小图形。调整图形长度时，按下鼠标左键水平左右移动；调整显示高度时，按下鼠标左键垂直上下移动，采用平移按钮对图形在显示区的位置进行平移。

（3）支挡防护工程数据录入　在进行横断面设计时，有些路段需要设置路基支挡防护工程，如护坡、衡重式路肩墙、衡重式路堤墙、仰斜式路肩墙、仰斜式路堤墙、路堑挡土墙、护面墙、护脚墙等。在横断面戴帽子时必须将路基沿线左右侧设置的路基支挡防护工程形式及其段落数据录入到HintCAD系统中。系统在横断面设计绘图时，可以直接绘制出支挡防护构造物的断面图，并准确计算路基填挖的土方面积和数量。

1）设置支挡防护构造物的几何尺寸。HintCAD系统提供了部分标准挡墙的形状及其尺寸。但在实际设计项目中，系统提供的标准挡墙可能无法满足设计的需要，此时可将设计项目特殊的挡土墙形式和尺寸添加到标准挡墙库中，以满足工程设计需要。

单击菜单"设计"→"支挡构造物处理"，打开"挡墙设计工具"窗口（图6-21）；单击

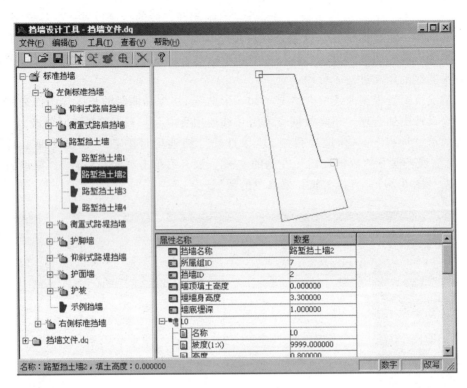

图 6-21 "挡墙设计工具"窗口

目录树窗口内展开的"标准挡墙"下的"左侧标准挡墙",右击,在弹出的右键快捷菜单中选择"新增挡墙"(如果用户需要新建一组不同高度的标准挡墙,选择"新增目录");可以看到在"左侧标准挡墙"下出现"新建挡墙"项,在属性窗口修改新建挡墙的名称。此时用户可在右上图形窗口中用鼠标勾绘出该挡墙大致断面形式,完成时单击鼠标右键。进入右下挡土墙"属性名称"窗口,逐个修改输入该标准挡墙的"挡墙名称""墙顶填土高度""墙身高度""墙底埋深"等属性,以及挡墙断面各边的具体数据(即坡度和高度,其中坡度为 0 时表示垂直;坡度为 9999 时表示水平)。

  完成挡土墙属性编辑后,继续设置该挡墙断面的"填土线"。选中目录树窗口内新建的"示例挡墙",右击,在弹出的右键快捷菜单中选择"设置填土线",弹出"设置填土线"对话框(图 6-22)。填土线是挡墙断面中与路基填土相接触的一条或几条连续的边,如图 6-23 所示,挡墙断面中 L5 为填土线,A 点是近路面点(L0 线段起点),也就是挡墙断面的插入点。软件将在横断面设计时自动搜索断面填土线,从而与横断面地面线相交,准确计算在设置挡墙情况下的路基土石方面积。

  2)为当前设计项目设计挡墙。设置好标准挡墙后,根据设计路段支挡工程的设置情况为每个段落选择挡墙形式,并设置挡墙属性。

  单击目录树窗口内展开的"挡墙文件"下的"左侧挡墙";在属性窗口输入"左侧挡墙"的"起点桩号"和"终点桩号",一般直接将其设定为路线的起终点桩号;单击目录树窗口展开的"挡墙文件"下的"左侧挡墙",右击,从弹出的右键快捷菜单中选择"新增挡墙分段",并修改此范围内挡墙的名称"所有的护坡",输入该范围内所有挡墙的起终点桩号。

图6-22 "设置填土线"对话框

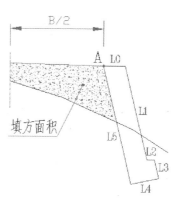

图6-23 墙背填土线

单击该挡墙，选取右键菜单中的"自动变换墙高度"（相对于路肩挡墙），则横断面设计绘图时，系统会针对每个断面不同的填土高度自动在该侧同类型标准挡墙中调用不同墙高的挡墙进行横断戴帽。对于路堤挡墙，在右键菜单中可以设置"自动变换墙高度"和"自动变换填土高度"两种变化形式。对于需要在挡墙外侧设置排水沟的用户，系统在右键菜单中增加了"墙外设置排水沟"选项。

如果当前工程项目中的挡墙形式多、数量多，可以用建立挡墙分段的方法管理相同类型的挡墙。在目录树窗口中，从"左侧标准挡墙"中选择某一类型的挡墙，拖放到"挡墙文件"下新建的"左侧挡墙分段"或"挡墙文件"下的"左侧挡墙"中，并用上述同样方法对该段挡墙进行设定。

（4）路基设计计算 路基设计计算主要是计算指定桩号区间内的每一桩号的超高横坡值、设计高程、地面高程，以及路幅参数，计算路幅各相对位置的设计高差，并将以上所有数据按照一定格式写入路基设计中间数据文件。为生成路基设计表及计算绘制横断面图准备数据。在进行路基设计计算之前必须完成对超高与加宽的设置工作，并保证超高与加宽的正确性。

单击菜单"设计"→"路基设计计算"，打开"路基设计计算"对话框（图6-24）；单击

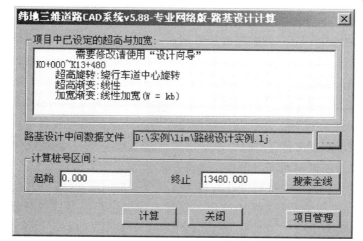

图6-24 "路基设计计算"对话框

窗口右侧的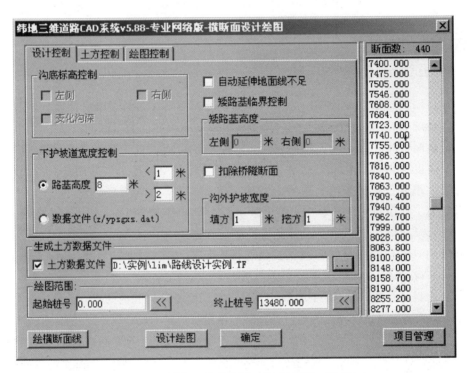；指定路基设计中间数据文件的名称和路径；输入"计算桩号区间"或单击"搜索全线"按钮，指定计算整个路段；单击"项目管理"打开项目管理器，检查当前项目的超高与加宽文件以及其他设置是否正确；单击"计算"按钮完成路基计算。

（5）横断面设计与修改　在完成路基设计计算，设置了与横断面设计有关的控制参数后，可进行横断面的设计和修改工作。

单击菜单"设计"→"横断面设计绘图"，打开"横断面设计绘图"对话框（图6-25）；对话框中包含了"设计控制""土方控制""绘图控制"三个选项卡。下面介绍三个选项的功能。

图 6-25　"横断面设计绘图—设计控制"对话框

1）"设计控制"选项。

① 自动延伸地面线不足。当横断面两侧地面线测量宽度较窄，导致戴帽时边坡线不能和地面线相交，不能计算填挖面积时，选择"自动延伸地面线不足"复选按钮，系统可自动按地面线最外侧一段的坡度延伸，直到戴帽成功（当地面线最外侧坡度垂直时除外）。建议不宜使用该功能，当地面线宽度不够时，应该补测或者设置支挡构造物收缩坡脚。

② 左右侧沟底标高控制。只有进行路基排水沟的纵坡设计，并在项目管理器中添加了左右侧沟底标高设计数据文件，"沟底标高控制"选项组中的"左侧"和"右侧"复选按钮才可以使用。在绘制横断面图时，可以选择是否按排水沟的设计纵坡进行排水沟的绘制，且可选择是否按照变化的沟深进行设计（默认方式为固定沟深）。

③ 下护坡道宽度控制。此功能主要用于控制高等级公路项目填方断面下护坡道的宽度变化，其控制支持两种方式，一是根据路基填土高度控制，即用户可以指定当路基高度大于某一数值时下护坡道宽度和小于这一数值时下护坡道宽度；二是根据数据文件控制，软件根

据设计控制参数中路基左右两侧排水沟尺寸控制。如果采用第二种控制方式，路基左右侧排水沟数据的第一组数据必须是下护坡道的数据，且其坡度值为0。如果采用第一种控制方式，系统会自动忽略左右侧排水沟数据中的下护坡道控制数据。

④ 矮路基临界控制。选择此复选按钮后，需要输入左右侧填方路基的一个临界高度数值（一般约为边沟的深度），当路基填方高度小于临界高度时，直接在路基边缘设计设计边沟。

⑤ 扣除桥隧断面。选择此复选按钮后，桥隧桩号范围内将不绘出横断面。

⑥ 沟外护坡宽度。用来控制戴帽时排水沟（或边沟）的外缘平台宽度，用户可以分别设置沟外护坡平台位于填方或挖方区域的宽度。

2）"土方控制"选项（图6-26）。

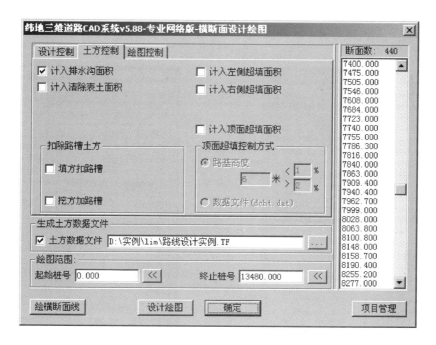

图6-26 "横断面设计控制—土方控制"对话框

① 计入排水沟面积。用以控制在断面面积中是否考虑计入左右侧排水沟的土方面积。

② 计入清除表土面积。用以控制在断面面积中是否考虑计入清除表土面积。清除表土的具体分段数据、宽度以及厚度由控制参数文件中的数据来控制。

③ 计入左右侧超填面积。用以控制在断面面积中是否考虑计入填方路基左右侧超宽填筑部分的土方面积。左右侧超填的具体分段数据和宽度见设计参数控制文件。

④ 扣除路槽土方。用以控制在断面面积中考虑扣除路槽部分土方面积的情况。对于填方段落，可以选择是否扣除路槽面积；对于挖方段落，可以选择是否加上路槽面积。路基各个不同部分（行车道、硬路肩、土路肩）路槽的深度，可在控制参数数据中确定。

⑤ 计入顶面超填面积。主要用于某些路基沉降较为严重，需要在路基土方中考虑因地基沉降而引起的土方数量增加的项目。顶面超填控制方式分为路基高度和数据文件两种。路

205

基高度控制方式，即按路基高度大于或小于某一指定临界高度分别考虑顶面超填的厚度（路基高度的百分数）。

3）"绘图控制"选项。根据不同要求，可以对该选项卡中的各选项进行选择，以制定出符合需要的横断面图形。单击"设计绘图"按钮，可进行横断面设计和绘图。

因地形和地质条件复杂多变，不管采用何种辅助设计系统，无论把系统做得多么完善，总会有一些不切合实际的设计断面出现，需要设计者修改，出现这种情况的唯一的解决方法就是提供功能强大的修改功能。AutoCAD是一般使用者都熟悉的软件，HintCAD提供了基于AutoCAD图形界面的横断面修改功能，利于对横断面的修改。

打开或用"横断面设计绘图"功能生成横断面图；在AutoCAD中，将横断面图中的"sjx"图层设置为当前层；用AutoCAD的"explode"命令"炸开"整条连续的设计线，并对其进行修改；在完成修改后单击"设计"→"横断面修改"，按照提示单击修改过设计线的横断面图中心线，系统重新搜索修改后的设计线并计算填挖方面积、坡口坡脚距离及用地界等，同时弹出"横断面修改"对话框（图6-27）。

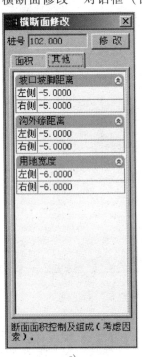 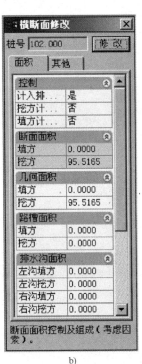

a) b)

图6-27 "横断面修改"对话框

a) "其他"选项卡　b) "面积"选项卡

根据需要修改对话框中各个选项的内容，修改完成后单击"修改"按钮，系统将刷新项目中土方数据文件（*.tf）里该断面的所有信息和横断面图形，实现数据和图形的联动。

修改横断面设计线一定要在设计线图层（sjx）上进行，不要将与设计线无关的文字、图形绘制到设计线图层中，以免影响系统对设计线数据的快速搜索计算。修改后的设计线必须是连续的，且与地面线相交，否则无法完成横断面修改。截水沟也在设计线图层上修改，系统不将截水沟的土方计入断面面积中，但会自动将用地界计算到截水沟以外。另外，横断

面修改功能所搜索得到的填挖方面积只是纯粹的设计线与地面线相交所得到的面积,并未考虑路槽、清表等。

6.3.6 HintCAD 路线设计成果输出

HintCAD 软件提供了丰富的道路工程图纸和表格输出功能。图纸和表格满足公路工程设计图表的格式、要求和惯例,并且可以根据需要对标准的图表模板进行修改,以满足特殊要求。在输出路线设计成果之前,需要修改软件提供的标准图表模板中的设计单位、工程名称、比例、日期等,也可以对图框标题栏重新划分栏目及样式。

1. 平面设计成果输出

平面设计成果既可以在平面设计完成后输出,也可以在项目所有的设计完成后输出。平面设计的有些成果必须在其他设计都完成后才能输出,如公路用地图、路线总体设计图等必须在路线纵断面和横断面设计完成后才能输出。下面,首先介绍在平面设计完成后可以直接输出的主要成果。

(1)生成直线、曲线及转角表 打开"主线平面设计"对话框,单击"计算绘图"绘制出平面线形;单击菜单"表格"→"输出直曲转角表",弹出图 6-28 所示对话框;根据需要选择"表格形式",单击"计算输出"按钮,程序启动 Excel 程序,生成直线、曲线及转角表。注意用此命令计算机上必须安装 Excel 软件。

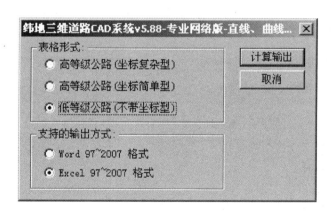

图 6-28 "生成直线、曲线及转角表"对话框

(2)生成平面图 单击菜单"绘图"→"平面图分幅",弹出图 6-29 所示对话框,根据平面图绘制的要求设置"分图比例与裁剪""曲线元素表设置""页码设置";单击"开始出图"按钮,软件在布局内生成每张平面图。该种分图方法并未将模型空间地形图裁开,而只是分别设置了若干个布局窗口显示每页图纸,以方便设计和修改,且可保持原有图形的坐标和位置。

(3)生成逐桩坐标表 单击菜单"表格"→"输出逐桩坐标表",弹出"逐桩坐标表计算与生成"对话框;根据逐桩的桩号数据来源情况选择"桩号来源",根据输出文件格式选择"输出方式",单击"输出"按钮,程序根据用户选择的"输出方式"启动相应的软件,生成逐桩坐标表。

(4)绘制总体布置图 绘制总体布置图前,必须完成横断面设计,并输出土方数据文

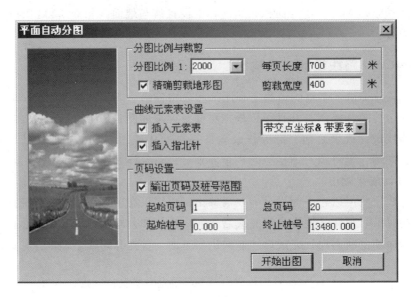

图 6-29 "平面自动分图"对话框

件和横断面三维数据文件。绘制总体布置图时,需要从土方数据文件中读取路基填挖方情况以及两侧坡口或坡脚到中桩距离等数据。单击菜单"绘图"→"绘制总体布置图",弹出图6-30所示对话框;根据需要进行各选项的设置和制定,单击"计算绘图"按钮,开始在当前图形窗口绘制总体布置图。

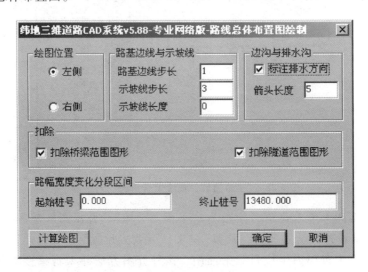

图 6-30 "路线总体布置图绘制"对话框

(5)绘制公路用地图 绘制公路用地图前也必须完成了横断面设计,并输出了土方数据文件。单击菜单"绘图"→"绘制公路用地图",弹出图 6-31 所示对话框;根据需要进行设置,并输入"绘图区间"的起始桩号和终止桩号;单击"计算绘图"按钮,软件根据设置在当前的图形窗口绘出用地图。

2. 纵断面设计成果

纵断面设计成果既可以在纵断面设计完成后输出,也可以在项目所有的设计完成后

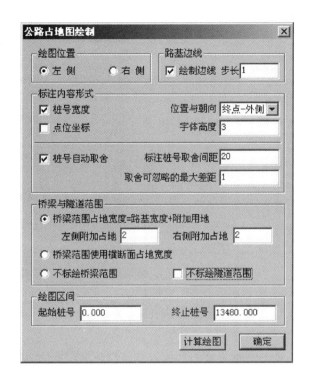

图 6-31 "公路占地图绘制" 对话框

输出。

（1）输出纵坡竖曲线表 单击菜单"表格"→"输出竖曲线表"，弹出"纵坡竖曲线计算表输出方式选择"对话框。选择表格输出方式，输出纵坡竖曲线表。

（2）绘制纵断面图 绘制纵断面图的操作步骤如下：

1）单击菜单"设计"→"纵断面图绘制"，弹出图 6-32 所示"纵断面图绘制"对话框。

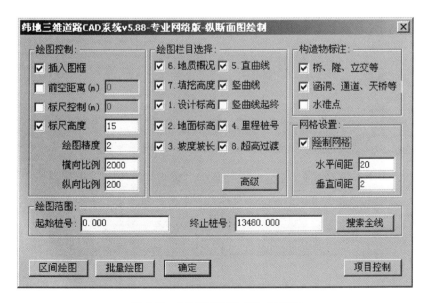

图 6-32 "纵断面图绘制" 对话框

2）设置"绘图控制"选项组中的选项，一般情况下设置的"纵向比例"应该为"横向比例"的10倍。

3）设置"绘图栏目选择"选项组的选项，一般情况下，施工图按图6-32设置即可，单击"高级"按钮可以为每个绘图栏目进行详细的设置（图6-33）。

4）设置纵断面图中的"构造物标注"和"网格设置"选项组，一般情况下全部选中。在设置"水平间距"和"垂直间距"时，单位均以米计，如果图纸横向比例为1：2000，网格的水平距离输入20m，则打印输出的图纸中网格线的水平间距为1cm。

5）设置"绘图范围"选项组，绘制全线的纵断面图时，单击"搜索全线"按钮，软件自动搜索出全线的起始桩号和终止桩号。

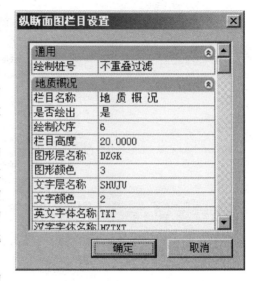

图6-33 "纵断面绘图栏目设置"对话框

6）绘制纵断面图。单击"批量绘图"按钮分幅绘制纵断面图，根据提示，输入起止页码和图形插入点；单击"区间绘图"按钮不分幅绘制纵断面图，根据提示，只需要输入图形插入点即可。

3. 横断面设计成果输出

1）路基设计表。单击菜单"表格"→"输出路基设计表"，弹出图6-34所示对话框；根据图纸要求进行定制，单击"计算输出"，在当前图形的模型空间或布局窗口中自动分页输出路基设计表。

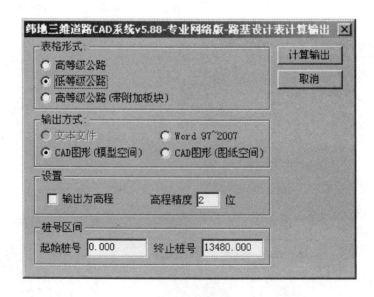

图6-34 "路基设计表计算输出"对话框

2）路基横断面设计图。横断面图的输出与横断面设计界面相同。

3）路基土石方数量表和路基每公里土石方数量表。单击菜单"表格"→"输出土方计算表"，弹出图 6-35 所示对话框；在此对话框中进行土石方计算定制，单击"计算输出"按钮，输出路基土石方计算表。输出路基土石方数量表之前，需要在控制参数输入中分段输入土石方分类比例。如果要对土石方数量进行详细的调配处理，建议使用纬地土石方可视化调配系统（HintDP）。HintDP 可方便地完成土石方的调配处理，并输出带有调配图的路基土石方数量计算表。

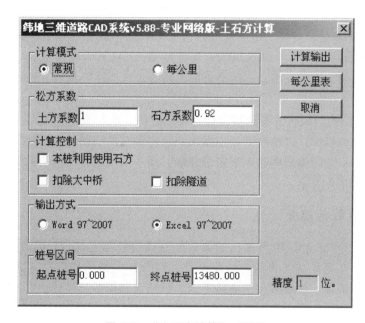

图 6-35 "土石方计算"对话框

HintCAD 还提供了其他图表的输出，如逐桩用地表、超高加宽表、路面加宽表、总里程及断链桩号表、主要技术指标表等，这里不作详细介绍。

6.4 其他辅助道路路线设计软件简介

6.4.1 CARD/1 软件简介

德国 IB&T 有限公司推出的 CARD/1 软件系统是完成测绘、道路、铁路和管道勘测设计的土木工程 CAD 系统，是一种高度集成、功能广泛、图形交互的计算机辅助设计系统。该系统自设图形平台，并建立独立完整的数据与图形编辑体系，除采用 Windows 操作系统外，可以不依靠任何其他支撑软件就完成地形图测绘，铁路、公路、管网等项目的各种平面、纵断面、横断面设计，文件管理，编辑，图表处理和绘图等工作。

作为勘测、设计和绘图一体化的软件，CARD/1 在测绘方面，可进行大地测量的平差计算，可通过全站仪实测、GPS 测量、航空摄影测量和其他电子地图等手段形成数字地面模型，也可以对扫描的光栅图通过半自动化的方法转换成三维数字地面模型或进行光栅图与矢量图混合编辑建立线路三维设计的基础。运用数字地面模型可以生成具有圆滑等高线的地形图，通过独特的构网计算，可建立高质量数模。具有分拼断裂线的办法和全面的检错功能，保证了设计基础资料的准确性，其精度可满足施工图设计的要求。

线路设计方面，平面定线、纵断面拉坡、横断面戴帽等都可以运用数字地面模型数据直接在荧屏上进行，它们使用统一的数据和图形库，将所有待处理的工作在一个系统中完成，数据在系统内部高效传输，避免了不必要的转换，减少了出错的机会。另外，设计和出图是分开进行的，可完整地保留设计过程和多个设计方案，用于备查，设计时无须考虑出图。对设计的任何调整，在出图时可自动生成。

CARD/1 软件是深度开放的，提供了开发语言，可在用户级完成本地化开发工作，与其他众多的 CAD 软件有接口模块。用户也可以借助 CARD/1 软件的三维建模功能输出模型至 3DS 或 3DMAX 软件中来制作生动直观的全景透视图。CARD/1 软件增加了纵断面优化和即时三维动态渲染模块，即时三维动态渲染可随时检查设计中平竖组合、线形与环境协调等线形设计问题。

CARD/1 系统结构组成包含了勘测设计、自动绘图、绘图编辑三大部分。勘测设计部分是整个系统的核心数据库；自动绘图是依据用户意愿编写的绘图控制文件，将设计数据库中的元素编译成图形；绘图编辑则是一个图形环境，用于图纸的打印输出和人工编辑。这种结构可将设计和绘图工作分离。

6.4.2　EICAD 软件简介

李方软件公司于 2002 年 10 月推出的集成交互式道路与立交设计软件 EICAD 主要用于公路、城市道路、互通立交工程的各阶段设计。EICAD 包括路线版、立交版两个版本，适应用户的不同设计需求。路线版包括道路平面、纵断面和横断面设计，以及土石方调配等设计、计算和图表输出等功能。在立交版中，包含了用于互通立交设计的命令，包括积木法、基本模式法、扩展模式法和其他辅助设计命令等。EICAD 系统主要包括平面设计、纵断面设计和横断面设计三个部分。该系统输出成果可以直接供"道路、桥梁三维建模程序——3Droad"使用，建立道路桥梁的三维模型。

EICAD 应用独创的先进的路线设计理论——"新的导线法"和立交匝道线形设计理论——"复合曲线模式法"，加上丰富的动态拖动、功能集成的特点，使得设计者能极为方便、准确和高效地设计出任何复杂的、完美的道路与互通式立交平、纵面线形。利用EICAD软件可以快捷、方便地进行单卵形、双卵形、复曲线、虚交及全曲线等平面线形设计。

EICAD 系统实现了一套全新的设计交互与文档数据管理的过程，并建立了图形数据的双向关联机制，实现了全程尺寸和参数驱动机制。

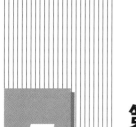

第7章
桥梁工程设计软件

7.1 桥梁工程设计基本方法

　　桥梁工程设计包括桥梁规划设计、初步设计和施工图设计三个阶段。桥梁规划设计是初步设计之前的规划阶段，要解决拟建一座桥梁工程的现实性、可靠性与经济性，技术上是否可行，国家投资是否经济有效等一系列问题。桥梁规划设计涉及的因素很多，必须充分调查研究，从客观实际出发，分析该桥的具体情况，得出合理的设计建议，提出正确的设计计划任务书，在此基础上再进行初步设计。桥梁初步设计阶段应按照规划设计中定出的桥位、桥梁荷载等级、桥梁的各项设计要求，根据适用、经济、安全、美观的设计原则，拟定出几种不同的桥型比较方案，可以包括不同的桥位、不同的材料、不同的结构体系和构造、不同的跨径和分孔、不同的墩台和基础形式等，并从中选出最合理的方案。这时除了依据设计规范、标准，凭借经验和惯例并参考同类桥型的设计方案外，还需要绘制大量的设计图纸，进行可行性论证、经济成本分析等总体方案设计工作。然后审查分析设计文件，判断设计是否满足要求。如果不满足，则修改设计方案，重新进行计算分析，逐步优化，直至满足设计要求为止。经过多次修改、分析、优化，确定最终方案后，再进行施工图设计。施工图设计阶段的主要工作是根据已批准的初步设计方案进行结构设计计算，绘制施工详图，编制施工组织设计和施工预算。

　　由于桥梁结构形式多样，整个设计过程以迭代往复的形式进行，在各个设计阶段都有信息的反馈和交互作用，设计中其他可变因素较多，所以计算分析工作非常繁重，需要进行大量的分析计算和绘图等烦琐、重复的劳动。传统的设计需要设计者本人来完成以上所有环节的工作，因而这样的设计是一个低效率的工作过程，随着工程设计质量要求的提高和市场竞争的加剧，传统的设计方法越来越难以适应发展的需要，而需要采用自动化的设计方法，来缩短设计周期，提高设计的质量和效率。起初，为了减轻繁重的劳动，往往通过编制大量的图表用于辅助设计，这不但使计算精度受到限制，而且使应用范围局限在图表之内。计算机具有高速的计算功能，巨大的存储能力，丰富的图形、文字处理功能。充分利用计算机的这种优越性能，同时与人的知识、经验、逻辑思维能力结合起来，形成一种人与计算机各尽所长、紧密配合的系统，以提高设计的质量和效率。这种人与计算机相互结合的交互式的设计过程，构成了计算机辅助设计的工作过程。将计算机科学的技术和方法与桥梁工程领域的专业技术在以计算机为基础的系统中结合起来，在设计的各个阶段和环节中尽可能地利用计算机系统来完成那些重复性高、劳动量大、计算复杂及单纯靠人工难以完成的设计工作，辅助整个设计过程的完成，为工程师提供方便灵活、高效率的设计环境，使他们有更多的时间和精力进行创造性的设计工作。整个设计工作在计算机系统的协调和控制下，逐步朝着集成化和自动化的方向发展。

7.2 桥梁工程计算机辅助设计软件桥梁博士简介

桥梁博士系统是一个集可视化数据处理、数据库管理、结构分析、打印与帮助为一体的综合性桥梁结构设计与施工计算系统。系统的编制完全按照桥梁设计与施工过程进行，密切贴合桥梁设计规范，充分利用现代计算机技术，符合设计人员的习惯。充分考虑了各种结构的复杂组成与施工情况，结构计算更精确；同时在数据输入的容错性方面做了大量的工作，提高了用户的工作效率。

7.2.1 系统概况

该系统自 1995 年投向市场以来，已完成了钢筋混凝土及预应力混凝土连续梁、刚构、连续拱、桁架梁、斜拉桥等多种桥梁的设计计算。在设计过程中充分展现了其程序实用性强、可操作性好、自动化程度较高等特点，对于提高桥梁设计能力起到了很好的作用。在设计应用过程中，通过实践校核及与其他软件的比较，桥梁博士进行了完善和扩充，性能更加稳定。

桥梁博士 V4.0 按照 JTG D60—2015《公路桥涵设计通用规范》和 JTG D62—2015《公路钢筋混凝土及预应力混凝土桥涵设计规范》进行了补充修改；在原有的基础上对程序的前处理和后处理部分做了大的改进；新增功能与桥梁工程设计实践密切结合，借助力学技术和计算机技术全力解决用户在桥梁工程设计过程中碰到的棘手的数据处理问题，使用户能够集中精力解决桥梁结构的合理性问题。

7.2.2 系统功能

1. 系统的基本功能

（1）直线桥梁　能够计算钢筋混凝土、预应力混凝土、组合梁及钢结构的各种结构体系的恒荷载与活荷载的各种线性与非线性结构响应。其中非线性包括内容如下：结构的几何非线性影响；结构混凝土的收缩徐变非线性影响；组合构件截面不同材料对收缩徐变的非线性影响；钢筋混凝土、预应力混凝土中普通钢筋对收缩徐变的非线性影响；结构在非线性温度场作用下的结构与截面的非线性影响；受轴力构件的压弯非线性和索构件的垂度引起的非线性影响；对于带索结构可根据用户要求计算各索的一次施工张拉力或考虑活荷载后估算拉索的面积和恒荷载的优化索力；活荷载的类型包括公路汽车、挂车、人群、特殊活荷载、特殊车列、铁路中—活载、高速列车和城市轻轨荷载。可以按照用户的要求对各种构件和预应力钢束进行承载能力极限状态和正常使用极限状态及施工阶段的配筋计算或应力和强度验算，并根据规范限值判断是否满足规范。

（2）斜、弯和异型桥梁　采用平面梁格系分析各种平面斜、弯和异型结构桥梁的恒荷载与活荷载的结构响应；考虑了任意方向的结构边界条件，自动进行影响面加载，并考虑了多车道线的活荷载布置情况，用于计算立交桥梁岔道口等处复杂的活荷载效应；最终可根据用户的要求，对结构进行配筋或各种验算。

（3）基础计算　进行整体基础的基底应力验算、基础沉降计算及基础稳定性验算；计算地面以下各深度处单桩允许承载力；计算刚性基础的变位及基础底面和侧面土应力；计算弹性基础（m法）的变形、内力，及基底和侧面土应力；对于多排桩基础可分析各桩的受力特征。

（4）截面计算

1）截面特征计算。可以计算任意截面的几何特征，并能同时考虑普通钢筋、预应力钢筋及不同材料对几何特征的影响。

2）荷载组合计算。对本系统定义的各种荷载效应进行承载能力极限状态荷载组合Ⅰ~Ⅲ和正常使用极限状态荷载组合Ⅰ~Ⅵ共9种组合的计算。

3）截面配筋计算。可以根据用户提供的混凝土截面描述和荷载描述进行承载能力极限状态荷载组合Ⅰ~Ⅲ和正常使用极限状态荷载组合Ⅰ~Ⅲ的荷载组合计算，并进行6种组合状态的普通钢筋或预应力钢筋的配筋计算。

4）应力验算。可根据用户提供的任意截面和截面荷载描述进行承载能力极限状态荷载组合Ⅰ~Ⅲ和正常使用极限状态荷载组合Ⅰ~Ⅵ共9种组合的计算，并进行9种组合的应力验算及承载能力极限强度验算；其中强度验算根据截面的受力状态按轴心受压、轴心受拉、上缘受拉偏心受压、下缘受拉偏心受压、上缘受拉偏心受拉、下缘受拉偏心受拉、上缘受拉受弯、下缘受拉受弯8种受力情况分别给出强度验算结果。

（5）横向分布系数计算　能运用杠杆法、刚性横梁法或刚接（铰接）板梁法计算主梁在各种活荷载作用下的横向分布系数。

（6）输入　采用标准界面人机交互进行，配有强大的数据编辑和自动生成工具，使原始数据的输入更加明了和方便；输入数据的过程中可同步以图形或文本查看输入数据的信息；新加了单元、截面、钢束与CAD的互导模块，使得输入更加方便；新增的引用参考线，大大简化了曲线钢束的输入；对原始数据采用三级检错以帮助用户确保原始数据的可靠性。

（7）输出　对计算结果的输出采用详尽的思想，通过分类整理，可以按照用户的要求一次或多次输出，便于用户分析中间数据结果或整理最终数据文档。输出的方式有图形、表格及可编辑的文本。配有专门的图形结果后处理系统，便于用户打印出图纸规格化的计算结果图形。用户可自定义输出报告格式模板，各种计算数据、效应图形按用户设定自动输出。

（8）打印与帮助系统　系统输出的各种结果都可以随时在各种Windows支撑的外围设备上打印输出，并提供打印预览功能，使用户在正式打印之前能够预览打印效果。系统提供了几百个条文的帮助，对桥梁博士系统的各种功能都有相应的帮助系统。桥梁博士系统的帮助系统与Windows帮助系统严格一致，使用十分方便。

2. 系统的特色功能

（1）材料库　材料库根据材料的类型、规范的定义做了相应的分类，并提供了比较全的材料数据。用户在此基础上可自定义各种规范的材料类型，建立用户材料库，方便后续项目的应用。材料在设计运用时可以根据材料库中相应部分内容的调整而变化，从而使内容更全面、使用更方便、更新、更便捷。

（2）自定义截面　用户可以自己定义一种几何图形以及描述该图形的几何参数，并在图形输入时使用，就如系统提供的一样。对于比较特殊的截面，一经构造，一劳永逸。用户可以交流使用自定义的截面信息，大大地提高了工作效率。

（3）自定义报告输出　新增加一种输出方式，通过指定的数据检索信息读取桥梁博士相对应的数据，能够指定到所有的桥梁博士原有输出内容。以表格的形式输出，可以对数据、格式、图形进行编排和二次加工。形成固定模式后，可反复使用，可以交换模板，快速地生成计算书

（4）与 AutoCAD 交互　一种新的数据输入输出方式，简洁的输入、节约数据处理时间是本功能的最大特点。可以把原始数据输出后直接引用，方便数据的交换和修改。

（5）调束工具　可以在调整钢束的同时，看到预应力混凝土结构由此产生的应力变化的过程。

（6）调索工具　可进一步缩短拉索施工张拉力的确定过程。与配套调束工具使用，完成斜拉桥的设计计算就不再令人感到棘手。

（7）脚本的输入输出　提供了一个方便、简单的输入输出方法。通过脚本可以高效率地修改原始数据，清晰全面地掌握所有的设计数据。通过脚本，可以方便地交流讨论，这是图形界面无法比拟的优点。

7.3　桥梁博士辅助设计实例

7.3.1　设计项目的相关设计资料

（1）主要技术指标表　主要技术指标表见表 7-1。

表 7-1　主要技术指标

公　路　等　级	高速公路
路基宽度/m	26（分离式路基）
汽车荷载等级	公路—Ⅰ级
行车道数	4
桥面宽度/m	13
标准跨径/m	30
计算跨径/m	29.2
主梁预制长度/m	29.96
单幅桥梁片数	4
梁间距/m	3.233
预制梁高/m	1.6
设计安全等级	一级
环境类别	Ⅰ类

（2）主要材料

1）混凝土。预制主梁、端横梁、跨中横隔板、中横梁、现浇接头、湿接缝、封锚、桥面现浇层混凝土均采用 C50；桥面铺装采用沥青混凝土。

2）普通钢筋。R235 钢筋直径主要采用 8mm、10mm 两种规格；HRB335 钢筋直径主要采用 12mm、16mm、20mm、22mm、25mm 五种规格。

3）预应力钢筋。预应力钢绞线采用抗拉强度标准值为 1860MPa、公称直径为 15.2mm 的低松弛高强度钢绞线，其力学性能指标应符合 GB/T 5224—2003《预应力混凝土用钢绞线》的规定。

4）其他材料。钢板应采用 GB 700—1998《碳素结构钢》规定的 Q235B 钢板。预制箱梁弯矩钢束采用 M15-5 圆形锚具及其配套的配件，预应力管道采用圆形金属波纹管；预应力管道根据情况也可选用塑料波纹管。采用板式橡胶支座，其材料和力学性能均应符合现行国家和行业标准的规定。

5）设计参数。混凝土，重度为 26.0kN/m^3，弹性模量为 $3.45×10^4$MPa。沥青混凝土，重度为 24.0kN/m^3。预应力钢筋，弹性模量为 $1.95×105$MPa，松弛率为 0.035，松弛系数为 0.3。锚具，锚具变形、钢筋回缩取 6mm（一端）。管道摩擦因数取 0.25。管道偏差系数取 0.0015。竖向梯度温度效应，考虑沥青铺装层和桥面现浇层对梯度温度的影响，按现行规范规定取值。年平均相对湿度取 55%。

（3）施工工艺　后张法制作主梁，预留预应力管道。

（4）设计计算依据　包括 JTG B01—2003《公路工程技术标准》、JTG D60—2004《公路桥涵设计通用规范》、JTG D62—2004《公路钢筋混凝土及预应力混凝土桥涵设计规范》、JTJ 041—2000《公路桥涵施工技术规范》、JTG D81—2006《公路交通安全设施设计技术规范》。

（5）典型横断面　如图 7-1 所示。

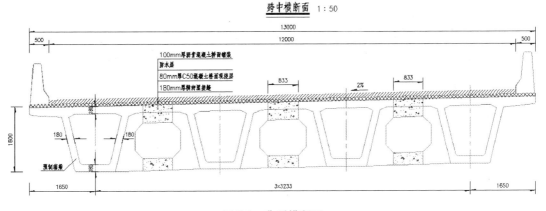

图 7-1　典型横断面

7.3.2　设计项目计算输入

1. 直线桥原始数据约定

1）单元位置由单元左右节点坐标唯一确定。单元左右节点的坐标为结构在总体坐标系内的坐标。所有矢量方向都从属于结构总体坐标系（与单元局部坐标系无关）。

2）钢束位置由钢束在自身局部坐标系内几何曲线的描述和钢束局部坐标系向结构总体坐标系的映射合成。映射的方法是输入钢束局部坐标系原点在总体坐标系中的坐标及坐标轴的夹角。

3）荷载的方向。对于平面杆系：水平力沿整体坐标的 x 方向向右为正；竖向力沿整体坐标的 y 方向向上为正；弯矩依右手螺旋法则，垂直于整体坐标系向外（向用户方向）为正。

2. 数据准备

1）单元划分。该桥单元划分如图 7-2 所示，共 32 个单元，33 个节点。其中 1 单元和 32 单元长度均为 0.3m，2 单元、3 单元、30 单元和 31 单元长度为 0.75m，4 单元、5 单元、28 单元和 29 单元长度为 0.9m，其余单元长度为 1m。整个结构建模长度为 29.2m，即为桥梁的计算跨径，而支点到两端距离可以忽略不计。从第 4 个截面向第 1 截面处箱梁底板和腹板加厚，从第 30 个截面向第 33 截面处箱梁底板和腹板加厚，故需要划分截面，而第 9 截面和第 24 截面基本是桥梁结构的关心截面，1/4 截面和 3/4 截面，跨中截面为第 17 截面，也是桥梁结构的关心截面，第 1 截面和第 33 截面是支撑截面。

| 1 | 2 | 3 | 4 | 5 | 6 | 7 | 8 | 9 | 10 | 11 | 12 | 13 | 14 | 15 | 16 | 17 | 18 | 19 | 20 | 21 | 22 | 23 | 24 | 25 | 26 | 27 | 28 | 29 | 30 | 31 | 32 | 33 |

图 7-2　单元划分

2）施工分析。该桥梁采用后张法预制主梁，最后架设于桥墩上的简支施工方法。

3. 项目的建立

1）用户通过"文件"下拉式菜单，选择"新建项目组"或"打开项目组"，如图 7-3 所示。

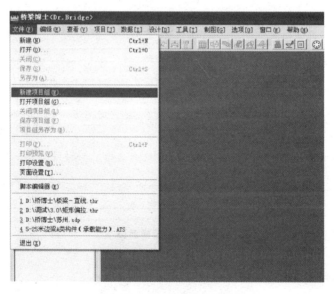

图 7-3　"文件"下拉式菜单

2）通过"项目"下拉式菜单选择"创建项目"，或者在项目组管理窗口，通过单击右键菜单的"创建项目"命令，如图 7-4 所示，此时弹出图 7-5 所示的"创建项目"对话框。

3）输入项目名称，单击"浏览"按钮选择存储路径，在下拉条中选择项目类型。创建项目后，程序出现了图 7-6 所示的界面。现在可以根据事先的准备，输入数据了。

4. 输入总体信息

如图 7-6 所示，在打开数据文档后系统将自动进入"总体信息输入"窗口，用户可通过

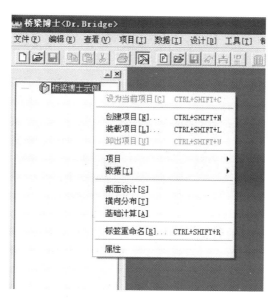

图 7-4 "项目"下拉式菜单

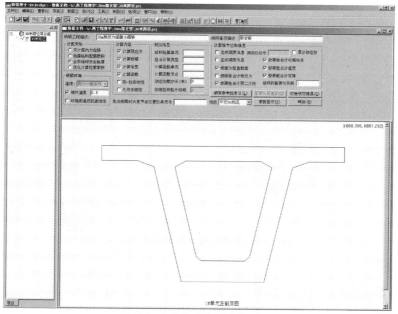

图 7-5 "创建项目"对话框

图 7-6 "总体信息输入"窗口

右键菜单，或"数据"下拉菜单，切换输入窗口。

此窗口的最左侧是项目管理目录树。输入窗口的下部是图形显示窗口，可以用右键菜单切换显示信息，判断输入数据的准确性，快速了解结构特征。

（1）基本信息

1）桥梁工程描述。30m预应力混凝土箱梁。

2）结构备忘描述。简支梁。在此输入备注性质的文字，来描述本项目的特点，以便于日后查看。

3）计算类别。全桥结构安全验算。

4）桥梁环境。选择桥梁所处的地理环境；设置湿度，一般为0.8；根据工程情况确定是否勾选"环境有强烈腐蚀性"。

5）计算内容。选中"计算预应力""计算收缩""计算徐变""计算活载"复选按钮。

6）附加信息。结构验算单元，不填默认为全部单元。组合计算类型，不填默认为全部组合，包括用户自定义组合。计算活载单元、计算活载节点：不填则默认为全部单元。活载加载步长：填0时系统默认为1/50的跨径。

7）形成刚臂时决定节点位置的单元号。不填。

8）计算细节控制。选中"桥面为竖直截面"复选按钮，将使桥面单元的左右截面为竖直截面。极限组合计预应力、极限组合计二次矩、极限组合计温度和极限组合计沉降在按《公桥规》2004版进行计算的时候被激活。结构重要性系数设置为1。

9）规范。中交04规范。

（2）估算配筋信息　当工程计算类别为"估算结构配筋面积"时，选中"估算配筋信息"单选按钮被激活，单击后出现图7-7所示"截面配筋一般信息"对话框。程序会按照用户输入的配筋信息，根据构件类别，估算普通钢筋或预应力钢束筋在距离边缘0.1h处的面积。

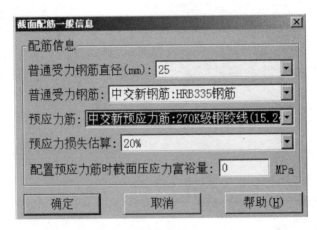

图7-7　"截面配筋一般信息"对话框

5. 输入单元信息

用户可以使用右键菜单或"数据"下拉式菜单，切换到单元输入窗口，如图7-8所示。

（1）单元的基本信息　节点号和顶缘坐标：用户可以手动逐个输入单元的左右节点号、左右节点坐标。

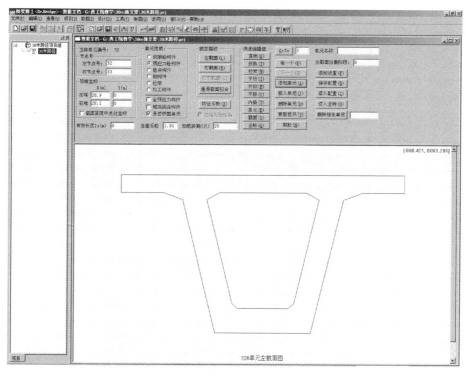

图 7-8　数据文档窗口—单元信息

（2）单元的性质

1）预应力混凝土。截面由混凝土、普通钢筋和预应力钢筋组成。按全断面计算其应力，按开裂截面验算其极限强度。

2）全预应力构件。预应力混凝土单元验算是否一定要按全预应力构件验算。如果是，则验算时截面不准出现拉应力；如果否，则先按全预应力验算，不满足则按 A 类构件验算，仍不满足则按 B 类构件验算。

3）是否桥面单元。程序据此确定活荷载作用在哪些单元上。

4）自重系数。设为 1.04。系统默认的材料重度：混凝土 $25kN/m^3$，钢材 $78.5kN/m^3$。

5）加载龄期。系统默认值为 28。

6）单元特征系数。单元的刚度、收缩徐变、温变等特征的修正系数，默认为 1，如图 7-9 所示。

7）添加设置。设置每次添加新单元时遵循的规律。

8）截面描述。单击左截面或右截面，弹出"截面特征描述"对话框，如图 7-10 所示，此对话框同时出现在快速编辑器的各项功能中。重新设定与大气接触的周边长度，填 0 则由程序根据截面形状自动计算。材料类型在下拉框中选中交新混凝土：C50 混凝土。顶缘有效宽度、底缘有效宽度，若填 0 则表示该截面都是有效截面。单击"截面钢筋"按钮设置截面上配置的普通钢筋信息。在截面几何描述中，单击"图形输入"按钮选择常用的或用户自定义的图形，输入其参数。1 号节点和 33 号节点的几何参数如图 7-11 所示，2 号节点和 32 号节点的几何参数如图 7-12 所示，3 号节点和 31 号节点的几何参数如图 7-13 所示，其余节点的几何参数如图 7-14 所示。

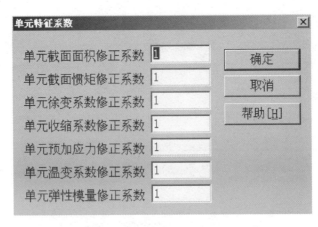

图 7-9 "单元特征系数" 对话框

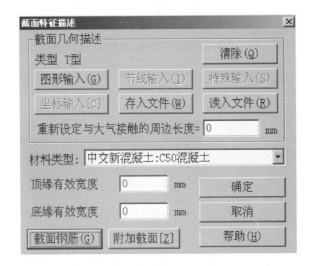

图 7-10 "截面特征描述" 对话框

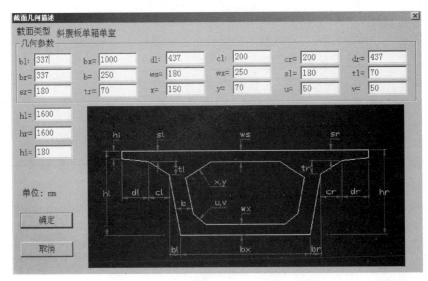

图 7-11 1号节点和33号节点的几何参数

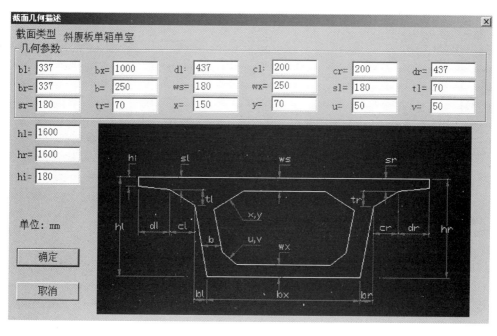

图 7-12　2 号节点和 32 号节点的几何参数

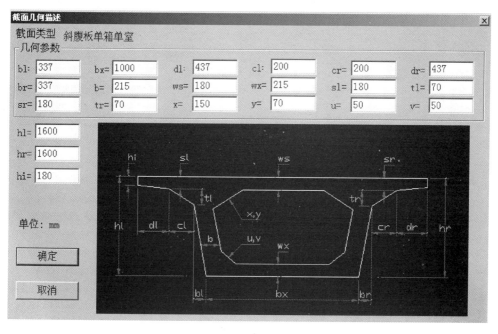

图 7-13　3 号节点和 31 号节点的几何参数

6. 输入钢束信息

用户可以使用右键菜单或"数据"下拉式菜单，切换到钢束输入窗口，如图 7-15 所示。

（1）数据准备　对结构中的所有预应力钢束进行编号，共有 4 个编号。

（2）基本信息

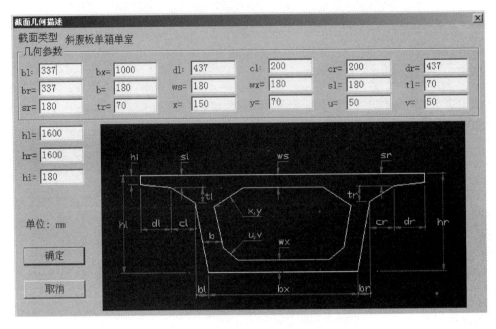

图 7-14　其余节点的几何参数

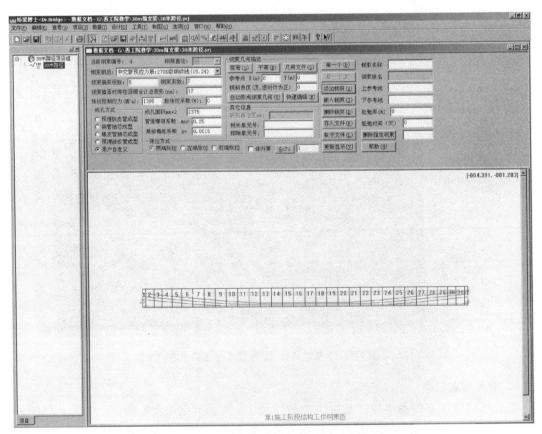

图 7-15　数据文档窗口—钢束信息

1）钢束钢质。在下拉框中选中交新预应力筋：270K级钢绞线（15.24）。

2）钢束编束根数。设置为5。

3）钢束束数。设置为2。

4）钢束锚固时弹性回缩合计总变形（指所有张拉端回缩合计值）。设置为12mm。

5）张拉控制应力（指钢束在张拉端锚固时的有效预应力，应扣除锚口损失）。设置为1395MPa。

6）超张拉系数（指钢束超张拉应力与张拉控制应力的比值）。如果此值设置为0，该号钢束不超张拉。

7）成孔方式。有五种，本例设置为预埋波纹管成型。

8）成孔面积（指钢束预留孔道的面积）。设置为2375mm^2。

9）张拉方式。有三种，本例设置为两端张拉。

10）松弛率。设置为0时，程序按低松弛计算。

11）松弛时间。设置为0时，程序按相关规范规定的松弛曲线取值，计算不同时间的松弛率。

12）钢束名称。作为备注使用，用以区别钢束。

13）上、下参考线。对于不使用参考线的钢束，可以不设置。

（3）钢束几何描述

1）竖弯功能。单击"竖弯按钮"，弹出"钢束竖弯几何参数输入"对话框，如图7-16所示。

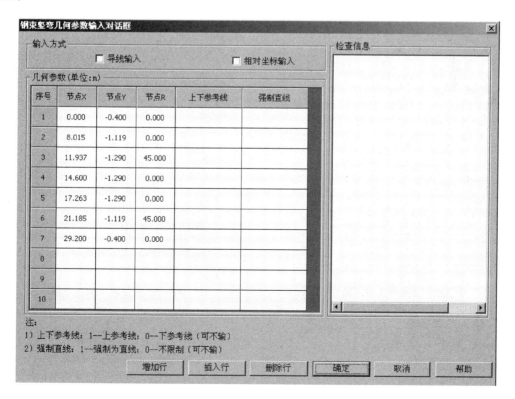

图7-16 "钢束竖弯几何参数输入"对话框

2）竖弯输入。在"输入方式"选项组中选择"导线输入"复选按钮，用户应逐行填入各导线点的（x，y）坐标，以及此点处的钢束转折半径。几何参数根据用户所选的输入方式，填入适当的节点坐标和对应的半径。用户在这里使用参考线的概念，使所输入的 y 坐标为相对于参考线的坐标。1 号钢束输入数据如图 7-17 所示，2 号钢束输入数据如图 7-18 所示，3 号钢束输入数据如图 7-19 所示，4 号钢束输入数据如图 7-20 所示。

几何参数（单位：m）

序号	节点X	节点Y	节点R
1	0.000	-0.400	0.000
2	8.015	-1.119	0.000
3	11.937	-1.290	45.000
4	14.600	-1.290	0.000
5	17.263	-1.290	0.000
6	21.185	-1.119	45.000
7	29.200	-0.400	0.000

图 7-17　1 号钢束输入数据

几何参数（单位：m）

序号	节点X	节点Y	节点R
1	0.000	-0.650	0.000
2	6.415	-1.229	0.000
3	10.337	-1.400	45.000
4	14.600	-1.400	0.000
5	18.863	-1.400	0.000
6	22.785	-1.229	45.000
7	29.200	-0.650	0.000

图 7-18　2 号钢束输入数据

几何参数（单位：m）

序号	节点X	节点Y	节点R
1	0.000	-0.900	0.000
2	4.815	-1.339	0.000
3	8.737	-1.510	45.000
4	20.463	-1.510	0.000
5	24.385	-1.339	45.000
6	29.200	-0.900	0.000

图 7-19　3 号钢束输入数据

几何参数（单位：m）

序号	节点X	节点Y	节点R
1	0.000	-1.475	0.000
2	0.866	-1.501	0.000
3	1.599	-1.510	30.000
4	14.600	-1.510	0.000
5	27.601	-1.510	0.000
6	28.334	-1.501	30.000
7	29.200	-1.475	0.000

图 7-20　4 号钢束输入数据

7. 输入施工信息

使用"数据"菜单中的"输入施工阶段信息"命令或右键菜单来切换到"数据文档—施工阶段信息输入"窗口，如图 7-21 所示。

（1）基本信息

1）单元施工描述。设置安装杆件号为 1-32。

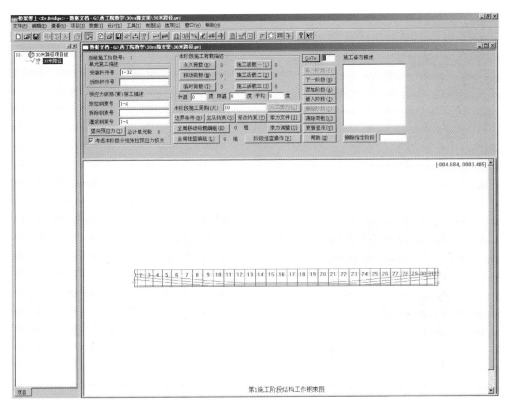

图 7-21 "数据文档—施工信息"窗口

2）预应力钢束施工描述。设置张拉钢束号为 1-4；灌浆钢束号为 1-4。

3）考虑本阶段分批张拉预应力损失，选择此复选按钮。

（2）施工荷载

1）永久荷载。永久荷载是永久性作用于结构上的荷载，如结构横梁重量、二期铺装等。单击图 7-21 中的"永久荷载（E）"按钮，弹出图 7-22 所示对话框，本例的第一施工阶段无荷载，第二施工阶段有永久荷载，如图 7-22 所示。

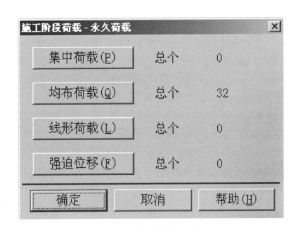

图 7-22 "永久荷载"对话框

2）均布荷载。单击图 7-22 中的"均布荷载（Q）"按钮，弹出图 7-23 所示对话框，作用杆号为 1-32。

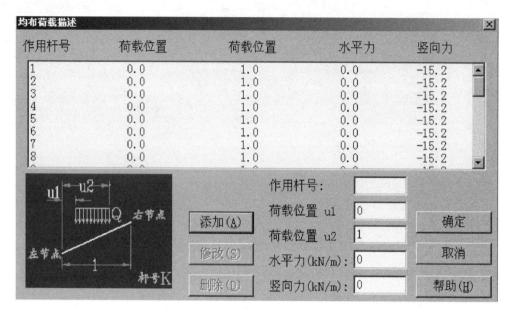

图 7-23 "均布荷载描述"对话框

（3）边界条件 设置结构的外部约束信息，边界条件决定着具有约束的节点的位移。单击图 7-21 中的"边界条件（B）"按钮，系统将打开图 7-24 所示对话框。

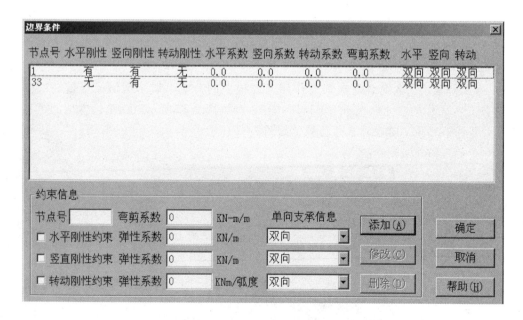

图 7-24 "边界条件"对话框

8. 输入使用阶段信息

在使用阶段输入结构在施工结束后有效使用期内可能承受的各种外荷载信息，使用阶段的计算结构模型采用最后一个施工阶段的计算模型。

（1）功能 可以选择"数据"菜单下的"输入使用阶段信息"命令，或在数据输入区通过右键菜单切换到"数据文档—使用阶段信息"窗口，如图7-25所示。

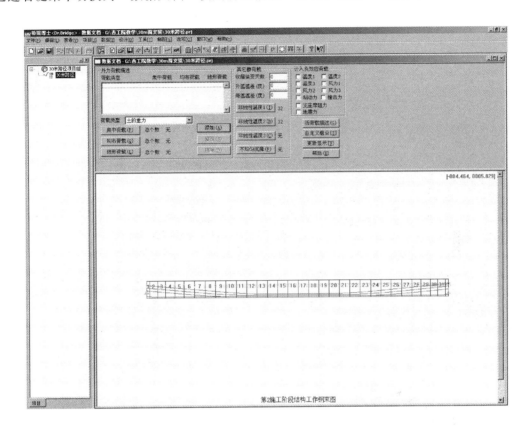

图 7-25 "数据文档—使用阶段信息"窗口

（2）特点 对于结构的配筋计算，系统在计算结构效应时忽略用户输入的各种预应力钢束信息，在使用阶段根据组合的内力按照相应的配筋原则计算出截面在各种最不利荷载作用下的配筋面积；对于结构验算，则根据用户的要求进行各种最不利组合的各种强度、应力和抗裂性全面的验算。

（3）活荷载 结构在使用阶段承受的活荷载描述。单击图7-25中"活荷载描述（G）"按钮，系统将打开图7-26所示对话框，按图示内容设置。

非线性荷载（如温度荷载）描述可以根据桥梁规范计算，如图7-27所示。

9. 输入数据诊断和执行项目计算

在数据输入完毕后，可以利用系统提供的数据诊断功能，帮助用户检查出几百种数据逻辑错误，从而为数据检查提供了极大的方便。单击"项目"→"数据诊断"，弹出图7-28所示窗口，随时报告数据诊断结果。或者在每次执行项目计算时，程序也会自动调用数据诊断功能。

程序诊断后，有两种信息提示：警告和错误，分别用蓝色或红色显示。发现错误信息后，必须经过修改方能执行项目计算。如果经检查数据没有错误，则可以选择"项目"下

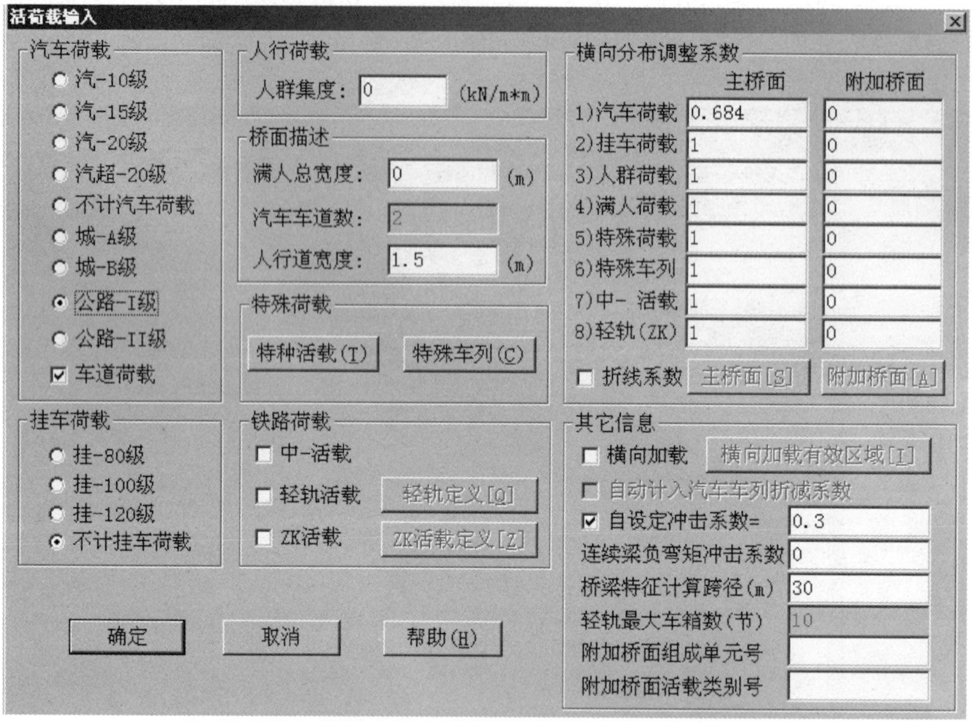

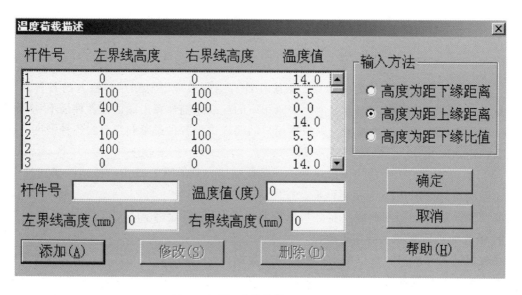

图 7-26 "活荷载输入"对话框

图 7-27 "温度荷载描述"对话框

拉式菜单下的"执行项目计算"或"重新执行项目计算"命令进行项目计算。计算结束后查看计算结果，如图 7-29 所示。

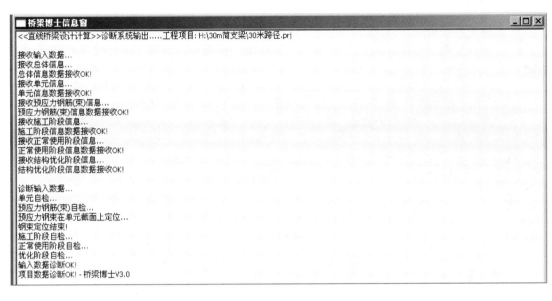

图 7-28　数据诊断结果信息

图 7-29　执行项目计算结果信息

7.3.3 直线桥梁设计计算输出

1. 总体信息输出

（1）打开界面 使用"数据"→"输出总体信息"命令，打开图 7-30～图 7-32 所示的输出窗口。

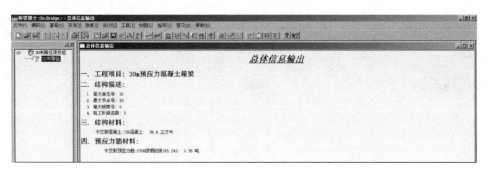

图 7-30 "总体信息输出"窗口

总体信息输出

单元特征

单元号	左节点号	右节点号	单元类型	安装阶段	拆除阶段	左节点X	左节点Y	右节点X	右节点Y
1	1	2	预应力	1	不拆除	0.000	0.000	0.300	0.000
2	2	3	预应力	1	不拆除	0.300	0.000	1.050	0.000
3	3	4	预应力	1	不拆除	1.050	0.000	1.800	0.000
4	4	5	预应力	1	不拆除	1.800	0.000	2.700	0.000
5	5	6	预应力	1	不拆除	2.700	0.000	3.600	0.000
6	6	7	预应力	1	不拆除	3.600	0.000	4.800	0.000
7	7	8	预应力	1	不拆除	4.800	0.000	5.800	0.000
8	8	9	预应力	1	不拆除	5.800	0.000	6.800	0.000
9	9	10	预应力	1	不拆除	6.800	0.000	7.800	0.000
10	10	11	预应力	1	不拆除	7.800	0.000	8.800	0.000
11	11	12	预应力	1	不拆除	8.800	0.000	9.800	0.000
12	12	13	预应力	1	不拆除	9.800	0.000	10.800	0.000
13	13	14	预应力	1	不拆除	10.800	0.000	11.800	0.000
14	14	15	预应力	1	不拆除	11.800	0.000	12.800	0.000
15	15	16	预应力	1	不拆除	12.800	0.000	13.800	0.000
16	16	17	预应力	1	不拆除	13.800	0.000	14.800	0.000
17	17	18	预应力	1	不拆除	14.800	0.000	15.800	0.000
18	18	19	预应力	1	不拆除	15.800	0.000	16.800	0.000
19	19	20	预应力	1	不拆除	16.800	0.000	17.800	0.000
20	20	21	预应力	1	不拆除	17.800	0.000	18.800	0.000
21	21	22	预应力	1	不拆除	18.800	0.000	19.800	0.000
22	22	23	预应力	1	不拆除	19.800	0.000	20.800	0.000
23	23	24	预应力	1	不拆除	20.800	0.000	21.800	0.000
24	24	25	预应力	1	不拆除	21.800	0.000	22.800	0.000
25	25	26	预应力	1	不拆除	22.800	0.000	23.800	0.000
26	26	27	预应力	1	不拆除	23.800	0.000	24.800	0.000
27	27	28	预应力	1	不拆除	24.800	0.000	25.800	0.000
28	28	29	预应力	1	不拆除	25.800	0.000	26.500	0.000
29	29	30	预应力	1	不拆除	26.500	0.000	27.400	0.000
30	30	31	预应力	1	不拆除	27.400	0.000	28.150	0.000
31	31	32	预应力	1	不拆除	28.150	0.000	28.900	0.000
32	32	33	预应力	1	不拆除	28.900	0.000	29.200	0.000

图 7-31 "总体信息输出"窗口—单元特征

（2）输出方法 总体信息输出主要是结构的一般信息汇总，可使用右键菜单

✓ 结构一般信息
单元原始信息
单元数量信息

切换不同内容的输出。

总体信息输出

单元数量列表(单位: KN, m)

单元号	左梁高	左面积	左单位重	右梁高	右面积	右单位重	单元重量
1	1.6	1.41	36.6	1.6	1.41	36.6	11.0
2	1.6	1.41	36.6	1.6	1.3	33.8	26.4
3	1.6	1.3	33.8	1.6	1.19	31.0	24.3
4	1.6	1.19	31.0	1.6	1.19	31.0	27.9
5	1.6	1.19	31.0	1.6	1.19	31.0	27.9
6	1.6	1.19	31.0	1.6	1.19	31.0	31.0
7	1.6	1.19	31.0	1.6	1.19	31.0	31.0
8	1.6	1.19	31.0	1.6	1.19	31.0	31.0
9	1.6	1.19	31.0	1.6	1.19	31.0	31.0
10	1.6	1.19	31.0	1.6	1.19	31.0	31.0
11	1.6	1.19	31.0	1.6	1.19	31.0	31.0
12	1.6	1.19	31.0	1.6	1.19	31.0	31.0
13	1.6	1.19	31.0	1.6	1.19	31.0	31.0
14	1.6	1.19	31.0	1.6	1.19	31.0	31.0
15	1.6	1.19	31.0	1.6	1.19	31.0	31.0
16	1.6	1.19	31.0	1.6	1.19	31.0	31.0
17	1.6	1.19	31.0	1.6	1.19	31.0	31.0
18	1.6	1.19	31.0	1.6	1.19	31.0	31.0
19	1.6	1.19	31.0	1.6	1.19	31.0	31.0
20	1.6	1.19	31.0	1.6	1.19	31.0	31.0
21	1.6	1.19	31.0	1.6	1.19	31.0	31.0
22	1.6	1.19	31.0	1.6	1.19	31.0	31.0
23	1.6	1.19	31.0	1.6	1.19	31.0	31.0
24	1.6	1.19	31.0	1.6	1.19	31.0	31.0
25	1.6	1.19	31.0	1.6	1.19	31.0	31.0
26	1.6	1.19	31.0	1.6	1.19	31.0	31.0
27	1.6	1.19	31.0	1.6	1.19	31.0	31.0
28	1.6	1.19	31.0	1.6	1.19	31.0	27.9
29	1.6	1.19	31.0	1.6	1.19	31.0	27.9
30	1.6	1.19	31.0	1.6	1.3	33.8	24.3
31	1.6	1.3	33.8	1.6	1.41	36.6	26.4
32	1.6	1.41	36.6	1.6	1.41	36.6	11.0

图 7-32 "总体信息输出"窗口—单元数量

（3）输出内容 内容包括结构的最大单元号、节点号、钢束号、施工阶段号，结构耗用材料合计汇总，单元的基本特征列表（左右节点号、左右节点坐标、单元类型、安装与拆除阶段），单元的数量列表（左右梁高、面积、单位重和单元重量，单元的重量信息已经计入单元自重的提高系数）。

2. 单元信息输出

（1）打开界面 使用"数据"→"输出单元信息"命令，打开图 7-33~图 7-40 所示的输出窗口。

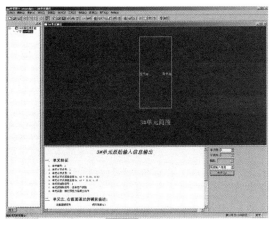

图 7-33 单元的几何外形输出

图 7-34 单元的总内力和位移输出

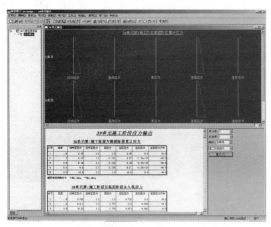

图 7-35 单元的施工阶段应力输出

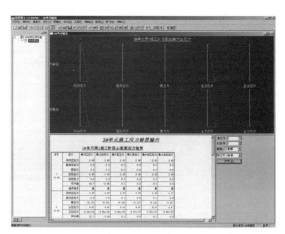

图 7-36 单元的施工阶段应力验算输出

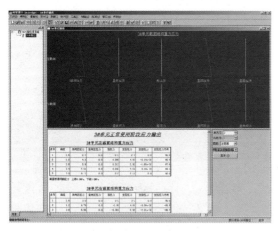

图 7-37 单元使用阶段荷载应力

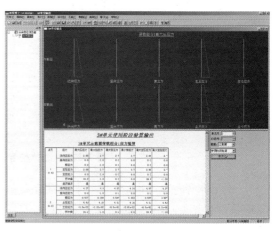

图 7-38 单元使用阶段应力验算

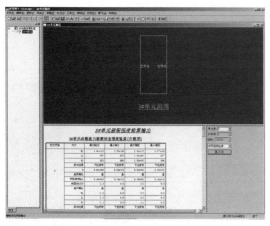

图 7-39 单元的极限强度验算

图 7-40 单元使用阶段配筋面积

（2）输出内容　在单元号一栏中选择或输入要输出信息的单元号，在阶段号一栏中选择或输入阶段号，选择需要输出的内容，可以是原始输入信息、阶段效应、施工阶段应力、施工阶段应力验算、使用阶段应力、使用阶段应力验算、总内力和总位移、极限强度验算等，如果是应力输出，尚应指定截面索引，即主附截面。然后单击"显示"按钮，则可以输出相应的信息。

针对 JTG D60—2004 关于荷载组合的处理如下：（具体内容可查看使用手册中公路04规范中的相关部分）

1）承载能力极限状态组合。组合Ⅰ：基本组合，按规范第4.1.6条规定；组合Ⅳ：撞击组合，按规范第4.1.6条规定；组合Ⅵ：地震组合；其余组合不用。

2）正常使用极限状态内力组合。组合Ⅰ：长期效应组合，按规范第4.1.7条规定；组合Ⅱ：短期效应组合，按规范第4.1.7条规定；组合Ⅴ：施工组合；其余组合不用。

3）应力组合。组合Ⅰ：长期效应组合，按规范第4.1.7条规定；组合Ⅱ：短期效应组合，按规范第4.1.7条规定；组合Ⅲ：标准组合，所有应力组合时各种荷载的分项组合系数都为1.0，参与组合的荷载类型为规范第4.1.7条中短期效应组合中规定的所有荷载类型；组合Ⅳ：撞击组合；组合Ⅴ：施工组合；组合Ⅵ：不用。

3. 钢束信息输出

（1）打开界面 使用"数据"菜单下的"输出钢束信息"命令，打开图7-41～图7-47所示的输出窗口。

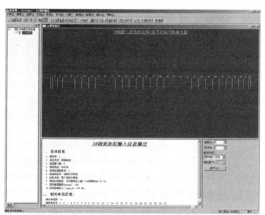

图 7-41 钢束信息输出

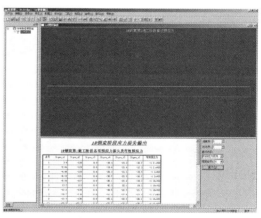

图 7-42 钢束预应力损失输出

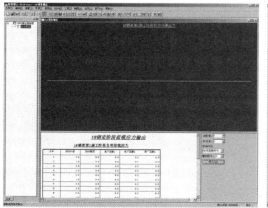

图 7-43 钢束阶段荷载应力输出

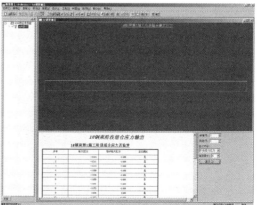

图 7-44 钢束阶段组合应力输出

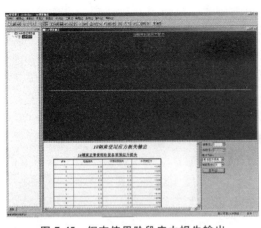

图 7-45 钢束使用阶段应力损失输出

图 7-46 钢束使用荷载应力输出

（2）输出内容 在钢束号框内选择或输入要输出信息的钢束号，在阶段号框内选择或输入要输出的阶段号，在显示内容中选择内容单项，可以是原始输入信息、阶段应力损失、阶段荷载应力、阶段组合应力、使用应力损失、使用荷载应力以及使用应力组合验算。然后单击"显示"按钮，则可以输出相应的信息。钢束组合应力应查看组合Ⅲ：标准组合。

4. 施工阶段信息输出

（1）打开界面 使用"数据"→"输出施工信息"命令，打开图7-48~图7-54所示的输出窗口。

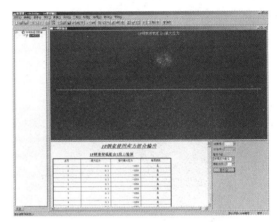

图 7-47 钢束使用应力组合输出

（2）输出内容 在阶段号框内选择或输入要输出信息的阶段号，在显示内容栏中选择需要输出的内容，可以是原始输入信息、永久荷载效应、临时荷载效应、预应力效应、收缩

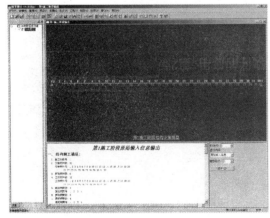

图 7-48 施工阶段原始信息输出

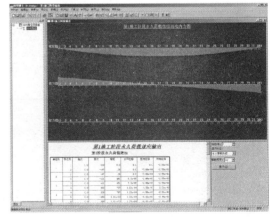

图 7-49 施工阶段永久荷载内力图

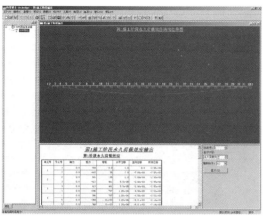

图 7-50　施工阶段永久荷载位移图

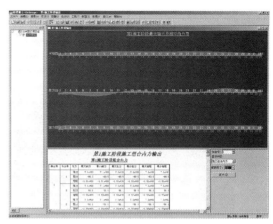

图 7-51　施工阶段组合内力输出图

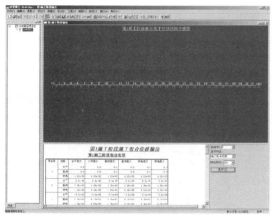

图 7-52　施工阶段组合位移输出图

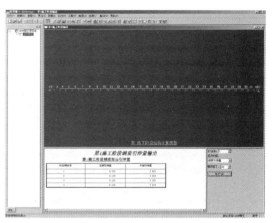

图 7-53　钢束张拉引伸量列表

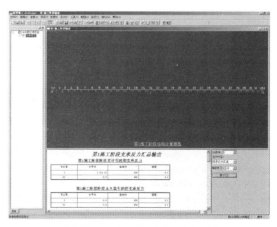

图 7-54　施工阶段支承反力汇总

效应、徐变效应、均匀升温效应、均匀降温效应、施工活载 1 效应、施工活载 2 效应、施工活载 3 效应、施工组合内力、施工组合位移、累计效应、钢束引伸量、支承反力汇总，在缩放因子栏中选择输出图形的缩放比例，然后单击"显示"按钮，则可以输出相应的信息。

5. 使用阶段信息输出

（1）打开界面　使用"数据"→"输出使用阶段信息"命令，打开图 7-55～图 7-64 所示的输出窗口。

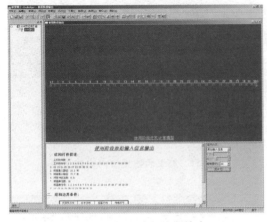

图 7-55　使用阶段信息输出

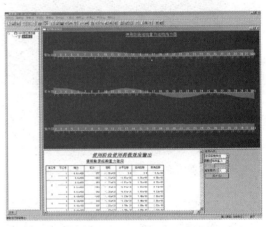

图 7-56　结构重力内力输出

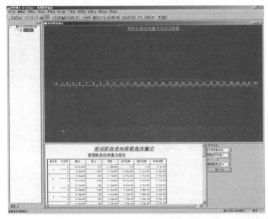

图 7-57　结构重力位移输出

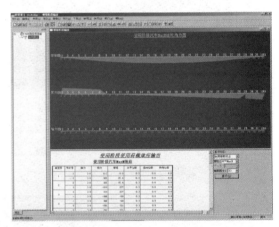

图 7-58　汽车最大弯矩输出

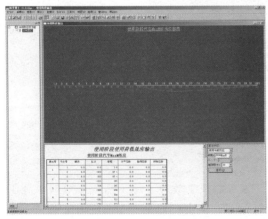

图 7-59　汽车最大弯矩结构位移图

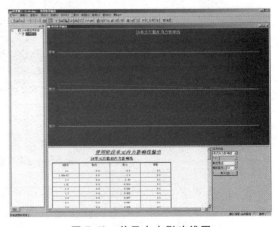

图 7-60　单元内力影响线图

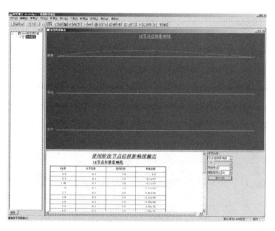

图 7-61 节点位移影响线图

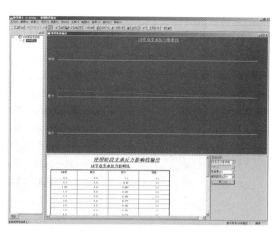

图 7-62 支座反力影响线图

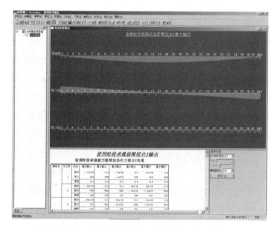

图 7-63 承载能力极限荷载组合内力图

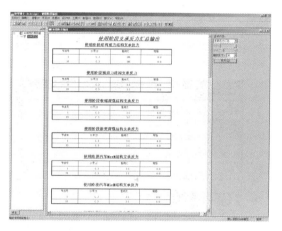

图 7-64 使用阶段支承反力汇总

（2）输出窗口的具体使用方法 在显示内容中选择需要输出的内容，可以是原始输入信息、使用荷载单项效应、单元内力影响线、节点位移影响线、支承反力影响线、承载内力极限状态组合Ⅰ～Ⅵ、正常使用内力组合Ⅰ～Ⅵ、使用位移组合Ⅰ～Ⅵ或自定义组合Ⅰ～Ⅲ、支承反力汇总及配筋计算时的结构配筋面积。

6. 输出文本数据结果

打开界面，单击"数据"→"输出文本结果"命令，则系统打开图 7-65 所示的对话框，在此设定要输出的内容。输出结果使用文本编辑器进行整理，如图 7-66 所示。

7. 输出图形数据结果

直线桥梁设计计算的结构效应值，除了可以用文本或表格形式输出外，还可以使用系统开发的图形编辑器输出精美的图纸格式的结构效应图，使用图形菜单中的图形编辑器命令可以打开它，如图 7-67 所示。能够输出的图形包括结构的几何外形、计算模型、各种内力图、内力包络图、位移图、位移包络图、应力图、应力包络图、强度图、裂缝宽度图、索力图等，在生成的图形中还可进行号码或效应值的标注。

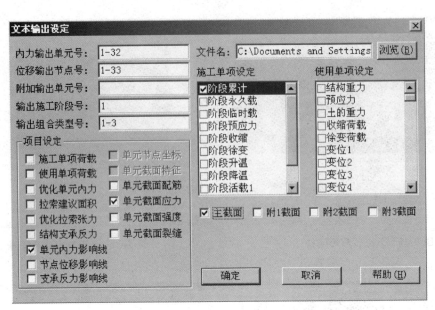

图 7-65 "文本输出设定"对话框

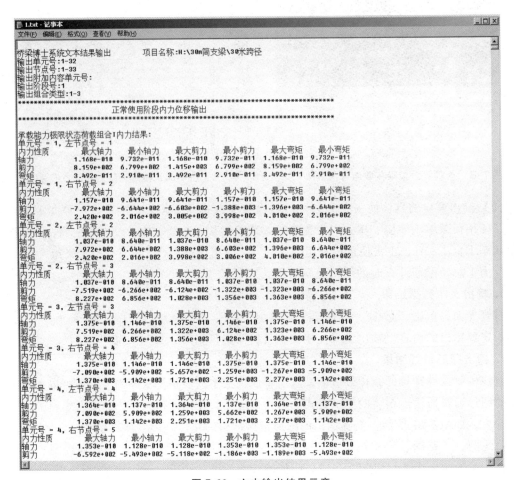

图 7-66 文本输出结果示意

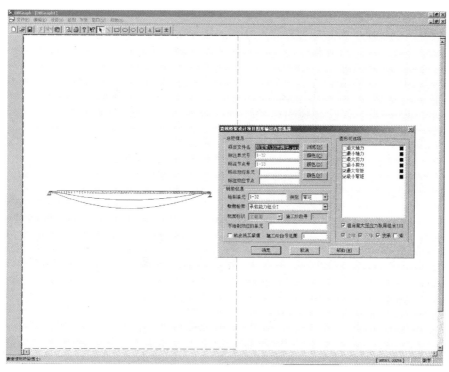

图 7-67 图形输出对话框

7.4 其他桥梁工程计算机辅助设计软件简介

7.4.1 公路桥梁结构设计系统 GQJS

1. 公路桥梁结构设计系统 GQJS 简介

公路桥梁结构设计系统（GQJS）于 1998 年 8 月正式推出 Windows 版，该版本称为 GQJS 4.0。其前身是由交通部组织行业专家联合开发的桥梁综合程序 GQZJ。GQZJ 程序 1978 年投入使用，1980 年通过交通部公路总局的技术鉴定。该系统在公路系统推广应用二十多年来，历经许多桥梁界计算机专家的修改完善，在工程上得到广泛的使用与验证。在转为 Windows 版时定名为桥梁结构设计系统 GQJS。新的系统不仅仅是单纯进行结构分析，还包括动态可视化的数据前处理界面、数据图形检验、结果图形浏览和检索、预拱度设置、施工图绘制等一系列设计功能。它改变了过去桥梁结构计算只能以文本文件操作方式进行的老模式，并对桥梁综合程序输入数据结构做了改造，特别改变了单元坐标和预应力信息数据表达方式，使数据结构大为简化。软件操作改为仿 Office 软件界面的全新操作方式，输入数据、结构计算、察看计算结果集成于同一界面系统之中。

2. 系统基本功能

该系统适用于任意可作为平面杆系处理的桥梁结构体系，如简支梁、简支变连续梁、连续梁、连续刚构、连续拱、桁架结构、T 形刚构、斜拉桥及框架结构等。桥梁材料可以是预应力混凝土、钢筋混凝土、混凝土、钢、砖石及上述各种材料的组合。结构的不同构件可采用不同的材料类型。结构体系可分阶段形成，各阶段可具有不同的静力图式。系统能对大跨径桥梁目前常用的各种施工工艺，如悬臂施工、顶推法施工、临时支架组装等结构体系，进行施工阶段和使用阶段综合分析。系统采用了两端带刚臂的偏心梁单元，因而考虑了多根杆件交汇于一个节点的节点刚域效应。

该系统施工阶段计算荷载作用包括体系调整（包括脱离工作的杆件恢复工作、顶推施工过程中支座的撤换）、张拉预应力钢筋、拆除临时预应力钢筋、结构自重、集中荷载作用、分布力作用、支座沉降作用、拆除杆件元荷载作用、单向受力杆脱离工作荷载作用、混凝土收缩徐变引起的二次内力作用、混凝土收缩徐变引起的预应力损失作用等。

该系统使用阶段计算荷载作用包括集中荷载作用、分布荷载作用、支座沉降及温度作用（包括支座滑动产生的摩阻力荷载作用）等各种静荷载作用，汽车活荷载作用：汽-15；汽-20；汽超-20、任意汽车车列、挂车荷载：挂-80；挂-100；挂-120、特殊车辆荷载、满桥人群荷载、步道人群荷载等各种设计活荷载。此外还增加了公路Ⅰ级车道荷载（JTG D60—2004）、城市桥梁汽车荷载（A级、B级）、铁路设计活荷载（中—活载特种活载和中—活载普通活载）。

该系统的计算内容包括阶段内力、累计内力、截面沿高度的正应力、剪应力、主应力及其方向、张拉锚固后的预应力钢筋应力，预应力钢筋张拉伸长量，各受力阶段与预应力钢筋永存应力，沿截面高度非线性温度场的截面自应力，使用阶段各种荷载作用下的截面内力、位移、应力及其最不利组合。输出内容全部为中文，便于阅读和理解，用户可以根据需要绘制各施工阶段静力计算图示、挠度图及应力包络图等。

该系统已经在众多工程设计项目及旧桥检测加固项目中得到广泛应用，使用效果良好，得到了广大用户的认可。

该系统的交互界面中文件浏览、数据表格、功能按钮都配了大量动态图画，填数据时图形生动形象、直观易用。输入数据按桥梁结构部件和荷载工况分类，该系统交互界面中内容丰富的帮助信息便于各层次用户查阅，其中包括系统功能、使用方法、各部分输入信息的详细说明等。

该系统提供了绘图模块，使设计者在计算完成之后，只要补充少量与绘图相关的信量，绘图模块就可以根据计算数据绘制结构构造图，预应力钢筋平面、纵断面布置图，预应力钢筋断面布置图，预应力钢筋几何参数表及大样图等。这些图不需做太大的改动即可插到设计者的施工设计图中，由此可大大提高预应力混凝土桥梁设计效率。

7.4.2　SAP 2000 中文版介绍

SAP 2000 是由美国 Computers and Structures Inc.（CSI）公司开发研制的通用结构分析与设计软件。SAP 2000 已有近四十年的发展历史，是美国乃至全球公认的结构分析计算程序，在世界范围内广泛应用。桥梁设计人员可以使用 SAP 2000 桥梁模板来生成桥梁的结构模型，自动进行桥梁活载分析与设计、桥梁的基础隔震分析、桥梁的施工顺序分析，斜拉桥和悬索桥的大变形分析，以及 Pushover 分析。

1. 集成化的环境

SAP 2000 提供给工程师的是一个集成化的视图环境，这个视图环境可以设置所要展现的视图数目及布局，可以在任意一个视图窗口中进行所需要的任何操作。任意窗口都可以显示结构模型的平、立面图和三维空间图，平、立面图可以方便快捷地切换，三维视图可以选择任意的观察角度，所有视图窗口中都有显示视图之间相互关系的信息。结构模型可以按用户需求进行特效显示，包括填充图、拉伸图或对象收缩图等。除此以外，SAP 2000具有丰富的模型颜色显示选择和结果输出，用户可以选择结构模型按何种属性进行颜色显示，在这些显示选项和输出选项的帮助下，用户可以对结构的对象形式、材料分布、截面形式分布、钢构件的应力比或混凝土构件的配筋率进行全面、直接的了解。

SAP 2000是一个集成化的工作环境，用户可以在同一个界面中完成建模、分析和设计，可以通过不同的视图窗口同时显示结构的模型信息、分析结果和设计结果，可以在不同显示含义的视图中直接进行与该显示状态相关的操作。例如，在模型信息中查看修改模型信息，在分析结果显示视图中选择显示构件的内力详细输出，在设计结果中进行构件的交互式设计等。

2. 强大的分析功能

SAP 2000的分析计算功能十分强大，这是国际上业界公认的，它几乎囊括了所有结构工程领域内的最新结构分析功能，从静力动力计算，到线性非线性分析，从P-Δ效应到施工顺序加载，从结构阻尼器到基础隔振，都能运用自如，为用户提供最可靠的计算分析结果。

SAP 2000的桥梁功能包括桥梁建模向导；轴线、桥台、桥柱支座、桥墩；桥截面（各种多室箱形、板式、混凝土板与钢梁）；伸缩缝、横隔板（梁）；参数变化（弯梁桥，桥截面变化）；桥梁对象、预应力钢束自动随截面变化；自动生成桥梁模型、壳模型、实体模型；桥梁分析（移动荷载分析）；影响线、影响面和包络图；AASHTO车辆荷载，用户自定义汽车、履带和火车荷载；最大最小位移和反应的确定；能处理复杂车道几何布置；自动计算所有交通荷载的可能排列；提供反应分量的相互作用；桥梁施工、收缩徐变（CEB-FIP）；预应力损失。

3. SAP 2000 的特色

SAP 2000的特色可以归纳为以下几个方面：在一个统一的集成环境中进行建模、修改、分析、设计优化，并查看结果；采用平面、立面和自定义视平面进行功能强大的3D建模；有多种自动模板来适应不同类型的结构；面向对象的实体单元建模，允许采用较大的单元而不需要在每个节点都进行划分；强大的类似CAD的编辑特点；完全集成的截面设计工具允许定义复杂的截面；具有最新的静力、动力、线性和非线性分析技术水平；采用中国、美国、加拿大和欧洲规范进行完全交互式钢结构设计、混凝土框架设计和壳体设计；动画显示变形、振型、应力轮廓、时间关系曲线等结果；导入、导出模型到通用文件格式（如dxf文件）；全面的上下文相关的联机帮助信息及上百万字的随机技术文档；中英文用户界面自由切换，所有技术文档也随之切换中英文。

第8章

工程量清单计价软件

与 GB 50500—2013《建设工程工程量清单计价规范》（以下简称《清单规范》）配套，目前国内已开发了诸多有效的清单计价软件，其开发的思路是要建立一个完备的计价平台，该平台既要求满足清单规范要求，能挂接全国各地区、各专业的定额库，同时能支持预算计价、清单计价等不同的计价方法，并实现不同计价方法的快速转换。本章以广联达软件公司开发的 GBQ4.0 为例介绍工程量清单计价软件的应用。

8.1 广联达计价软件 GBQ4.0 简介

GBQ4.0 是广联达软件股份有限公司推出的融计价、招标管理、投标管理于一体的全新计价软件，旨在帮助工程造价人员解决电子招投标环境下的工程计价、招投标业务问题，使计价更高效、招标更便捷、投标更安全。

1. GBQ4.0 的用途

招标人在招标阶段编制工程量清单及标底；投标人在投标阶段编制投标报价；施工单位在施工过程中编制进度结算；施工单位在竣工后编制竣工结算；甲方审核施工单位的竣工结算。

2. GBQ4.0 的主要特点

1）多文档操作，可以同时打开多个预算文件，各文件间可以通过鼠标拖动复制子目，实现数据共享、交换，减轻数据输入量。

2）可通过网络使用。

3）针对造价改革，提供按市场价重组子目单价与子目综合单价功能。

4）系统除提供标准换算、自动换算、类别换算等功能，还可直接修改人、材、机单价，系统自动换算人、材、机量。

5）实时汇总，输入子目，实时汇总分部、预算书、工料分析、费用。

6）提供多套图集，针对不同定额，整理常用门窗、预制构件、装修做法等，直接输入或选择图集代号，自动查套子目和套用定额。

7）换算信息可取消。

8）报表导出到 Excel，用户可利用其强大的功能对数据再加工。

3. GBQ4.0 构成及应用流程

GBQ4.0 包含招标管理模块、投标管理模块、清单计价模块三大模块。招标管理和投标管理模块是站在整个项目的角度进行招标投标工程造价管理。清单计价模块用于编辑单位工程的工程量清单或投标报价。在招标管理和投标管理模块中可以直接进入清单计价模块，软件使用流程如图8-1所示。

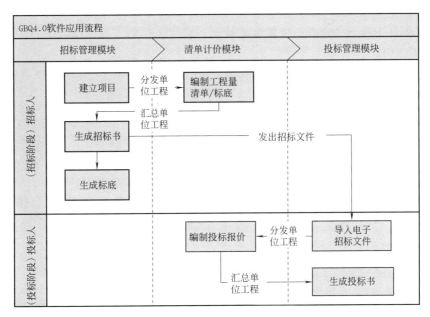

图 8-1　GBQ4.0 软件应用流程

从工程流程来看 GBQ4.0 的模块：在招标投标的业务中，作为招标方要新建项目，这个时候就用到 GBQ4.0 中的招标模块新建招标项目；建好项目后，需要对单项工程下的单位工程进行编制工程量清单，就用到 GBQ4.0 的清单计价模块，在清单计价模块中编制多个单位工程的清单；所有的清单编制完后，招标方就要发布招标文件了，这时可以在招标模块中生成电子的招标书。生成的电子招标书要发放给参与竞标的投标方，投标方拿到招标方的电子招标书以后需要新建投标项目，这就用到 GBQ4.0 的投标模块；新建好投标项目以后，导入招标方发的电子招标书，对单位工程进行投标组价，这时就用到清单计价模块；把所有单位工程投标组价都完成以后就需要发布投标书，这时 GBQ4.0 能生成电子的投标书。GBQ4.0 贯穿了整个招标投标业务的流程，使招标投标工作更加方便。

4. GBQ4.0 操作流程

以招标投标过程中的工程造价管理为例，软件操作流程如下：

（1）招标人编制工程量清单

1）新建招标项目，包括新建招标项目工程，建立项目结构。

2）编制单位工程分部分项工程量清单，包括输入清单项，输入清单工程量，编辑清单名称，分部整理。

3）编制措施项目清单。

4）编制其他项目清单。

5）编制甲供材料、设备表。

6）查看工程量清单报表。

7）生成电子标书，包括招标书自检，生成电子招标书，打印报表，刻录及导出电子标书。

（2）投标人编制工程量清单

1）新建投标项目。

2）编制单位工程分部分项工程量清单计价，包括套定额子目，输入子目工程量，子目换算，设置单价构成。

3）编制措施项目清单计价，包括计算公式组价、定额组价、实物量组价三种方式。

4）编制其他项目清单计价。

5）人、材、机汇总，包括调整人、材、机价格，设置甲供材料、设备。

6）查看单位工程费用汇总，包括调整计价程序，调整工程造价。

7）查看报表。

8）汇总项目总价，包括查看项目总价，调整项目总价。

9）生成电子标书，包括符合性检查，投标书自检，生成电子投标书，打印报表，刻录及导出电子标书。

8.2 应用广联达计价软件GBQ4.0制作电子招标书

从招标方来考虑仅仅需要编制工程量清单，本节仅以土建工程为例说明工程量清单的编制方法。

首先，建立三级项目管理结构：新建招标项目、新建单项工程、新建单位工程。

例如，选中招标项目节点"白云广场"，右击，在右键菜单选择"新建单项工程"；在弹出的新建单项工程界面中输入单项工程名称"01号楼"。选中单项工程节点"01号楼"，右击，在右键菜单选择"新建单位工程"；选择清单库"工程量清单项目设置规则（2002-北京）"，清单专业选择"建筑工程"，定额库选择"北京市建设工程预算定额（2001）"，定额专业为"建筑工程"。工程名称输入为"土建工程"，结构类型选择为"框架结构"，建筑面积为22893m²。单击"确定"按钮完成新建土建单位工程文件。其他专业的单位工程用同样的方法新建。通过以上操作，就新建了一个招标项目，并且建立项目的结构。

8.2.1 分部分项工程项目清单的编制

1. 进入单位工程编辑界面

如图8-2所示，选择"土建工程"，单击"进入编辑窗口"，软件会进入"单位工程编辑"窗口，如图8-3所示。

图8-2 "项目管理"窗口

清单指引，清单，定额，人、材、机，造价信息，供应商报价，补充人、材、机查询窗口合在一起，左边提供树形结构，方便用户查找清单指引，清单，定额，人、材、机，造价信息，供应商报价，补充人、材、机，而且可以轻松查找清单说明信息、查看新的清单规范内容。

在编辑窗口，双击清单项、子目编号就可以打开这个查询窗口，也可以随时关闭此窗口。

下拉选择清单项的指引子目，不需要打开其他界面，在清单项编号下面就可以选择它的子目。

图 8-3 "单位工程编辑"窗口

在清单下套用子目的时候可以单击清单，在查询清单指引界面会自动移动到该清单的清单指引子目。

2. 输入工程量清单

工程量清单的输入方法有查询输入、编码输入、格式化输入和简化输入四种。

1）查询输入。当用户记不清楚清单的编码又不想翻书查找时，就可以用这种方法。在查询清单库界面按导航条，也就是弹出标准清单库的电子版内容，单击"＋"可展开数据，双击即可套用该行清单，找到平整场地清单项，单击"选择清单"按钮，如图8-4所示。

	编码	清单项	单位
1	010101001	平整场地	m2
2	010101002	挖土方	m3
3	010101003	挖基础土方	m3
4	010101004	冻土开挖	m3
5	010101005	挖淤泥、流砂	m3

图 8-4 查询输入示例

2）按编码输入。单击鼠标右键，选择"添加"→"添加清单项"，在空行的编码列输入 010101003，即可输入挖基础土方清单，如图8-5所示。

	编码	类别	名称	单位	工程量表达式	工程量
			整个项目			
1	— 010101001001	项	平整场地	m2	1	1
2	— 010101003001	项	挖基础土方	m3	1	1

图 8-5 编码输入示例

提示：输入完清单后，可以按"Enter"键快速切换到工程量列，再次按"Enter"键，软件会新增一空行，默认情况是新增定额子目空行，在编制工程量清单时可以设置为新增清单空行。选择"工具"→"预算书属性设置"，去掉勾选"输入清单后直接输入子目"，如图8-6所示。

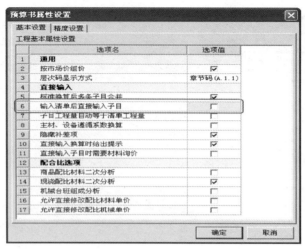

图 8-6　新增清单空行设置示例

3）格式化输入。输入 1-3-2-4，即可输入 010302004001 填充墙清单，如图 8-7 所示。清单的前九位编码可以分为四级，附录顺序码 01，专业工程顺序码 03，分部工程顺序码 02，分项工程项目名称顺序码 004，软件把项目编码进行格式化输入，提高输入速度，其中清单项目名称顺序码 001 由软件自动生成。

	编码	类别	名称	单位	工程量表达式	工程量
			整个项目			
1	010101001001	项	平整场地	m2	1	1
2	010101003001	项	挖基础土方	m3	1	1
3	010302004001	项	填充墙	m3	1	1

图 8-7　格式化输入示例

4）简化输入。输入 6-2，即可输入砖地沟、明沟清单，如图 8-8 所示。如果只输入两位编码 6-2，软件会保留前一条清单的前两位编码 1-3。

	编码	类别	名称	单位	工程量表达式	工程量
			整个项目			
1	010101001001	项	平整场地	m2	1	1
2	010101003001	项	挖基础土方	m3	1	1
3	010302004001	项	填充墙	m3	1	1
4	010306002001	项	砖地沟、明沟	m	1	1

图 8-8　简化输入示例

按以上方法输入所有清单，如图 8-9 所示。

3. 输入工程量

工程量的输入方法有直接输入、图元公式输入、计算明细输入、简单计算公式输入四种。工程量的计算有手算和电算两种，通常是将手算结果直接代入计价软件，电算如后面要介绍的广联达图形算量软件和钢筋抽样软件。

1）直接输入。这种方法适用于已经得到计算结果时，如平整场地项目，通过计算得到工程量后，在工程量列输入 4211，工程量表达式自动显示为 4211，如图 8-10 所示。

2）图元公式输入。这种方法适用于工具库

	编码	类别	名称	单位
			整个项目	
1	010101001001	项	平整场地	m2
2	010101003001	项	挖基础土方	m3
3	010302004001	项	填充墙	m3
4	010306002001	项	砖地沟、明沟	m
5	010401003001	项	满堂基础	m3
6	010402001001	项	首层以下矩形柱	m3
7	010402001002	项	二层以上矩形柱	m3
8	010403001001	项	基础梁	m3
9	010403002001	项	矩形梁	m3
10	010403005001	项	过梁	m3
11	010404001001	项	直形墙	m3
12	010404001002	项	直形女儿墙	m3
13	010405001001	项	有梁板	m3
14	010405003001	项	平板	m3
15	010405008001	项	栏板	m3
16	010405008001	项	雨篷、阳台板	m3
17	010406001001	项	直形楼梯	m2
18	010407002001	项	散水、坡道	m2
19	010408001001	项	后浇带	m3
20	010408001002	项	后浇带	m3
21	010416001001	项	现浇混凝土钢筋	t
22	010416001002	项	现浇混凝土钢筋	t
23	010417002001	项	预埋铁件	t
24	010702001001	项	屋面卷材防水	m2
25	010803001001	项	保温隔热屋面	m2

图 8-9　清单一览表

	编码	类别	名称	单位	工程量表达式	工程量
			整个项目			
1	010101001001	项	平整场地	m2	4211	4211
2	010101003001	项	挖基础土方	m3		
3	010302004001	项	填充墙	m3	1	1
4	010306002001	项	砖地沟、明沟	m	1	1

图 8-10 直接输入示例

中已有这种结构形状的图元公式。如选择挖基础土方清单项，双击工程量表达式单元格，使单元格数字处于编辑状态。单击下拉菜单"工具"→"图元公式"，在图元公式界面中选择公式类别为体积公式，图元选择 2.8 四棱台体积，输入参数值如图 8-11 所示。单击"选择"→"确定"，退出图元公式界面，输入结果如图 8-12 所示。

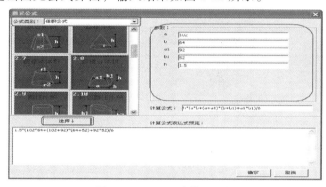

图 8-11 图元公式输入示例

	编码	类别	名称	单位	工程量表达式	工程量
			整个项目			
1	010101001001	项	平整场地	m2	4211	4211
2	010101003001	项	挖基础土方	m3	1.5* (102*64+	8454
3	010302004001	项	填充墙	m3		1
4	010306002001	项	砖地沟、明沟	m	1	1

图 8-12 图元公式输入结果

3）计算明细输入。这种方法适用于可以进行简单公式计算才能得到工程量的情况。如选择填充墙清单项，双击工程量表达式单元格，单击▨按钮，在工程量计算明细界面，单击"切换到表格状态"。右击，在右键菜单选择"插入"，连续操作插入两空行，输入计算公式如图 8-13 所示。单击"确定"按钮，计算结果如图 8-14 所示。

图 8-13 计算明细输入示例

	编码	类别	名称	单位	工程量表达式	工程量
			整个项目			
1	010101001001	项	平整场地	m2	4211	4211
2	010101003001	项	挖基础土方	m3	1.5* (102*64+	8454
3	010302004001	项	填充墙	m3	B+A	1832.16
4	010306002001	项	砖地沟、明沟	m	1	1

图 8-14 计算明细输入结果

4）简单计算公式输入。这种方法适用于在工程量表达式里直接列公式的情况，如通过手工计算后列好了计算式，为了计算快速，直接将公式输入，软件可以自行计算，生成结果。选择砖地沟、明沟清单项，在工程量表达式输入 2.1＊2，如图 8-15 所示。

	编码	类别	名称	单位	工程量表达式	工程量
			整个项目			
1	010101001001	项	平整场地	m2	4211	4211
2	010101003001	项	挖基础土方	m3	1.5*(102*64+	8454
3	010302004001	项	填充墙	m3	B+A	1832.16
4	010306002001	项	砖地沟、明沟	m	2.1*2	4.2

图 8-15　简单计算公式输入示例

按以上方法，参照图 8-16 所示的工程量表达式输入所有清单的工程量。

	编码	类别	名称	单位	工程量表达式	工程量
			整个项目			
1	010101001001	项	平整场地	m2	4211	4211
2	010101003001	项	挖基础土方	m3	1.5*(102*64+(102*92)*(84+52)+	8454
3	010302004001	项	填充墙	m3	B+A	1832.16
4	010306002001	项	砖地沟、明沟	m	2.1*2	4.2
5	010401003001	项	满堂基础	m3	1958.12	1958.12
6	010402001001	项	首层以下矩形柱	m3	263.46	263.46
7	010402001002	项	二层以上矩形柱	m3	727.31+71.20+307.76+3.89	1110.24
8	010403001001	项	基础梁	m3	203.33	203.33
9	010403002001	项	矩形梁	m3	1848.64	1848.64
10	010403005001	项	过梁	m3	53.68	53.68
11	010404001001	项	直形墙	m3	804.63+224.8+100.5	1129.93
12	010404001002	项	直形女儿墙	m3	163.79+7.4+50.25	221.38
13	010405001001	项	有梁板	m3	2112.72+22.5+36.93	2172.15
14	010405003001	项	平板	m3	29.15+15.12	44.27
15	010405006001	项	栏板	m3	4.11	4.11
16	010405008001	项	雨篷、阳台板	m3	5.07	5.07
17	010406001001	项	直形楼梯	m2	726.83+63.96	790.79
18	010407002001	项	散水、坡道	m3	415	415
19	010408001001	项	后浇带	m3	9.83	9.83
20	010408001001	项	后浇带	m3	20.61	20.61
21	010416001001	项	现浇混凝土钢筋	t	537.093	537.093
22	010416001002	项	现浇混凝土钢筋	t	1488.66	1488.66
23	010417002001	项	预埋铁件	t	0.435	0.435
24	010702001001	项	屋面卷材防水	m2	307.71+467.91+2550.10+636.09	3962.69
25	010803001001	项	保温隔热屋面	m2	3654.98	3654.98

图 8-16　清单的工程量一览表

4. 清单名称描述

项目特征是投标人组价的重要依据，在编制清单时非常重要，在此软件中，项目特征、工作内容等在专门的窗口中输入处理。因为特征描述的输入工作量较大，为了提高工作效率，减少造价人员汉字录入的困难，软件将常用的描述信息集成到了软件中，输入特征时可直接单击导航条上的"清单工作内容/项目特征"。

1）项目特征输入清单名称。选择平整场地清单，单击"清单工作内容/项目特征"标签，单击土壤类别的特征值单元格，选择为"一类土、二类土"，填写运距，如图 8-17 所示；如果"清单工作内容/项目特征"的内容不足以反映项目的信息，可以通过"添加"按钮继续添加信息。

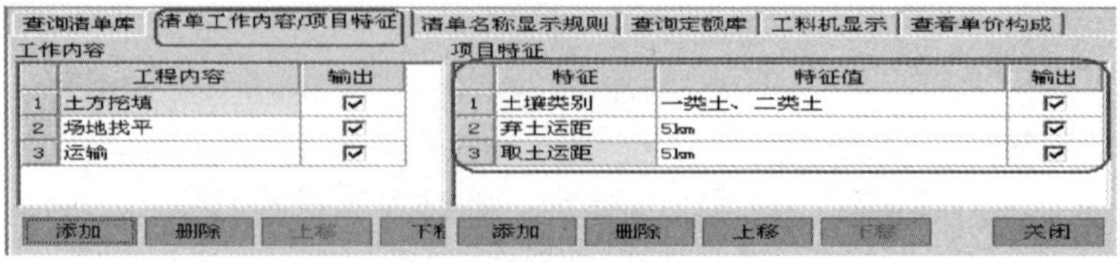

查询清单库	清单工作内容/项目特征		清单名称显示规则	查询定额库	工料机显示	查看单价构成

工作内容

	工程内容	输出
1	土方挖填	☑
2	场地找平	☑
3	运输	☑

项目特征

	特征	特征值	输出
1	土壤类别	一类土、二类土	☑
2	弃土运距	5km	☑
3	取土运距	5km	☑

图 8-17　"清单工作内容/项目特征"的运用

单击"清单名称显示规则"标签，在窗口中单击"应用规则到全部清单项"，软件会把项目特征信息输入到项目名称中，如图 8-18 所示。

2）直接修改清单名称。发现清单名称有误或者与需要的不符时可以修改。选择"屋面

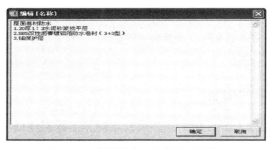

图 8-18　清单名称显示规则

卷材防水"清单,单击项目名称单元格,使其处于编辑状态,单击单元格右侧的█按钮,在"编辑［名称］"对话框中输入项目名称,如图 8-19 所示。

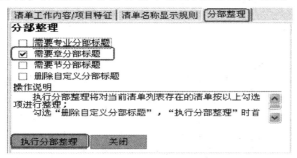

图 8-19　"编辑［名称］"对话框

　　按以上方法,参考报表"分部分项工程量清单"设置所有清单的名称。

　　提示:清单中的工作内容处理方法和项目特征的处理方法一样,当实际工程中的内容或特征与标准清单条目不一致时,可以添加、删除或更名。

　　在实际工作中,经常会遇到清单项目相同,但工作内容和项目特征有少量变化的情况,在此软件中,不需要每一条都去修改,可以直接将相近项目的清单特征及工作内容进行复制,再作修改即可。操作方法:选择原清单的特征或工作内容,单击下面的"复制"按钮,再到新的清单项目对应的窗口,单击下面的"粘贴"按钮,系统自动将原清单的所有项目特征复制到新的清单项目中,如果新的清单项目中有相同的内容,自动覆盖,没有自动添加。对于名称描述有类似的清单项,可以采用<Ctrl+C>和<Ctrl+V>的方式快速复制、粘贴名称,然后进行修改。尤其是给水排水工程,很多同类清单名称描述类似。

5. 分部整理

　　在左侧功能区单击"分部整理"标签,在右下角属性窗口的分部整理界面选中"需要章分部标题"复选按钮,如图 8-20 所示;单击"执行分部整理"按钮,软件会按照计价规范的章节编排增加分部行,并建立分部行和清单行的归属关系,如图 8-21 所示。

图 8-20　分部整理设置

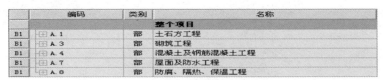

编码	类别	名称
		整个项目
B1 ⊞ A.1	部	土石方工程
B1 ⊞ A.3	部	砌筑工程
B1 ⊞ A.4	部	混凝土及钢筋混凝土工程
B1 ⊞ A.7	部	屋面及防水工程
B1 ⊞ A.8	部	防腐、隔热、保温工程

图 8-21　执行分部整理后的结果

分部分项工程量清单界面，显示整个单位工程的分部目录，选择某一分部，右边数据编辑区，只显示当前分部的清单项或子目，方便清单的定位，无论选择哪一级，或者哪一个分部，报表的数据都是整个单位工程的。

提示：通过以上操作就完成了土建单位工程的分部分项工程量清单的编制，接下来编制措施项目清单。

8.2.2　措施项目清单的编制

措施项目是指在工程施工的过程中，必须发生的非工程实体的项目，如技术措施、生活保障、安全措施等方面的工作，是与分部分项工程项目（实体项目）相对应的项目。GBQ4.0已经给出了清单规范中通用的措施项目，使用时可根据需要增减所需的措施项目清单。例如，需要增加高层建筑超高费和工程水电费两项措施项目，操作时，先选择1.11施工排水、降水措施项，在右键菜单中单击"添加"→"添加措施项"，插入两空行，分别输入序号，名称为1.12高层建筑超高费、1.13工程水电费，如图8-22所示。

序号	名称	单位	工程量
	措施项目		
1	通用项目		
1.1	环境保护	项	1
1.2	文明施工	项	1
1.3	安全施工	项	1
1.4	临时设施	项	1
1.5	夜间施工	项	1
1.6	二次搬运	项	1
1.7	大型机械设备进出场及安拆	项	1
1.8	混凝土、钢筋混凝土模板及支架	项	1
1.9	脚手架	项	1
1.10	已完工程及设备保护	项	1
1.11	施工排水、降水	项	1
1.12	高层建筑超高费	项	1
1.13	工程水电费	项	1
2	建筑工程		
2.1	垂直运输机械	项	1

图 8-22　添加措施项

安全文明施工费属于措施费，其计费基数为：分部分项工程费+措施费+其他项目费。

规费在记取时，其取费基数中包含安全文明施工费。

8.2.3　其他项目清单的编制

其他项目清单分为招标人部分和投标人部分。招标人部分分为预留金和材料购置费。投标人部分分为总承包服务费和零星工程费。具体操作方法是：选中子目，在计算基数栏输入金额。例如，预留金项目为100000，操作时，选中预留金行，在计算基数单元格中输入100000，如图8-23所示。

	序号	名称	计算基数	费率(%)	金额
1		**其他项目**			**100000**
2	1	招标人部分			100000
3	1.1	预留金	100000		100000
4	1.2	材料购置费			0
5	2	投标人部分			0
6	2.1	总承包服务费			0
7	2.2	零星工作费	零星工作费		0

图 8-23　预留金计算

8.2.4 甲供材料、设备清单的编制

在 Excel 软件中补充"甲供材料、设备清单"表，内容见表8-1。

表 8-1 甲供材料、设备清单

序号	材料、设备名称	序号	材料、设备名称	序号	材料、设备名称
1	钢筋	11	型钢	21	灯具
2	水泥	12	角钢	22	母线槽
3	砂子	13	扁钢	23	控制装置
4	石子	14	槽钢	24	绝缘导线
5	预拌混凝土	15	镀锌扁钢	25	电缆
6	地漏	16	普通钢板	26	配电箱柜
7	阀门	17	镀锌钢管	27	配电箱
8	洗脸盆	18	焊接钢管	28	控制箱
9	大便器	19	无缝钢管	29	插接箱
10	小便器	20	插座	30	

如果甲供材料上表中没有，可以添加，具体方法是：选中任意一项，然后单击"插入"按钮，再输入材料名称，就完成了整个操作。

8.2.5 查看报表

编辑完成后查看本单位工程的报表，如"分部分项工程量清单"，如图8-24所示。

图 8-24 查看报表

完成以上工作后，就可以输出报表了。软件提供的报表的相关操作功能有六项：新建报表、载入报表、报表存档、批量导出到 Excel、批量打印和报表管理。操作者可根据需要进

行单位工程的选择打印，也可以将整个项目工程的信息合并打印。系统还支持批量打印及发送到 Excel 文档的功能，满足操作者在清单报价过程中所遇到的各种各样的招标文件报表需求。

单张报表可以导出为 Excel，单击右上角的 ■ 按钮，在保存界面输入文件名保存即可。

也可以把所有报表批量导出为 Excel，单击"批量导出到Excel"，如图 8-25 所示。

如果需要对报表进行修改，单击报表管理，在弹出的"报表参数选择"窗口，操作者可以勾选不同的选项，组合成不同的报表，如打印需要评审的项目，是否需要打印分部名称、工

图 8-25　批量导出到 Excel

作内容、项目特征等，是否打印序号以及序号的格式等。通过各种组合，可以生成很多报表，达到了应对表格变化的需求。

在"报表参数选择"窗口进行了表格横向内容选择后，单击"确定"按钮即可预览出当前需要的表格。表格预览后，如果不满足需求，可以单击表格中的"调整"按钮，在弹出的"表格调整"窗口中设置调整。在报表调整功能里面，可以对表格的字体、字号、行距、表格线的粗细、边界等进行设置，同时还可以在这个功能窗口中设定表格列的属性，某列内容是否打印、表头名称的修改、对齐方式、是否换行、前景背景颜色、表格边框线的类型等。如果通过以上方法还不能满足报表需求，还可以将表格发送到 Excel 文件中进行手工修改。

单击工具条上的"设计"按钮，可以对当前选中的表格进行设计修改。在设计功能操作里，这里主要介绍一些基础的功能。

1）修改标题及表头等文字内容。如需将序号改为编号，只需双击序号，弹出"报表列属性"窗口，在该窗口中，可以直接将"序号"改为"编号"二字，同时可以修改对齐方式、字体、字号等各种属性，修改完毕关闭窗口即可。

2）改变列顺序。操作者可以在报表设计中交换数据列的顺序，方法是在需要变更顺序的列的数据项位置按住鼠标左键不放，拖动到需要的位置松开，既可将当前列移动到新的位置。

3）如果在修改过程中，不慎将报表改乱，或在修改过程中出现错误，可以使用报表工具条上面的"恢复原始样表"按钮将该表格还原为系统默认报表。

完成上述操作后，勾选需要导出的报表，如图 8-26 所示。单击"确定"按钮，输入文件名后单击"保存"按钮即可。

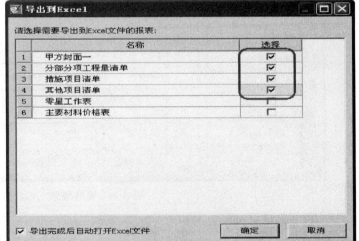

图 8-26　"导出到 Excel"对话框

8.2.6 生成电子招标书

1. 招标书自检

GBQ4.0提供了一个新的功能就是软件自检,将招标书中的错误检测出来反馈给操作者,便于提前改正错误。操作的方法是:单击"发布招标书"导航栏,单击"招标书自检"按钮,如图8-27所示。

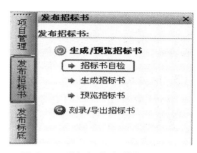

图 8-27 "招标书自检"对话框

将分部分项工程量清单中常见的问题,如编码为空、编码重复、名称为空、单位为空、工程量为空或为0等筛选出来进行修正;对于实际工程来说,可能有的问题就不存在或者不需要指出来,只需要在选项栏内勾选相应的需要即可。在"设置检查项"对话框中选择"分部分项工程量清单表",并单击"确定"按钮,如图8-28所示;软件会按照报表的设置按顺序进行自检,一旦有问题就会提示问题。

图 8-28 "设置检查项"对话框

如果工程量清单存在错漏、重复项,软件会以网页文件显示出来,如果没有问题,则会提示,如图8-29所示。

2. 生成电子招标书

完成上述操作可以确保招标书内容不存在问题,接下来进入下一步生成招标书阶段。在发布招标书框,单击"生成招标书"按钮,如图8-30所示。

图 8-29 无错提示框

图 8-30 生成招标书

在"生成招标书"对话框单击"确定"按钮,软件会生成电子标书文件,如图8-31所示。

名称	版本	修改日期
白云广场BJ-070521-SG[2007-7-14 14：23：14]	1	[2007-7-14 14：23：14]

图 8-31　电子标书文件生成

提示：单击"生成招标书"后，系统就会生成一份电子标书文件；如果多次生成招标书，则此窗口会保留多个电子招标文件，具体的差异可以从修改日期来区别。

3. 预览和打印报表

GBQ4.0 还有一个功能是预览报表，也就是在电子标书文件制作好后，通过预览检查电子标书文件是否符合要求，如果符合进入下一步，如果不符合，返回修改重新生成电子标书文件。具体做法是："发布招标书"→"预览招标书"，软件进入"预览招标书"窗口，这个窗口会显示本项目所有表，按照项目的三级结构，包括建设项目、单项工程、单位工程的报表，如图 8-32 所示；通过"预览招标书"窗口左侧的树状结构图可以查看需要的报表，单击选择任意一个表，右边显示框自动显示该表的内容。

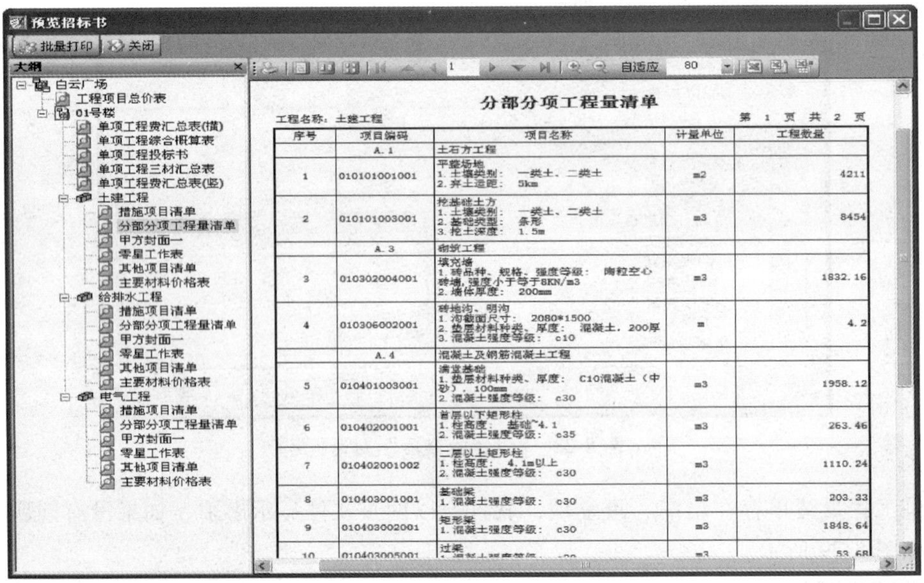

图 8-32　"预览招标书"窗口

预览完报表并确信没问题后，就可打印报表了。针对实际工程的需要，选择需要打印的报表。具体方法是：单击"批量打印"按钮，勾选需要打印的报表，单击"打印选中表"按钮，如图 8-33 所示。

4. 刻录、导出电子招标书

在实际工程中电子信息化管理已经成为了一种趋势，纸质的招标书已经不能满足工程需要了，现在已经发展到电子版的，这就需要另一个功能刻录招标书，将电子版的招标书发给投标人也方便实用。操作方法是：单击"刻录/导出招标书"→"刻录招标书"，然后将其刻入到光盘中。如果需要导出电子版的招标书可以将其导出存在计算机中。操作方法是：单击"刻录/导出招标书"→"导出招标书"，如图 8-34 所示；选择目录，如桌面，单击"确定"按钮，如图 8-35 所示。

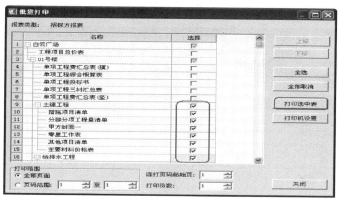

图 8-33 "批量打印"对话框

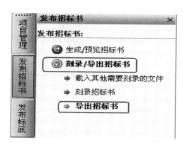

图 8-34 刻录/导出招标书

图 8-35 "选择文件夹"对话框

通过以上操作就完成了一个项目土建部分单位工程的工程量清单的编制,其他单位工程(如给排水工程和电气工程)的编制方法同土建部分单位工程的工程量清单的编制,在这里不一一举例说明。

8.3 应用广联达计价软件 GBQ4.0 生成电子投标书

投标方拿到招标书以后的首要工作就是做好一份投标书。在投标报价阶段要做的工作有新建投标项目,分部分项工程量清单组价,措施项目清单组价,其他项目清单组价,人、材、机汇总,甲方材料,查看单位工程费用汇总,查看报表,汇总项目总价,生成电子标书。

8.3.1 新建投标项目、编制土建分部分项工程计价

1. 新建投标项目

上一节介绍了应用广联达计价软件 GBQ4.0 生成电子招标书,在投标方编制投标书时,可以利用招标方提供的信息,并将其导入到投标管理系统中。具体做法是:在"工程文件

管理"窗口，单击"新建项目"→"新建投标项目"，如图 8-36 所示。

图 8-36　新建投标项目

在"新建投标工程"对话框，单击"浏览"按钮，在桌面找到电子招标书文件，单击"打开"按钮，导入电子招标文件中的项目信息，如图 8-37 所示。

导入时要选择相同的地区标准，否则信息不兼容导入就失败了。选择好后，单击"确定"按钮，软件进入"投标管理"窗口，可以看出项目结构也被完整导入进来了，如图 8-38 所示。

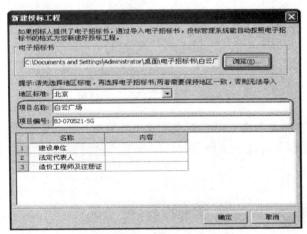

图 8-37　"新建投标工程"对话框

图 8-38　信息导入后的窗口

提示：除项目信息、项目结构外，软件还导入了所有单位工程的工程量清单内容。这时就新建了一个投标项目，并掌握了项目的基本信息。

2. 进入单位工程编辑界面

选择所需的单位工程，在此为了说明软件的使用功能，以土建工程为例。各地的计价模式有差异，为了实际工程的需要，软件在此设置有定额计价和清单计价两种。选择计价方法后，还需要选择清单库、清单专业、定额库、定额专业等信息。例如，选择"土建工程"，单击"进入编辑窗口"，在"新建清单计价单位工程"对话框设置，如图 8-39 所示。

单击"确定"按钮，软件会进入"单位工程编辑"窗口，能看到已经导入的工程量清

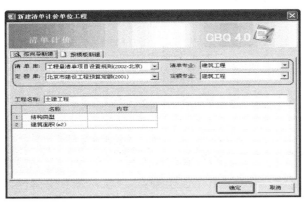

图 8-39 "新建清单计价单位工程"对话框

单，如图 8-40 所示。这样就能使招标投标双方无缝对接，从而使得招标方的信息能完整无误传递到投标方。

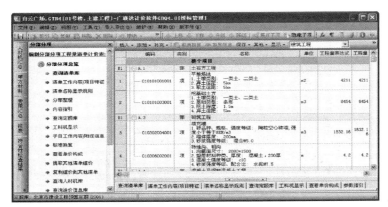

图 8-40 导入后的工程量清单

3. 套定额组价

清单项目组价主要有套用定额的组价方式、以工料机的方式组价和自定义单价计算的方式等，下面主要介绍套定额组价的方式。在土建工程中，套定额组价通常采用的方式有以下五种。

（1）内容指引 对于某清单而言，一般用到的定额都比较固定，内容指引功能可以及时提出该清单可能用到的定额供你选择。单击工具栏的"内容指引"标签，该清单项目下的定额子目全部列出来供你选择。如选择平整场地清单，单击"内容指引"，选中 1-1 子目，如图 8-41 所示。

单击左下角的"选择"按钮，软件即可输入定额子目，输入子目工程量如图 8-42 所示。

图 8-41 内容指引示例

	编号	类别	名称	单位	工程量	综合单价
			整个项目			
B1	⊟ A.1	部	土石方工程			
1	⊟ 010101001001	项	平整场地 1. 土壤类别：　一类土、二类土 2. 弃土运距：　5km 3. 取土运距：　5km	m2	4211	0.91
	└ 1-1	定	人工土石方　场地平整	m2	5895.4	0.65

图 8-42 "选择"定额子目后窗口

提示：清单项下面都会有主子目，其工程量一般和清单项的工程量相等，如果子目计量单位和清单项相同，可以设置定额子目工程量和清单项一致，设置方式如下。

单击下拉菜单"工具"→"预算书属性设置"，在"预算书属性设置"对话框中设置，如图 8-43 所示。

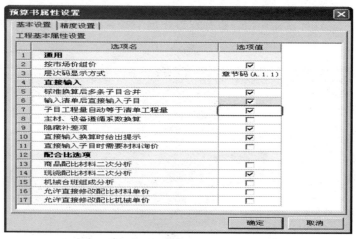

图 8-43 "预算书属性设置"对话框

（2）参数指引　对子目的具体使用范围不熟悉时可选用这个方法。具体操作方法是：选中清单项目，然后单击"参数指引"标签，在参数值范围内选择，如果定额子目与项目特征一致，选择"执行指引并添加"软件会自动套好定额，如果不一致，选择"执行指引并替换"按钮。例如，选择挖基础土方清单，单击"参数指引"选项，设置参数如图 8-44 所示，单击"执行指引并添加"按钮，软件会按照参数自动套好定额子目，输入子目工程量，如图8-45 所示。

图 8-44 参数指引示例

	编码	类别	名称	单位	工程量表达式	工程量
2	⊟ 010101003001	项	挖基础土方 1. 土壤类别：　一类土、二类土 2. 基础类型：　条形 3. 挖土深度：　1.5m 4. 弃土运距：　5km	m3	8454	8454
	├ 1-23	定	机械土石方　槽深5m以内　挖土机挖土方　车运(1km) 5以内	m3	10990.2	10990.2
	└ 1-57	定	打钎拍底	m2	4211	4211

图 8-45 "执行指引并添加"后的窗口

（3）直接输入 这种方法适用于对消耗量定额非常熟悉的情况，在定额编号栏内录入相应的定额。具体操作方法是：选中清单项目，然后单击"插入子目"，当空行的光标闪烁时输入消耗量定额标号，再在工程量栏输入工程量就完成了这步操作。例如，选择填充墙清单，单击"插入"→"插入子目"，如图 8-46 所示；在空行的编码列输入 4-42，工程量为 1832.16，如图 8-47 所示；子目的输入也可从其他单位工程预算书中选择需要的子目，拖动或复制到当前预算书中，减少数据的输入量。

图 8-46 "插入"菜单

编码	类别	名称	单位	工程量表达式	工程量
B1	部	A.3 砌筑工程			
3	项	010302004001 填充墙 1.砖品种、规格、强度等级：陶粒空心砖墙，强度小于等于8KN/m3 2.墙体厚度：200mm 3.砂浆强度等级：混合M5.0	m3	1832.16	1832.16
	定	4-42 砌块 陶粒空心砌块 框架间墙 厚度(mm) 190	m3	QDL	1832.16

图 8-47 直接输入示例

（4）查询输入 这种方法与清单的内容指引方法相同，选中清单项目后，单击"查询定额库"标签，选择定额所在章节，然后在显示的子目栏中选中所需的子目，单击"选择子目"按钮就完成了本步操作。例如，选中 010401003001 满堂基础清单，单击"查询定额库"选项，选择"垫层、基础"目录，选中 5-1 子目，单击"选择子目"，用相同的方式输入 5-4 子目，如图 8-48 所示。

清单工作内容/项目特征 | 内容指引 | 查询定额库 | 参数指引

	编码	名称	单位	单价
1	5-1	现浇砼构件 基础垫层C10	m3	195.45
2	5-2	现浇砼构件 基础垫层C15	m3	213.75
3	5-3	现浇砼构件 满堂基础C20	m3	228.34
4	5-4	现浇砼构件 满堂基础C25	m3	243.75
5	5-5	现浇砼构件 带形基础C20	m3	230.71
6	5-6	现浇砼构件 带形基础C25	m3	246.13

土石方工程
桩基及基坑支护工程
降水工程
砌筑工程
现浇搅拌混凝土工程
现浇混凝土构件
垫层、基础
柱、梁、板、墙

选择子目 | 关闭 | 定额库：北京市建设工程预算定额(2001) | 专业：建筑工程 | ● 标准 ○ 补充 ○ 全部

图 8-48 查询输入示例

（5）跨专业子目输入 这种方法适用于跨专业选择，而又对子目内容不熟时使用。具体操作方法是：在右上角的专业内选择所需的，然后选中清单子目，单击"插入"，在"插入"菜单中选择"插入子目"，然后输入消耗量定额编号。例如，在右上角选择专业为装饰工程，如图 8-49 所示。

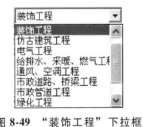

装饰工程
装饰工程
仿古建筑工程
电气工程
给排水、采暖、燃气工程
通风、空调工程
市政道路、桥梁工程
市政管道工程
绿化工程

图 8-49 "装饰工程"下拉框

选中散水、坡道清单，单击"插入"→"插入子目"，输入 1-1、1-7 子目，如图 8-50 所示。

参考图 8-51 输入定额子目，通过以上几种方法可以选择录入消耗量定额。在录入消耗量定额时，系统支持相似定额、相关联的定额、模板定额等，随意选择录入。在输入定额时

	编码	类别	名称	单位	工程量表达式	工程量	综合单价
18	010407002001	项	散水、坡道 1.垫层材料种类、厚度：灰土3:7，300mm厚 2.混凝土强度等级：c15 3.混凝土拌和料要求：石子粒径0.5cm~3.2cm	m2	415	415	45.7
	1-1	定	垫层 灰土3:7	m3	QDL	415	45.7
	1-7	定	垫层 现场搅拌 混凝土	m3		0	207.06

图 8-50 跨专业子目输入示例

261

自动弹出相关联的定额（如增运、厚度换算、模板定额等），以防止漏套漏算的情况。

编码	类别	名称	工程量表达式	工程量
		整个项目		
B1	⊟ A.1 部	土石方工程		
1	⊟ 010101001001 项	平整场地 1.土壤类别： 一类土、二类土 2.弃土运距： 5km 3.取土运距： 5km	4211	4211
	└ 1-1 定	人工土石方 场地平整	5895.4	5895.4
2	⊟ 010101003001 项	挖基础土方 1.土壤类别： 一类土、二类土 2.基础类型： 条形 3.挖土深度： 1.5m 4.弃土运距： 5km	8454	8454
	└ 1-23 定	机械土石方 槽深5m以内 挖土机挖土方 车运 0cm) 5以内	10990.2	10990.2
	└ 1-57 定	打钎拍底	4211	4211
B1	⊟ A.3 部	砌筑工程		
3	⊟ 010302004001 项	填充墙 1.砖品种、规格、强度等级： 陶粒空心砖墙,强度小于等于800/m3 2.墙体厚度： 200mm 3.砂浆强度等级： 混合M5.0	1832.16	1832.16
	└ 4-42 定	砌块 陶粒空心砌块 框架间墙 厚度(mm) 190	QDL	1832.16
4	⊟ 010306002001 项	砖地沟、明沟 1.沟截面尺寸： 2080*1500 2.垫层材料种类、厚度： 混凝土、200厚 3.混凝土强度等级： c10 4.砂浆强度等级、配合比： 水泥M7.5	4.2	4.2
	└ 5-1 定	现浇砼构件 基础垫层C10	1.83	1.83
	└ 4-32 定	砌砖 砖砌沟道	1.953	1.953
	└ 11-54 定	预制砼构件制作安装 沟盖板	4.2*0.18	0.756
	└ 9-1 定	预制砼构件运输 一类构件 5km以内	4.2*0.18	0.756

编码	类别	名称	工程量表达式	工程量
B1	⊟ A.4 部	混凝土及钢筋混凝土工程		
5	⊟ 010401003001 项	满堂基础 1.垫层材料种类、厚度： C10混凝土（中砂），100mm 2.混凝土强度等级： c30 3.混凝土拌和料要求： 石子粒径0.5cm~3.2cm	1958.12	1958.12
	└ 5-1 定	现浇砼构件 基础垫层C10	279.73	279.73
	└ 5-4 定	现浇砼构件 满堂基础C25	QDL	1958.12
6	⊟ 010402001001 项	首层以下矩形柱 1.柱高度： 基础~4.1 2.混凝土强度等级： c35 3.混凝土拌和料要求： 石子粒径0.5cm~3.2cm	263.46	263.46
	└ 5-18 定	现浇砼构件 柱 C35	QDL	263.46
7	⊟ 010402001002 项	二层以上矩形柱 1.柱高度： 4.1m以上 2.混凝土强度等级： c30 3.混凝土拌和料要求： 石子粒径0.5cm~3.2cm	1110.24	1110.24
	└ 5-17 定	现浇砼构件 柱 C30	QDL	1110.24
8	⊟ 010403001001 项	基础梁 1.混凝土强度等级： c30 2.混凝土拌和料要求： 石子粒径0.5cm~3.2cm	203.33	203.33
	└ 5-24 定	现浇砼构件 梁 C30	QDL	203.33
9	⊟ 010403002001 项	矩形梁 1.混凝土强度等级： c30 2.混凝土拌和料要求： 石子粒径0.5cm~3.2cm	1848.64	1848.64
	└ 5-24 定	现浇砼构件 梁 C30	QDL	1848.64
10	⊟ 010403005001 项	过梁 1.混凝土强度等级： c20 2.混凝土拌和料要求： 石子粒径0.5cm~3.2cm	53.68	53.68
	└ 5-26 定	现浇砼构件 过梁、圈梁 C20	QDL	53.68
11	⊟ 010404001001 项	直形墙 1.墙厚度： 250mm 2.混凝土强度等级： c30 3.混凝土拌和料要求： 石子粒径0.5cm~3.2cm	1129.93	1129.93
	└ 5-36 定	现浇砼构件 墙 C30	QDL	1129.93

编码	类别	名称	工程量表达式	工程量
12	⊟ 010404001002 项	直形女儿墙 1.墙厚度： 200mm 2.混凝土强度等级： c30 3.混凝土拌和料要求： 石子粒径0.5cm~3.2cm	221.38	221.38
	└ 5-36 定	现浇砼构件 墙 C30	QDL	221.38
13	⊟ 010405001001 项	有梁板 1.板厚度： 120mm 2.混凝土强度等级： c30 3.混凝土拌和料要求： 石子粒径0.5cm~3.2cm	2172.15	2172.15
	└ 5-29 定	现浇砼构件 板 C30	QDL	2172.15
14	⊟ 010405003001 项	平板 1.板厚度： 140mm 2.混凝土强度等级： c30 3.混凝土拌和料要求： 石子粒径0.5cm~3.2cm	44.27	44.27
	└ 5-29 定	现浇砼构件 板 C30	QDL	44.27
15	⊟ 010405006001 项	栏板 1.板厚度： 100mm 2.混凝土强度等级： c30 3.混凝土拌和料要求： 石子粒径0.5cm~3.2cm	4.11	4.11
	└ 5-51 定	现浇砼构件 栏板 C25	QDL	4.11
16	⊟ 010405008001 项	雨篷、阳台板 1.板厚度： 2.混凝土强度等级： c30 3.混凝土拌和料要求： 石子粒径0.5cm~3.2cm	5.07	5.07
	└ 5-47 定	现浇砼构件 雨篷 C30	QDL	5.07
17	⊟ 010406001001 项	直形楼梯 1.混凝土强度等级： c30 2.混凝土拌和料要求： 石子粒径0.5cm~3.2cm	790.79	790.79
	└ 5-41 定	现浇砼构件 楼梯 直形 C30	QDL	790.79
18	⊟ 010407002001 项	散水、坡道 1.垫层材料种类、厚度： 灰土3:7、300mm厚 2.面层厚度： 3.混凝土强度等级： c15 4.混凝土拌和料要求： 石子粒径0.5cm~3.2cm	415	415
	└ 1-1 定	垫层 灰土3:7	124.5	124.5
	└ 1-7 定	垫层 现场搅拌 混凝土	24.9	24.9

图 8-51　定额子目

编码		类别	名称	工程量表达式	工程量
	1-1	定	垫层 灰土3:7	124.5	124.5
	1-7	定	垫层 现场搅拌 混凝土	24.9	24.9
19	010408001001	项	后浇带 1.部位: 梁 2.混凝土强度等级: c35 3.混凝土拌和料要求: 石子粒径0.5cm~3.2cm	9.83	9.83
	5-62	定	现浇砼构件 后浇带 楼板 C35	QDL	9.83
20	010408001002	项	后浇带 1.部位: 板 2.混凝土强度等级: c35 3.混凝土拌和料要求: 石子粒径0.5cm~3.2cm	20.61	20.61
	5-62	定	现浇砼构件 后浇带 楼板 C35	QDL	20.61
21	010416001001	项	现浇混凝土钢筋 1.钢筋种类、规格: 10以内	537.093	537.093
	8-1	定	钢筋 Φ10以内	QDL	537.093
22	010416001002	项	现浇混凝土钢筋 1.钢筋种类、规格: 10以外	1488.66	1488.66
	8-2	定	钢筋 Φ10以外	QDL	1488.66
	8-7	定	钢筋机械连接 锥螺纹接头 Φ25以内	26986	26986
	8-8	定	钢筋机械连接 锥螺纹接头 Φ25以外	5386	5386
23	010417002001	项	预埋铁件	0.435	0.435
	8-5	定	预埋铁件制安	QDL	0.435
B1	A.7	部	屋面及防水工程		
24	010702001002	项	屋面卷材防水	3962.69	3962.69
	13-1	定	水泥砂浆找平层 厚度(mm) 20 平面	QDL	3962.69
	13-98	定	屋面防水 SBS改性沥青防水卷材 厚度(mm) 3	QDL	3962.69
	13-98	定	屋面防水 SBS改性沥青防水卷材 厚度(mm) 3	QDL	3962.69
	12-35	定	屋面面层 着色剂	QDL	3962.69
B1	A.8	部	防腐、隔热、保温工程		
25	010803001001	项	保温隔热屋面 1.100 厚聚苯板保温层,密度18 Kg/m 3	3654.98	3654.98
	12-16	定	屋面保温 聚苯乙烯泡沫板	365.498	365.498

图8-51 定额子目（续）

定额库中没有包括的定额子目，可以通过制作补充定额的方法来输入到预算书中。这里有两种方法：一是直接新建补充子目。在直接输入中输入"B：定额号"，例如："B：1-1"，表示补充一条子目1-1，字母名称和内容自行输入，可以直接输入单价，也可输入人工单价、材料单价、机械单价，组成补充子目单价。如果未输入单价，希望由详细人、材、机组成确定相应单价，在右键菜单中选择"插入子项"，输入相关内容。二是仿制子目。以现有定额库子目为依据，修改后快速建立补充子目。操作方法是先调用某一子目，对包括名称，人、材、机配比，单价等子目进行修改与换算，类别列自动由"定"变为"换"，然后修改材料的"名称与规格""预算价"及"定额含量"等数据，系统对材料号重新进行编号。

4. 输入子目工程量

完成上述步骤后，就可以输入定额子目的工程量。工程量的输入方式有以下几种：

（1）直接输入工程量 直接输入工程量就是将计算好的工程量结果直接输入到工程量表达式栏，这种方式比较适合手工计算工程量后，上机编制预算书。

（2）表达式输入 将工程量计算的四则运算表达式直接输入到工程量表达式栏，系统自动将计算出的结果显示在工程量栏。例如：直接输入"12＊12.3＋58＊（0.2＋0.6＋0.8）"等。如果计算过程较复杂，可以输入多个相关联的表达式来计算工程量，操作方法是通过单击"工程量表达式"栏，使其成可编辑状态，表达式列右边会出现图标，单击此图标，可进入"表达式"对话框，输入工程量计算式，每个表达式占一行，输入表达式后，单击"确定"按钮计算表达式结果，将结果值返回给工程量并退出该对话框。

（3）公共变量 在编制过程中，有些数据在计算不同分项工程量时会多次用到，如外墙轴线、内墙轴线，在计算挖土方、基础、墙体砌筑、装修时都会用到。这些数据均可作为公共变量，事先在变量表中计算好，需要时直接引用。在右键菜单中选择"插入变量"，即可增加此类变量，选择"删除变量"，即可将其清除。

（4）图元公式 有些计算工程量常用的公式，软件用图形表示出来了，用户只要给出相应的参数，系统会自动计算出工程量，称为图元公式。使用时单击页面工具条图标，系统弹出计算公式窗口，单击公式类别下拉框右边的黑箭头，确定公式种类。

5. 换算

当消耗量定额中的信息与实际工程不符时就涉及换算，首先要看工程量清单计价规则是否允许，如果不允许就直接套用定额，如果允许才能进行换算。这里的换算有两种：配比材料换算和标准换算。

（1）配比材料换算　通常情况换算的是同一类别的人、材、机，系统同时提供了一种材料类别换算方法。配比材料换算主要针对混合砂浆、水泥砂浆之类的混合材料而言。当某工程所用砂浆与消耗量定额不一致时，就需要进行配合比换算。GBQ4.0在换算的功能设置上采用的智能识别系统，替代了以往软件设置的烦琐，只需要在该消耗量定额名称中输入需要替换的项目，系统自动替换，无需手动输入。

1）砂浆换算。选中砖地沟、明沟清单下的4-32子目，在子目名称后面输入M7.5，软件即将子目中的M5水泥砂浆换算为M7.5水泥砂浆材料，如图8-52所示。

	编码	类别	名称	单位	工程量表达式	工程量	综合单价
4	010306002001	项	砖地沟、明沟 1. 沟截面尺寸：2080*1500 2. 垫层材料种类、厚度：混凝土，200厚 3. 混凝土强度等级：c10 4. 砂浆强度等级、配合比：水泥M7.5	m	4.2	4.2	307.57
	5-1	定	现浇砼构件 基础垫层C10	m3	1.83	1.83	204.58
	4-32	定	砌砖 砖砌沟道 M7.5	m3	1.953	1.953	179.21
	11-54	定	预制砼构件制作安装 沟盖板	m3	4.2*0.18	0.756	705.26
	9-1	定	预制砼构件运输 一类构件 51cm以内	m3	4.2*0.18	0.756	45.27

图8-52　砂浆换算

2）混凝土换算。选中满堂基础清单下的5-4子目，在子目名称后面输入C30，软件即将子目中的C25混凝土换算为C30混凝土材料，如图8-53所示。

	编码	类别	名称	单位	工程量表达式	工程量	综合单价
B1	A.4	部	混凝土及钢筋混凝土工程				
5	010401003001	项	满堂基础 1. 垫层材料种类、厚度：C10混凝土（中砂），100mm 2. 混凝土强度等级：c30 3. 混凝土拌和料要求：石子粒径0.5cm～3.2cm	m3	1958.12	1958.12	478.24
	5-1	定	现浇砼构件 基础垫层C10	m3	QDL	1958.12	204.58
	5-4	定	现浇砼构件 满堂基础C30	m3	QDL	1958.12	273.65

图8-53　混凝土换算

（2）标准换算　根据定额的章节说明及附注信息，软件将定额子目常用到的换算方式做进软件中，系统自动进行处理，计算新的单价和人、材、机含量。对某条定额进行换算时，选中定额然后单击"标准换算"标签，在执行方式上选择清除原有换算或者在原有换算基础上再进行换算，当前子目按定额规定将可换算的内容全部显示出来，然后在提示信息中输入要修改的值，单击"应用换算"按钮，软件会自动换算，并显示消耗量定额的类别为"换"，没有换算过的消耗量定额显示为"定"。例如，选中砖地沟、明沟清单下的9-1子目，在左侧功能区单击"标准换算"，在右下角属性窗口的标准换算界面输入实际运距为8km，如图8-54所示；单击"应用换算"按钮，则软件会把子目换算为运距为8km，如图8-55所示。

图8-54　标准换算示例

	编码	类别	名称	单位	工程量表达式	工程量	综合单价
4	010306002001	项	砖地沟、明沟 1.沟截面尺寸: 2080*1500 2.垫层材料种类、厚度: 混凝土、200厚 3.混凝土强度等级: c10 4.砂浆强度等级、配合比: 水泥M7.5	m	4.2	4.2	308.52
	5-1	定	现浇砼构件 基础垫层C10	m3	1.83	1.83	204.58
	4-32	定	砌砖 砖砌沟道	m3	1.953	1.953	179.21
	11-54	定	预制砼构件制作安装 沟盖板 M7.5	m3	4.2*0.18	0.756	704.87
	9-1	换	预制砼构件运输 一类构件 8km以内	m3	4.2*0.18	0.756	50.92

图 8-55　应用换算结果

　　其他需要换算的子目包括：砖地沟、明沟清单下的 4-32，11-54 子目，水泥砂浆强度等级由 M5 换算为 M7.5；栏板清单下的 5-51，混凝土强度等级由 C25 换为 C30。

　　换算完毕后，请按照图 8-56 所示核对清单项及定额子目的数量、价格；在定额换算窗口中可以对人工费、机械费、材料费等费用的系数或量的系数进行调整，这里的量系数调整只影响其对应的量，而不影响相应的费用。

　　GBQ4.0 提供智能定额换算功能，输入某一定额后，软件会自动根据定额规则提示操作者是否进行定额换算，并自动换算。

　　软件提供了众多的换算方式，基本涵盖了各地定额说明及附注信息中规定的换算规则。编制预算时可打开标准换算窗口，选择其中的换算方式，软件自动完成。软件根据各地定额要求设置好换算内容，用户编制预算时可以直接调用，同时开放这些信息，用户可对其维护。

	编码	类别	名称	单位	工程量表达式	工程量	综合单价	综合合价
			整个项目					10014325
B1	A.1	部	土石方工程					148141.79
1	010101001001	项	平整场地 1.土壤类别: 一类土、二类土 2.弃土运距: 5km 3.取土运距: 5km	m2	4211	4211	0.91	3832.01
	1-1	定	人工土石方 场地平整	m2	5895.4	5895.4	0.65	3832.01
2	010101003001	项	挖基础土方 1.土壤类别: 一类土、二类土 2.基础类型: 条形 3.挖土深度: 1.5m 4.弃土运距: 5km	m3	8454	8454	17.07	144309.76
	1-23	定	机械土石方 槽深5m以内 挖土机挖土方 车运(0m)5以内	m3	10990.2	10990.2	12.57	138146.81
	1-57	定	打钎拍底	m2	4211	4211	1.42	5979.62
B1	A.3	部	砌筑工程					316280.73
3	010302004001	项	填充墙 1.砖品种、规格、强度等级: 陶粒空心砖墙、强度小于6.0kN/m3 2.墙体厚度: 200mm 3.砂浆强度等级: 混合M5.0	m3	1832.16	1832.16	171.92	314984.95
	4-42	定	砌块 陶粒空心砌块 框架(间)墙 厚度(mm) 190	m3	QDL	1832.16	171.92	314984.95
4	010306002001	项	砖地沟、明沟 1.沟截面尺寸: 2080*1500 2.垫层材料种类、厚度: 混凝土、200厚 3.混凝土强度等级: c10 4.砂浆强度等级、配合比: 水泥M7.5	m	4.2	4.2	308.52	1295.78
	5-1	定	现浇砼构件 基础垫层C10	m3	1.83	1.83	204.58	374.38
	4-32	换	砌砖 砖砌沟道	m3	1.953	1.953	179.21	350
	11-54	换	预制砼构件制作安装 沟盖板	m3	4.2*0.18	0.756	704.87	532.88
	9-1	换	预制砼构件运输 一类构件 8km以内	m3	4.2*0.18	0.756	50.92	38.5

	编码	类别	名称	单位	工程量表达式	工程量	综合单价	综合合价
12	010404001004	项	直形女儿墙 1.墙厚度: 200mm 2.混凝土强度等级: c30 3.混凝土拌和料要求: 石子粒径0.5cm～3.2cm	m3	221.38	221.38	286.61	63449.72
	5-36	定	现浇砼构件 墙 C30	m3	QDL	221.38	286.61	63449.72
13	010405001002	项	有梁板 1.板厚度: 120mm 2.混凝土强度等级: c30 3.混凝土拌和料要求: 石子粒径0.5cm～3.2cm	m3	2172.15	2172.15	285.59	620344.32
	5-29	定	现浇砼构件 板 C30	m3	QDL	2172.15	285.59	620344.32
14	010405003001	项	平板 1.板厚度: 140mm 2.混凝土强度等级: c30 3.混凝土拌和料要求: 石子粒径0.5cm～3.2cm	m3	44.27	44.27	285.59	12643.07
	5-29	定	现浇砼构件 板 C30	m3	QDL	44.27	285.59	12643.07
15	010405006001	项	栏板 1.板厚度: 100mm 2.混凝土强度等级: c30 3.混凝土拌和料要求: 石子粒径0.5cm～3.2cm	m3	4.11	4.11	281.87	1158.49
	5-51	定	现浇砼构件 栏板 C25	m3	QDL	4.11	281.87	1158.49
16	010405008001	项	雨蓬、阳台板 1.混凝土强度等级: c30 2.混凝土拌和料要求: 石子粒径0.5cm～3.2cm	m3	5.07	5.07	314.93	1596.7
	5-47	定	现浇砼构件 雨蓬 C30	m3	QDL	5.07	314.93	1596.7
17	010406001001	项	直形楼梯 1.混凝土强度等级: c30 2.混凝土拌和料要求: 石子粒径0.5cm～3.2cm	m2	790.79	790.79	79.79	63097.13
	5-41	定	现浇砼构件 楼梯 直形 C30	m2	QDL	790.79	79.79	63097.13
18	010407002001	项	散水、坡道 1.垫层材料种类、厚度: 灰土3:7、300mm厚 2.混凝土强度等级: c15 3.混凝土拌和料要求: 石子粒径0.5cm～3.2cm	m2	415	415	26.14	10848.1
	1-1	定	垫层 灰土3:7	m3	124.5	124.5	45.7	5689.65
	1-7	定	垫层 现场搅拌 混凝土	m3	24.9	24.9	207.06	5155.79

图 8-56　换算后的定额子目

序号	项目编码	类别	名称	单位			单价	合价
19	010408001001	项	后浇带 梁 1.部位：梁 2.混凝土强度等级：c35 3.混凝土拌和料要求：石子粒径0.5cm～3.2cm	m3	9.83	9.83	351.5	3455.25
	5-62	定	现浇砼构件 后浇带 楼板 C35		QDL	9.83	351.5	3455.25
20	010408001002	项	后浇带 板 1.部位：板 2.混凝土强度等级：c35 3.混凝土拌和料要求：石子粒径0.5cm～3.2cm	m3	20.61	20.61	351.5	7244.42
	5-62	定	现浇砼构件 后浇带 楼板 C35		QDL	20.61	351.5	7244.42
21	010416001001	项	现浇混凝土钢筋 1.钢筋种类、规格：10以内	t	537.093	537.093	2997.54	1609957.75
	8-1	定	钢筋 Φ10以内		QDL	537.093	2997.54	1609957.75
22	010416001002	项	现浇混凝土钢筋 1.钢筋种类、规格：10以外	t	1488.66	1488.66	3194.9	4756119.83
	8-2	定	钢筋 Φ10以外		QDL	1488.66	3025.13	4503390.03
	8-7	定	钢筋机械连接 锥螺纹接头 Φ25以内	个	26986	26986	7.02	189441.72
	8-8	定	钢筋机械连接 锥螺纹接头 Φ25以外	个	5386	5386	11.78	63447.08
23	010417002001	项	预埋铁件	t	0.435	0.435	3804.79	1655.08
	8-5	定	预埋铁件制安		QDL	0.435	3804.77	1655.07
B1	A.7	部	屋面及防水工程					363418.3
24	010702001002	项	屋面卷材防水	m2	3962.69	3962.69	91.71	363418.3
	13-1	定	水泥砂浆找平层 厚度(mm) 20 平面	m2	QDL	3962.69	6.63	26272.63
	13-98	定	屋面防水 SBS改性沥青防水卷材 厚度(mm) 3	m2	QDL	3962.69	42.04	166591.49
	13-98	定	屋面防水 SBS改性沥青防水卷材 厚度(mm) 3	m2	QDL	3962.69	42.04	166591.49
	12-35	定	屋面面层 着色饰面	m2	QDL	3962.69	1	3962.69
B1	A.8	部	防腐、隔热、保温工程					106177.17
25	010803001001	项	保温屋面 1.100 厚聚苯板保温层，密度18 Kg/m 3	m2	3654.98	3654.98	29.05	106177.17
	12-16	定	屋面保温 聚苯乙烯泡沫板	m3	365.498	365.498	290.59	106210.08

图 8-56　换算后的定额子目（续）

系统可以直接修改子目人工费、材料费、机械费或者单价，再反算到人、材、机含量中。如"9-76"子目，工程量为"1"，人工费为"28.22"，材料费为"22.92"，单价为"102.28"，将人工费改为"56.44"，工日的工程量表达式即由"1 * 1.22"变为"1 * 2.44"，单价也重新计算为"79.36"，双击人工单价，其中显示"28.22 * 2"。

6. 设置单价构成

在完成了上述步骤后，就该对清单项目进行组价了。具体的做法是：选择"设置单价构成"，单击"单价构成管理"选项，在打开的"管理取费文件"对话框内选择已有的取费文件，在"管理取费文件"对话框输入需要调整的费率。例如：在左侧功能区单击"设置单价构成"→"单价构成管理"，如 8-57 所示；然后调用已有取费文件，在"管理取费文件"对话框输入现场经费及企业管理费的费率，如图 8-58 所示。

图 8-57　"设置单价构成"窗口　　　　图 8-58　"管理取费文件"对话框

提示：通过以上方式软件就自动完成了土建单位工程分部分项工程量清单计价，并在后台储存了相应的信息。也就是说，自动计算了清单项目的综合单价。在计算综合单价时可能发生差价的误解：不得随意将相关费用纳入差价，只有合同约定的或者政策规定的相关费用才能按差价计价；按差价计价的费用进入工程总造价，但不进入综合单价，有利于维护发、承包双方的合法权益；差价的实际发生一般在施工过程中，对其计价一般在价款结算与竣工结算中发生。

投标报价时，人工费、机械费、材料费均为市场价格。

编制施工图预算和招标标底时，可采用当地"建设工程参考价目表"中的相应价格，差价部分列入风险内。

系统可实现自动取费、自由修改，同时提供大量已经编制好的当地取费表和费率库，供用户选择使用。如果用户使用"新建向导"建立单位工程预算文件，并输入了工程信息，软件可以自动根据信息选择费用文件。单击取费表中费用文件，窗口右方显示具体的取费项目，并已计算出各项费用金额，用户只要核对取费基数与费率的正确性便可完成取费工作；载入费用文件，使用"新建投标书"建立的单位工程，需要用户自己取费，但软件根据当地费用定额、各类工程可能的取费方式做好了模板。单击主菜单"费用表"选择"载入"，系统调用打开文件窗口，找到合适的费用模板，单击"打开"按钮，则费用模板内容载入费用表中。如果用户设置了实时汇总计算，则载入后各项费用金额已经计算好了。

如果在合同中约定好了收费办法，与费用定额规定有差异，用户可以按照自己的需要，建立一套费用表。操作方法是：单击主菜单"费用表"，选择"新建费用"图标，系统弹出窗口，输入费用文件名称与代号，为了减少输入量，用户可以选择一个费用文件，以此为样板修改费用项目，单击样板输入框右方，打开窗口选择样板，备注供用户输入有关信息，单击"确定"按钮，系统载入样板费用模板，供用户修改。用户如果不选择样板，则生成一个空费用表，用户可逐项输入费用项目，也可打开其他工程文件用鼠标拖入费用项或整个费用表。

8.3.2 编制措施、其他等内容

1. 措施项目费

措施项目费可以分为三类：普通措施费、混凝土模板和定额组价措施项目费。

（1）普通措施费 普通措施费就是指在措施费用表中出现的这一类费用。处理的方法如下：选中"措施费项目"，单击"组价内容"，在"组价内容"窗口计算基数中输入费用，单击费率栏右边的按钮输入费率，然后设置"费用明细"，单击"费用明细"，单击"编辑"按钮，在编辑单价构成界面双击"费率"栏就可修改费率项，修改完成单击"应用"选项。

1）输入费用。例如，选中环境保护项，单击"组价内容"，在组价内容界面计算基数中输入75000，如图8-59所示。

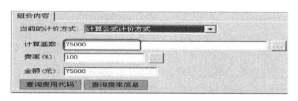

图8-59 "组价内容"窗口

2）设置费用明细。例如，单击"费用明细"→"编辑"，设置利润的费率为0，如图8-60所示。

3）以同样的方式设置文明施工、安全施工、临时设施等费用，如图8-61所示。

完成上述操作，就完成普通措施项目费的计价，在这个界面里，普通措施项目的单位是

图 8-60 "编辑单价构成"窗口

序号	名称	单位	工程量	综合单价	综合合价
	措施项目				693000
1	通用项目				693000
1.1	环境保护	项	1	75000	75000
1.2	文明施工	项	1	75000	75000
1.3	安全施工	项	1	75000	75000
1.4	临时设施	项	1	468000	468000

图 8-61 普通措施费计价结果

项，工程量显示为 1，综合单价和综合合价显示结果一样。

（2）混凝土模板 混凝土模板计价时，首先选择"混凝土模板措施"项，单击"组价内容"，提取模板子目，选中相应的子目，在子目对应的模板类别列单击鼠标，在下拉选项中选择"混凝土模板项目的类型"，选择完成之后，单击"提取"按钮，系统自动计算混凝土模板措施费用。在此项功能中，系统会自动调用清单中的混凝土子目，操作者只需要设置模板类型，系统自动完成相应的计价工作。

1）选择"混凝土模板措施"项，单击"组价内容"→"提取模板子目"。选中 5-1 子目，在对应的"模板类别"列，单击下拉列表框，选择"混凝土基础垫层模板"，如图 8-62所示。

混凝土子目				模板子目				
编码	名称	单位	工程量	编码	模板类别	系数	单位	工程量
010401003001	满堂基础		1958.120					
5-1	现浇砼构件 基础垫层	m3	279.7300	7-1	0	1.3800	m2	386.027
5-4	现浇砼构件 满堂基础	m3	1958.120	7-7	混凝土基础垫层模板	0.4600	m2	900.735

图 8-62 模板类别设置

2）用同样的方式选择混凝土模板子目，如图 8-63 所示。

3）单击"提取"按钮，提的模板子目结果如图 8-64 所示。

（3）定额组价措施项目费 这一类措施费的计取需要套用消耗量定额，所以将它们归为一类。对于需要套用消耗量定额的这一类措施费需要先计算出它们的工程量。这一类措施费的计取具体的操作方法是：选择项目名称，单击"组价内容"，右击，在右键菜单单击"插入"，在编码列输入消耗量定额子目和工程量。

1）大型机械设备进出场及安拆。选择"大型机械设备进出场及安拆措施"项，单击

图 8-63 "提取模板子目"对话框

图 8-64 提取的模板子目结果

"组价内容",右击,在右键菜单单击"插入"按钮,在编码列输入 16-8 子目,工程量 7631,如图 8-65 所示。

图 8-65 大型机械设备进出场及安拆措施项目费设置

2)脚手架。用以上同样的方式输入 15-7 子目,工程量为 22893。

3)高层建筑增加费。用以上同样的方式输入 17-1 子目,工程量为 22893。

4)工程水电费。用以上同样的方式输入 18-12 子目,工程量为 22893。

5)垂直运输机械。用以上同样的方式输入 16-8 子目,工程量为 15262。

通过上述操作就完成了措施费用的计取，如图 8-66 所示。软件措施项目定额组价操作时，定额子目可以直接在措施项下输入，普通费用项的费率查询更直接，双击费率所在单元格，就可以弹出当前定额的所有费率。

序号	名称	单位	工程量	综合单价	综合合价	人工合价	材料合价	机械合价
	措施项目				3425216	714804.	1836979	470711.
1	通用项目				3168861	714804.3	1836979	252159.1
1.1	环境保护	项	1	75000	75000	0	75000	0
1.2	文明施工	项	1	75000	75000	0	75000	0
1.3	安全施工	项	1	75000	75000	0	75000	0
1.4	临时设施	项	1	468000	468000	0	468000	0
1.5	夜间施工	项	1	0	0	0	0	0
1.6	二次搬运	项	1	0	0	0	0	0
1.12	高层建筑超高费	项	1	0	0	0	0	0
1.13	工程水电费	项	1	0	0	0	0	0
1.7	大型机械设备进出场及安拆	项	1	128167.4	128167.4	0	0	109275.9
1.8	混凝土、钢筋混凝土模板及支架	项	1	1705955.	1705955.	675788.7	641283.6	137430.1
1.9	脚手架	项	1	641758.1	641758.1	39015.61	502695.9	5453.11
1.10	已完工程及设备保护	项	1	0	0	0	0	0
1.11	施工排水、降水	项	1	0	0	0	0	0
2	建筑工程				256334.9		0	218551.8
2.1	垂直运输机械	项	1	256334.9	256334.9		0	218551.8

图 8-66　定额组价措施费结果

2. 其他项目清单

其他项目清单包括招标人部分和投标人部分。招标人部分分为预留金和材料购置费。投标人部分分为总承包服务费和零星工程费。具体操作方法同措施项目费。

3. 人、材、机汇总

（1）修改材料价格　由于价目表制订时的价格与市场价不一致，因此需要修改材料价格，具体操作方法是：打开广联达材料价格信息，单击 GBQ4"应用"选项，选择需要导入的材料价格信息期数，选择需要导入的工程造价信息期数，单击"确定"按钮即可。例如，修改材料的市场价，如图 8-67 所示。

	编码	类别	名称	规格型号	单位	数量	供货方式	甲供数量	预算价	市场价
1	01001	材	钢筋	Φ10以内	kg	550869.041	自行采购	0	2.43	3.62
2	01002	材	钢筋	Φ10以外	kg	1525876.5	自行采购	0	2.5	3.65
3	02001	材	水泥	综合	kg	4146503.99	自行采购	0	0.366	0.4
4	04001	材	红机砖		块	1053.8388	自行采购	0	0.177	0.23
5	04023	材	石灰		kg	34444.61	自行采购	0	0.097	0.13
6	04025	材	砂子		kg	6782904.55	自行采购	0	0.036	0.06
7	04026	材	石子	综合	kg	11262458.8	自行采购	0	0.032	0.05
8	04037	材	陶粒混凝土空心砌块		m3	1579.3219	自行采购	0	120	145
9	04048	材	白灰		kg	28418.37	自行采购	0	0.097	0.13
10	09197	材	锥螺纹套筒	Φ25以内	个	27255.86	自行采购	0	5	6.5
11	09198	材	锥螺纹套筒	Φ25以外	个	5439.86	自行采购	0	7.7	8.23
12	09241	材	钢板网		m2	63.924	自行采购	0	3.5	3.5
13	09273	材	预埋铁件		kg	439.35	自行采购	0	2.98	4
14	09569	材	铁砂		kg		自行采购	0	2.3	2.3
15	10055	材	SBS改性沥青油毡防水	3mm	m2	10089.0086	自行采购	0	17	17
16	10080	材	聚氨酯防水涂料		kg	2314.211	自行采购	0	9.5	9.5
17	10104	材	嵌缝膏	CSPE	支	2559.8978	自行采购	0	17	17
18	10108	材	乙酸乙酯		kg	404.1944	自行采购	0	20	20
19	11133	材	着色剂		kg	800.4834	自行采购	0	1.5	1.5
20	12004	材	聚氨酯泡沫塑料		m3	1.0985	自行采购	0	700	700
21	12022	材	塑护套		个	11660.524	自行采购	0	0.3	0.3
22	13046	材	聚苯乙烯泡沫塑料板		m3	369.153	自行采购	0	235	235
23	39029	材	沟盖板		m3	0.756	自行采购	0	572	1275
24	81004	浆	1:2水泥砂浆	1:2	m3	80.4213	自行采购	0	251.02	304.12
25	81087	浆	M5混合砂浆	M5	m3	344.4461	自行采购	0	142.33	191

图 8-67　修改材料价格

（2）设置甲供材料　材料的供应方式不同，最终的费用就会有差异。因此需要设置材料的供货方式，软件默认的是材料要么是承包商自行采购，要么是甲方完全供应。系统在没有调整前默认是承包商自行采购，因此当材料是甲方完全供应时需要修改。修改的方法有两种：逐条设置和批量设置。

1）逐条设置。选中材料，如钢筋，单击供货方式单元格，供货方式选择为"完全甲供"。

2）批量设置。选中材料，单击"批量设置人材机属性"，单击设置值下拉选项，选择为"完全甲供"，单击"确定"按钮退出，如图8-68所示。

图8-68 "批量设置人材机属性"对话框

3）用以上方式设置完以下材料的供货方式，如图8-69所示。

	编码	类别	名称	规格型号	单位	数量	供货方式	甲供数量	预算价	市场价
1	01001	材	钢筋	Φ10以内	kg	550869.041	完全甲供	550869.0	2.43	3.62
2	01002	材	钢筋	Φ10以外	kg	1525876.5	完全甲供	1525876.	2.5	3.85
3	02001	材	水泥	综合	kg	4146503.99	完全甲供	4146503.	0.366	0.4
4	04001	材	红机砖		块	1053.8388	完全甲供	1053.84	0.177	0.23
5	04023	材	石灰		kg	34444.61	自行采购	0	0.097	0.13
6	04025	材	砂子		kg	6782904.55	完全甲供	6782904.	0.036	0.06
7	04026	材	石子	综合	kg	11262458.8	完全甲供	11262458	0.032	0.05
8	04037	材	陶粒混凝土空心砌		m3	1579.3219	完全甲供	1579.32	120	145
9	04048	材	白灰		kg	28418.37	自行采购	0	0.097	0.13
10	09197	材	锥螺纹套筒	Φ25以内	个	27255.86	完全甲供	27255.86	5	6.5
11	09198	材	锥螺纹套筒	Φ25以外	个	5439.86	完全甲供	5439.86	7.7	8.23

图8-69 供货方式设置结果显示

4）单击导航栏"甲方材料"，选择"甲供材料表"，查看设置结果，如图8-70所示。

甲方材料：	编码	类别	名称	规格型号	单位	甲供数量	单价	合价	甲供材料分类
● 甲供材料表	1	02001	材	水泥	综合	kg	4146503.99	0.4	1658601.6	
● 主要材料指标表	2	04025	材	砂子		kg	6782904.56	0.06	406974.27	
● 甲方评标主要材料表	3	04037	材	陶粒混凝土空心砌块		m3	1579.32	145	229001.4	
	4	04026	材	石子	综合	kg	11262458.84	0.05	563122.94	
	5	04001	材	红机砖		块	1053.84	0.23	242.38	
	6	01001	材	钢筋	Φ10以内	kg	550869.04	3.62	1994145.92	
	7	01002	材	钢筋	Φ10以外	kg	1525876.5	3.85	5569449.22	
	8	09197	材	锥螺纹套筒	Φ25以内	个	27255.86	6.5	177163.09	
	9	09198	材	锥螺纹套筒	Φ25以外	个	5439.86	8.23	44770.05	

图8-70 甲供材料表

在修改材料价格时，打开GBQ4.0，在人、材、机汇总界面下方直接查询所需材料；选中需要调价的材料，在下方查询界面双击所需材料即可完成替换；选中所需材料，并单击"信息价询价"按钮，在弹出对话框中选择相应材料期数，直接可以看到与选中定额材料匹配的供应商报价，选中所需信息，双击完成调价。

在分部分项界面双击某项材料进入查询界面，在造价信息选项中选中所需材料期数，选中对应材料单击插入或替换进行调整即可。

市场价格不断发生变化，这时就需要进行市场价维护。单击"打开市场价文件"图标，系统调用打开文件窗口，浏览目录，选择相应的定额库，再进入市场价子目录，选中某一期市场价打开，即可维护。在树形目录上按类别搜索材料，直接在市场价修改其价格，单击工具条上"另存市场价文件"可将维护结果保存起来，同时不冲掉原有文件。

单击"新建市场价文件"图标，系统弹出相应窗口，用户可以选择定额，提供新建的市场价文件的名称和备注，建立一个新的市场价文件。新建的市场价文件，有树形结构图、材料号及名称等信息供用户参考，用户只要输入市场价即可。系统提供按关键字检索功能，在材料号或材料名中输入要匹配的条件，可快速查找材料，修改其市场价。

编制投标书时，希望将一种材料转换为另一种材料输出，则可将光标移至需要转换的材料上，单击鼠标右键选取快捷菜单中的"人材机转换"项，软件会调用查询人材机窗口，右边是材料分类树形图，左边为该类别的材料。用户也可以用关键字快速检索，选择需要的材料后单击窗口下方的"确认"按钮，这时会弹出另一窗口，要求输入材料的转换系数。

（3）人材机表锁定　切断人材机表与投标书的关联关系，使之成为一个独立的表，锁定人材机表后，再修改投标书内容，表中人材机种类与数量不随之变动。选中人材机表，单击页面工具条上的"锁定人材机表"，选中的人材机表图标上会加一把小锁，再次重复上述操作可解除锁定，恢复与投标书的关联关系。

图8-71 "费用汇总"窗口

4. 费用汇总

完成上述操作后，系统已经自动计算出各项费用，可以单击"费用汇总"，查看核实费用汇总情况，如图8-71所示；单击"查询费率信息"，查看及核实费用汇总表，如图8-72所示。

	序号	费用代号	名称	计算基数	基数说明	费率(%)	金额
1	一	A	分部分项工程量清单计价合计	FBFXHJ	分部分项合计	100	14,499,602.16
2	二	B	措施项目清单计价合计	CSXMHJ	措施项目合计	100	3,425,216.74
3	三	C	其他项目清单计价合计	QTXMHJ	其他项目合计	100	100,000.00
4	四	D	规费	D1+D2+D3+D4	列入规费的人工费部分+列入规费的现场经费部分+列入规费的企业管理费部分+其他	100	716,931.68
5	1	D1	列入规费的人工部分	GF_RGF	人工费中规费	100	300,167.40
6	2	D2	列入规费的现场经费部分	GF_XCJF	现场经费中规费	100	114,627.90
7	3	D3	列入规费的企业管理费部分	GF_QYGLF	企业管理费中规费	100	302,136.38
8	4	D4	其他			100	0.00
9	五	E	税金	A+B+C+D	分部分项工程量清单计价合计+措施项目清单计价合计+其他项目清单计价合计+规费	3.4	637,219.52
10		F	含税工程造价	A+B+C+D+E	分部分项工程量清单计价合计+措施项目清单计价合计+其他项目清单计价合计+规费+税金	100	19,378,970.10

图8-72 查询费率信息结果显示

5. 报表

在导航栏单击"报表"，软件会进入报表界面，选择报表类别为"投标方"，如图8-73所示；选择"分部分项工程量清单计价表"，显示如图8-74所示。

图8-73 "报表"窗口

6. 保存、退出

通过以上操作就完成了土建单位工程的计价工作，单击，然后单击，回到投标管理主界面。

8.3.3　汇总、定价

1. 汇总报价

对于单项工程来说，土建、给排水、电气工程编制完毕后，可以在投标管理查看投标报价。由于软件采用了建设项目、单项工程、单位工程三级结构管理，所以可以很方便地查看

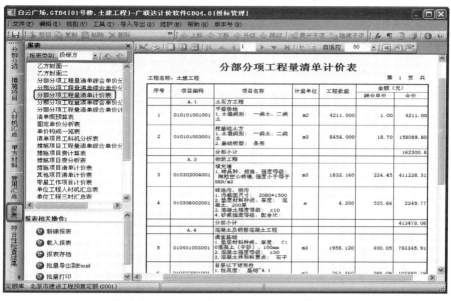

图 8-74 "分部分项工程量清单计价表"显示

各级结构的工程造价。具体做法是：在树状项目结构图中选择项目级别，然后选择项目名称就能浏览项目的报价情况。例如：选择"01号楼"，在右侧查看单项工程费用汇总，如图8-75所示；选择"白云广场"，在右侧查看建设项目费用汇总，如图8-76所示。

序号		名称	金额	其中					占造价比例(%)
				分部分项合计	措施项目合计	其他项目合计	规费	税金	
1	一	土建工程	19378970.10	14499602.16	3425216.74	100000.00	716931.68	637219.5	94.88
2	二	给排水工程	274513.95	260349.71	533.74		4603.93	9026.57	1.34
3	三	电气工程	771581.87	725866.42	0.00	0.00	20344.29	25371.16	3.78
4									
5		合计	20425065.92						

图 8-75 01号楼单项工程费用汇总

序号		名称	金额	其中					占造价比例(%)
				分部分项合计	措施项目合计	其他项目合计	规费	税金	
1	一	01号楼	20425065.92	15485818.29	3425750.48	100000.00	741879.90	671617.25	100
2									
3		合计	20425065.92						

图 8-76 白云广场建设项目费用汇总

提示：本项目只有一个单项工程，所以图8-76中的"占造价比例"为100%，如果最高级是建设项目，包含多个单项工程，软件会计算各单项工程的造价比例。

2. 统一调整人、材、机单价

前面介绍了材料价格的调整方法，现在介绍人工价格的调整方法。由于消耗量定额编制时间与实际工程投标时间有时间差，所以价格会发生波动。在前面的工作中调取消耗量定额时没有考虑到这一点，所以在此修正。逐个子目修改工作量太大，软件设置了一个统一调整人工单价的功能。具体做法是：单击"统一调整人材机单价"按钮（图8-77），选择需要调整价格的单位工程范围（图8-78），然后修改综合工日的价格（图8-79），软件会按修改后的价格（图8-80）重新汇总投标报价。关闭返回主界面，选择01号楼，查看价格变化，如图8-81所示。

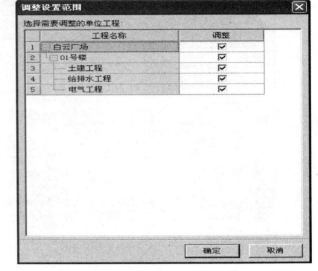

图 8-77　"统一调整人材机单价"窗口　　　　图 8-78　"调整设置范围"对话框

	名称	规格型号	单位	数量	类别	定额价	市场价
1	其他人工费		元	79514.24	人工费	1	1
2	人工费调整		元	99.77	人工费	1	1
3	综合工日		工日	824.12	人工费	23.46	23.46
4	综合工日		工日	9882.08	人工费	27.45	27.45
5	综合工日		工日	2119.83	人工费	28.24	28.24
6	综合工日		工日	1525.98	人工费	28.43	28.43
7	综合工日		工日	867.83	人工费	30.81	30.81
8	综合工日		工日	11688.64	人工费	31.12	31.12
9	综合工日		工日	25210.58	人工费	32.45	32.45
10	综合工日		工日	4078.12	人工费	32.53	34

图 8-79　综合工日价格修改

明细							
	项目	单位工程	编码	名称	规格型号	数量	市场价	市场价合计
1	01号楼	给排水工程	82011	综合工日		755.3	34	25680.2
2	01号楼	电气工程	82011	综合工日		3322.82	34	112975.88

图 8-80　批量修改结果显示

	序号	名称	金额	其中					占造价比例(%)
				分部分项合计	措施项目合计	其他项目合计	规费	税金	
1	一	土建工程	19378970.10	14499602.16	3425216.74	100000.00	716931.68	637219.52	94.85
2	二	给排水工程	275753.00	261314.09	557.60	0.00	4814.00	9067.31	1.35
3	三	电气工程	776863.98	730145.38	0.00	0.00	21173.75	25544.85	3.8
4									
5		合计	20431587.08						

图 8-81　01号楼单位工程费用汇总变更显示

3. 符合性检查

软件设置此项功能的目的是防止投标书的制作与招标书不符出错从而造成经济损失。具体做法是：单击"检查与招标书的一致性"按钮（图 8-82），系统自动检测，如果没有问题，软件提示"没有检查出差异项，请进行下一步的操作"（图 8-83）；如果检查到有不符合的项目，软件会自动弹出界面提示具体的不符合项（图 8-84）。接下来需要修改不符合项，首先进入"单位工程编辑"窗口，单击导航栏"符合性检查结果"按钮，选中需要修改的项，单击"更正错项"按钮（图 8-85）；软件会弹出"选择更正项"对话框（图

8-86），由于此清单项是数量需要修改，选中"数量"复选按钮；单击"确定"按钮后，处理结果单元格会显示"更正错项"，光标定位在处理结果时，软件会显示备注信息，显示已经处理过（图8-87）。

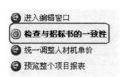

图 8-82　"检查与招标书的一致性"窗口

图 8-83　无错提示

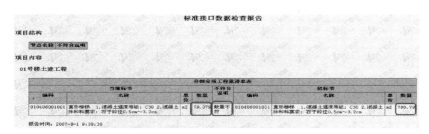

图 8-84　有不符合项的提示

图 8-85　符合性检查结果显示

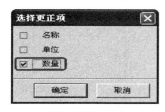

图 8-86　"选择更正项"对话框

图 8-87　备注信息显示

4. 投标书自检

做完上述工作之后，投标书就做好了，为了消除隐患，软件设置了投标书自检功能，具体做法同前面介绍的招标书自检功能，单击"发布投标书"→"投标书自检"，如图8-88所示；设置要选择的项，如图8-89所示；如果没有错误，软件提示如图8-90所示。

图 8-88　"投标书自检"窗口

5. 生成电子投标书

投标方现在在工作中也需要电子标书，所以软件设置了制作电子标书功能。具体做法是：在"发布投标书"界面，单击"生成投标书"按钮（图8-91），在"投标信息"对话框输入信息（图8-92），单击"确定"按钮，软件生成电子投标文件，如图8-93所示。

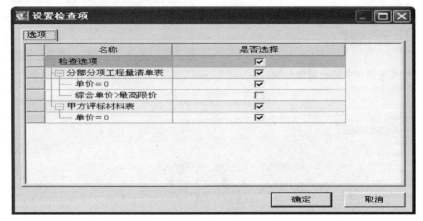

图 8-89 "设置检查项"对话框

图 8-90 无错提示

图 8-91 "生成投标书"窗口

图 8-92 "投标信息"对话框

名称	版本	修改日期
白云广场BJ-070521-SG[2007-7-15 22：40：19]	1	[2007-7-15 22：40：19]

图 8-93 生成电子投标文件

6. 预览、打印报表

操作同招标文件。

软件根据各地的使用习惯提供了常用报表，用户编制单位工程时，如果提供的格式不满意，可自行设计，也可平时设计好，编制单位工程时直接调用。软件安装时，不同定额分别安装在不同的子目录中，不同的定额有不同的报表文件。单击页面工具条"打开"图标，用户可选择定额，进入定额目录后，再选择报表文件打开维护，软件默认为当前系统默认的定额报表。

7. 刻录/导出电子投标书

操作同招标文件。

8.4 广联达图形算量软件 GCL2008 和钢筋抽样软件 GGJ2009 钢筋算量软件简介

在做工程时，用软件如何能够提高工作的最高效率呢？其实只要数据能够共享就可以提高工作效率，其次就是数据的安全及学习的成本。现在来看一下广联达软件整体解决方案应用效率的分析，首先现在很多单位在做预算时都可以拿到设计院的 CAD 文件，CAD 的电子工程可以同时导入到钢筋和图形软件中，这样就可以大大提高工作效率至少 10 倍，同时钢筋和图形软件之间还可以共享数据，因此，用户只需要学会一个软件的操作就可以了，这样不仅达到了一图两算，也降低了学习的成本，而在图形软件中计算出的工程量也可以直接导入到计价软件中。

8.4.1 GCL2008 概述

1. GCL2008 算量的范围

GCL2008 产品能够计算的工程量包括土石方工程量、砌体工程量、混凝土及模板工程量、屋面工程量、天棚及其楼地面、墙柱面装修工程量等。

GCL2008 产品通过以绘图方式建立建筑物的计算模型，软件根据内置的计算规则实现自动扣减，在计算过程中工程造价人员能够快速准确的计算和校对，达到算量方法实用化，算量过程可视化，算量结果准确化。

2. GCL2008 算量的思路

GCL2008 产品通过绘图建模的方式，快速建立建筑物计算模型。软件通过建立工程确定其计算规则；建立楼层确定构件的竖向高度尺寸及标高；建立轴网确定平面定位尺寸；对于每个构件，先定义构件属性，如确定其截面、厚度、材质等，再套取清单或定额做法；定义完构件后，对照图纸将构件绘制在轴网上。这样，建筑物计算模型就建立好了，软件自动考虑构件与构件之间的扣减关系，按照内置的计算规则自动扣减。

例如：要计算一段 3m 高、5m 长、120mm 厚、砖材质墙的体积工程量。在 GCL2008 软件中，墙的高度可以通过建楼层确定，墙的厚度、材质通过定义墙构件确定，建立轴网后，绘制 5m 长度墙；若墙上有门窗、过梁、框架梁等，用同样的方式将构件绘制上即可。软件最终按照计算规则自动计算出这段墙的体积＝（长度＊墙高−门窗面积）＊墙厚−梁、过梁体积。若在构件定义时套取了做法，最终还可以直接输出清单或定额工程量：4-3 砌砖砖内墙 $8.8m^3$。

3. 软件做工程的构件绘制流程

使用 GCL2008 做实际工程，一般推荐用户按照先主体、装修，再零星的原则，即先计算主体结构、装修，再计算零星构件的顺序。

针对不同的结构类型，采用不同的绘图顺序，能够更方便、更快速地计算，从而提高工作效率。具体的流程如下：

1）剪力墙结构：剪力墙→门窗洞→暗柱/端柱→暗梁/连梁。

2）框架结构：柱→梁→板。

3）框剪结构：柱→梁→剪力墙→门窗洞→暗柱/端柱→暗梁/连梁→板。

4）砖混结构：砖墙→门窗洞→构造柱→圈梁。

5）对于建筑物的不同部位，推荐使用的绘制流程为：首层→地上→地下→基础。

说明：所编制的内容和绘制计算的流程均是针对一般工程和样例工程推荐的方式，不是必须遵循的操作流程。在做实际工程时，用户可以根据自己的需要，调整算量思路和绘图顺序。

8.4.2 GGJ2009 概述

1. GGJ2009 算量的范围

在整个建筑行业，随着业内竞争的加剧，招投标周期越来越短，预算的精度要求越来越高，传统的手工算法已经不能满足日常工作的需求，只有利用计算机才能快速准确地算量，方便准确的软件辅助计算工具也成为业内人士高效工作的迫切需要和良好助手。

GGJ2009 软件综合考虑了平法系列图集、结构设计规范、施工验收规范以及常见的钢筋施工工艺，能够满足不同的钢筋计算要求。不仅能够完整地计算工程的钢筋总量，而且能够根据工程要求按照结构类型的不同、楼层的不同、构件的不同，计算出各自的钢筋明细量。

2. GGJ2009 算量的思路

GGJ2009 产品通过画图的方式，快速建立建筑物的计算模型，软件根据内置的平法图集和规范实现自动扣减，准确算量。内置的平法和规范还可以由用户根据不同的需求自行设置和修改，满足多样的需求。在计算过程中工程造价人员能够快速准确地计算和校对，达到钢筋算量方法实用化，算量过程可视化，算量结果准确化。

软件的特色：从产品的整体性到服务的唯一性保障了应用；数据共享、提高效率、数据安全、降低学习门槛。

参 考 文 献

［1］ 池家祥，傅光耀，孙香红. 土木工程计算机辅助设计［M］. 北京：清华大学出版社，2006.

［2］ 张同伟. 土木工程 CAD［M］. 北京：机械工业出版社，2009.

［3］ 张玉峰. 工程结构 CAD［M］. 2 版. 武汉：武汉大学出版社，2010.

［4］ 崔钦淑. 建筑结构 CAD 教程［M］. 北京：北京大学出版社，2014.

［5］ 叶献国，徐秀丽. 建筑结构 CAD 应用基础［M］. 2 版. 北京：中国建筑工业出版社，2008.

［6］ 杜廷娜. 土木工程制图［M］. 北京：机械工业出版社，2009.

［7］ 麓山文化. TArch 8.0 天正建筑软件标准教程［M］. 北京：机械工业出版社，2010.

［8］ 王增忠，张宇鑫，牛宇，等. AutoCAD2004+天正+PKPM 建筑制图教程［M］. 北京：清华大学出版社，2004.

［9］ 张宇鑫，刘海成，张星源. PKPM 结构设计应用［M］. 上海：同济大学出版社，2006.

［10］ 王娜，袁帅，李晓红. PKPM 软件的应用［M］. 北京：北京大学出版社，2013.

［11］ 杨星，赵钦. PKPM 建筑结构 CAD 软件教程［M］. 北京：中国建筑工业出版社，2010.

［12］ 张宇鑫，张燕. 建筑结构 CAD 应用教程［M］. 上海：同济大学出版社，2010.

［13］ 杨少伟. 道路勘测设计［M］. 3 版. 北京：人民交通出版社，2009.

［14］ 郭腾峰. 道路三维集成 CAD 技术—纬地三维道路 CAD 系列软件教程［M］. 北京：人民交通出版社，2006.

［15］ 潘斌宏，张弛. 公路路线计算机辅助设计和实例［M］. 北京：人民交通出版社，2007.

［16］ 周艳，张华英. 道路 CAD 及其应用程序、工程实例［M］. 北京：中国建筑工业出版社，2009.

［17］ 范立础. 桥梁工柱：上册［M］. 北京：人民交通出版社，2001.

［18］ 易建国. 桥梁计算示例丛书：混凝土简支梁（板）桥［M］. 3 版. 北京：人民交通出版社，2006.

［19］ 邵旭东，程翔云，李立峰. 桥梁设计与计算［M］. 北京：人民交通出版社，2007.

［20］ 邹毅松，王银辉. 连续梁桥［M］. 北京：人民交通出版社，2010.

［21］ 北京广联达慧中软件技术公司工程量清单专家顾问委员会. 工程量清单的编制与投标报价［M］. 北京：中国建材工业出版社，2004.